土木工程数值分析与工程软件应用系列教程

ANSYS/LS-DYNA

在混凝土结构工程中的应用

钱 凯 翁运昊 编著

机械工业出版社

本书详细地介绍了 ANSYS/LS-DYNA 在混凝土结构工程中的应用，全书共分 10 章：第 1 章介绍了 ANSYS/LS-DYNA 软件的发展历史、功能特点以及基础知识等；第 2~4 章详细介绍了使用 ANSYS/LS-DYNA 前处理器进行模型建立的基本流程，包括单元定义、材料模型定义、几何模型建立和有限元模型建立等，每一章在介绍操作方法的同时也穿插介绍了相应的基础知识；第 5 章对 LS-DYNA 关键字文件做了简要的介绍，并具体介绍了关键字修改的方法；第 6 章介绍了使用 LS-PREPOST 软件进行后处理的基本知识及操作；第 7~10 章对具体的实例进行了演示，对钢筋混凝土常见的梁、板、柱等构件或结构，在拟静力、动力、冲击及爆炸荷载作用下的行为进行了仿真模拟。

本书为 ANSYS/LS-DYNA 软件运用在混凝土结构工程领域的入门书籍，适合于土木工程专业的本科生、研究生和教师学习使用，也可供相关专业的技术人员参考。

本书配有第 7~10 章实例的模型文件、关键字文件和结果文件，选用本书的读者请登录机械工业出版社教育服务网（www.cmpedu.com）注册下载。

图书在版编目（CIP）数据

ANSYS/LS-DYNA 在混凝土结构工程中的应用/钱凯，翁运昊编著 . 一北京：机械工业出版社，2020.4

土木工程数值分析与工程软件应用系列教程

ISBN 978-7-111-65074-4

Ⅰ.①A… Ⅱ.①钱…②翁… Ⅲ.①混凝土结构 – 有限元分析 – 应用程序 Ⅳ.①TU37 – 39

中国版本图书馆 CIP 数据核字（2020）第 042768 号

机械工业出版社（北京市百万庄大街 22 号 邮政编码 100037）
策划编辑：李 帅 责任编辑：李 帅
责任校对：张 征 封面设计：张 静
责任印制：孙 炜
保定市中画美凯印刷有限公司印刷
2020 年 5 月第 1 版第 1 次印刷
184mm×260mm·16. 75 印张·410 千字
标准书号：ISBN 978-7-111-65074-4
定价：49. 80 元

电话服务 网络服务
客服电话：010-88361066 机 工 官 网：www.cmpbook.com
010-88379833 机 工 官 博：weibo.com/cmp1952
010-68326294 金 书 网：www.golden-book.com
封底无防伪标均为盗版 机工教育服务网：www.cmpedu.com

前　言

　　LS-DYNA 是功能齐全的大型通用显示动力分析有限元软件。最初，LS-DYNA 是北约组织的武器结构设计分析工具。随着该软件的不断发展，后来由军用转变为军民两用，目前已成为全球最著名的显示动力学程序。得益于 LS-DYNA 程序强大的显示算法，该程序可以准确地模拟各类复杂的问题，如碰撞、爆炸、武器设计、金属成型、跌落、热分析和流固耦合分析等，被广泛运用于国防、汽车、电子、土木、石油、航空航天和能源等领域。

　　自 LS-DYNA 引入国内以来，在国内各个领域得到了广泛的运用。笔者使用 LS-DYNA 从事土木工程领域教学和研究多年，深切感受到该软件的强大，同时也体会到精通该软件的不易。由于 LS-DYNA 具有众多的前处理器，对于初学者来说具有相当大的困难。纵观国内 LS-DYNA 相关的中文学习资料，较为稀少，且内容较为宽泛，缺少对于特定领域的应用教程，尤其是在土木工程领域的应用。土木工程领域常用到钢筋混凝土材料，该材料与一般材料最大的不同是由两种不同性质的材料组成的，因此在数值分析建模时会更加复杂。鉴于此，笔者决定结合多年来使用 LS-DYNA 软件的经验，撰写一本专门用于混凝土结构工程领域的教程。

　　本书共 10 章：第 1 章介绍了 ANSYS/LS-DYNA 软件的发展历史、功能特点以及基础知识等；第 2～4 章详细介绍了使用 ANSYS/LS-DYNA 前处理器进行模型建立的基本流程，包括单元定义、材料模型定义、几何模型建立和有限元模型建立等，每一章在介绍操作方法的同时也穿插介绍了相应的基础知识；第 5 章对 LS-DYNA 关键字文件做了简要的介绍，并具体介绍了关键字修改的方法；第 6 章介绍了使用 LS-PREPOST 软件进行后处理的基本知识及操作；第 7～10 章对具体的实例进行了演示，对钢筋混凝土常见的梁、板、柱等构件或结构，在拟静力、动力、冲击及爆炸荷载作用下的行为进行了仿真模拟。读者可以在对 LS-DYNA 软件了解并熟悉的基础上，针对需求模仿学习相关实例。

　　本书的编写由本人与翁运昊完成。由于编者水平有限，书中难免有疏漏之处，恳请广大读者不吝赐教，将问题反馈给我们（E-mail：qiankai@ glut. edu. cn）。

钱凯

2019 年 10 月

目 录

第 1 章

LS–DYNA简介

1.1　LS-DYNA 发展概况

LS–DYNA 是一款大型的通用商用有限元软件，适用于模拟各类真实环境中的复杂问题，在国际上被各行业广泛应用，目前已成为世界上著名的通用非线性有限元分析软件。

LS–DYNA 的原型为 DYNA 程序，由美国劳伦斯·利弗莫尔国家实验室（Lawrence Livermore National Laboratory，LLNL）的 John O. Hallquist 博士在 20 世纪 70 年代主持开发。最初其目的只是为武器设计提供分析工具，但在推广后用户发现，将其用于求解三维非弹性结构在高速碰撞、爆炸冲击下大变形动力响应方面也能够得到较好的结果。因此，研发者对程序做了进一步完善：1979 年使用超级计算机 CRAY–1 改进了滑动界面，1981 年拓展了如炸药结构、土壤结构和射弹冲击等新的材料模式及功能领域，1986 年完善了梁、壳、刚体单元并增加了单面接触。

1988 年，John O. Hallquist 博士创建了 LSTC（Livermore Software Technology Corporation，简称 LSTC）公司，并将 DYNA 程序正式更名为 LS–DYNA，DYNA 程序正式走向商用，并由国防军工产品推广到民用产品。LS–DYNA 系列程序包括显式 LS–DYNA2D/LS–DYNA3D、隐式 LS–NIKE2D/LS–NIKE3D、热分析 LS–TOPAZ2D/LS–TOPAZ3D、前后处理 LS–MAZE/LS–ORION/LS–INGRID/LS–TAURUS 等商用程序。1996 年，LSTC 公司与 ANSYS 公司合作推出的 ANSYS/LS–DYNA，可以交互使用 LS–DYNA 与 ANSYS 的前后处理，使得 LS–DYNA 分析能力迅速提高。LSTC 公司于 1997 年将 LS–DYNA 2D、LS–DYNA 3D、LS–TOPAZ 2D、LS–TOPAZ 3D 等程序集成为 940 版的 LS–DYNA 程序，前后处理均采用 ETA 公司的 FEMB。随后 LSTC 公司开发了专门用于 LS–DYNA 后处理的程序 LS–POST。

为了进一步规范和完善 LS–DYNA 的研究成果，LSTC 公司陆续推出了 LS–DYNA 程序的多个版本。相比最初的 LS–DYNA 版本，1998 年推出的 950 版增加了汽车安全性分析、薄板冲压成型过程模拟以及流体与固体耦合［拉格朗日–欧拉（ALE）算法和欧拉（Euler）算法］等新功能。2001 年 5 月推出的 LS–DYNA 程序 960 版增加了一些新的材料模型和新的接触计算功能，以及不可压缩流体求解程序模块，并在之后的时间内对其进行完善。2003 年 3 月发布的 LS–DYNA 程序 970 版对 LS–DYNA 的后处理器 LS–POST 增加了前处理功能，同年还发布了 LS–PREPOST 1.0 版。2005 年 10 月推出的 LS–DYNA 程序 970 版，增强了隐式功能，改善了单元算法和计算效率，并修正了错误。2008 年 5 月推出的 LS–DYNA 程序 971

版，增加了一些新的材料模型和接触计算功能。

至此，LS-DYNA 程序经过几十年的不断完善和发展，已经成为一个功能齐全的非线性分析程序，可以进行包括几何非线性（如位移、应变和转动）、材料非线性（如多种材料动态模型）和接触非线性等分析。

1.2 LS-DYNA 功能特点

LS-DYNA 程序能够较好地处理高度非线性问题以及高速瞬态问题。其中结构的大变形、材料的非线性以及边界条件随时间变化而变化等属于高度非线性问题；而中高速冲击、金属加工、爆炸等高速瞬态问题，可采用显式的中心差分时间积分算法来计算各时间步的系统动态响应。

LS-DYNA 程序在算法上以拉格朗日（Lagrange）算法为主，此外还有 ALE 和欧拉（Euler）算法；在求解上以显示求解为主，同时兼有隐式求解功能；主要功能为结构分析，同时兼备热分析、流体－结构耦合功能；分析上以非线性动力分析为主，同时兼有静力分析功能（如动力分析前的预应力计算和薄板冲压成型后的回弹计算）。LS-DYNA 程序主要的功能特点如下。

1. 应用分析功能的广泛性

LS-DYNA 在分析功能上应用十分广泛，能较好地模拟许多二维、三维结构的物理特性，包括非线性动力分析、热分析、失效分析、裂纹扩展分析、接触分析、准静态分析、欧拉场分析、任意拉格朗日－欧拉（ALE）分析、流体－结构相互作用分析、不可压缩流体（CFD）分析、实时声场分析、多物理场耦合分析（如结构、热、流体、声场等）。

2. 单元库的丰富性

LS-DYNA 程序在单元库中提供了多种单元类型，用户可选择二维、三维单元，薄壳、厚壳、体、梁单元，ALE、欧拉、拉格朗日单元等。程序为各类单元提供了多种理论算法，能够较好地模拟大位移、大应变和大转动等问题。单点积分采用克服沙漏黏性阻尼处理零能模式，单元计算速度快，极大地节省了存储量，可满足各种实体结构、薄壁结构和流体－固体耦合结构的有限元网格划分的需要。

3. 材料模型的多样性

LS-DYNA 程序目前有弹性、弹塑性、超弹性、塑料、橡胶、泡沫、玻璃、地质、土壤、混凝土、流体、蜂窝材料、复合材料、炸药及爆炸作用的气体（爆炸影响范围）、刚性及用户自定义材料（UDM）等 160 多种金属和非金属材料模型可供选择。此外，还有材料失效、状态方程、损伤、黏性、蠕变、与温度相关、与应变率相关等性质，可供用户选择使用。

4. 多种状态方程

状态方程可以用来描述材料模型体积、压力和内能的关系，可以用来处理各种复杂的物理现象和材料特性。化学反应的过程，如高速、高压碰撞下的结构材料、流体、爆炸等，必须采用状态方程来描述。常用 *EOS_LINEAR_POLYNOMIAL 来模拟线性多项式，用 *EOS_TABULATED 来描述列表方式，用 *EOS_JWL 来模拟炸药，用 *EOS_GRUNEISEN 来处理结构材料，用 *EOS_IGNITION_AND_GROWTH_OF_REACTION_IN_HE 来处理推进剂燃烧。

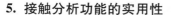

5. 接触分析功能的实用性

LS-DYNA 程序的全自动接触分析功能强大且简单实用，有 50 多种接触类型可供读者选择。主要用于求解以下物体间的接触问题：变形体－变形体、变形体－刚体、刚体－刚体、板壳结构的单面接触（屈曲分析），刚性墙接触，表面－表面、节点－表面、壳边－壳面的固连等，考虑各种接触表面的静动力摩擦（库仑摩擦、黏性摩擦和用户自定义摩擦模型），热传导固连和固连失效等。上述接触问题所对应的实际应用包括车辆碰撞、中高速冲击、爆炸、金属加工成型、高速弹丸对靶板的穿透模拟计算、水下爆炸、空气爆破等。

6. 自适应网格划分

LS-DYNA 提供自适应网格划分技术，常用于薄板冲压变形、薄壁结构受压屈曲、三维锻压问题等大变形情况。细化弯曲变形严重的区域，防止在大变形情况下出现单元畸变问题，也可使得该区域模拟的皱纹更加清晰准确。自适应网格划分技术除了能够细化单元外，还可以对网格进行粗化处理。主要用于处理回弹等隐式模拟，即能节省计算时间，也能保证精度。

对于三维情况，LS-DYNA 主要提供了两种方法，即自适应网格剖分和任意拉格朗日－欧拉（ALE）网格划分。

7. ALE 和欧拉列式

LS-DYNA 程序具有拉格朗日、ALE 以及欧拉列式。其中拉格朗日列式的原理是将单元网格附着在材料上，材料流动引起了单元网格的变形。当结构变形过大时，可能使有限元网格产生严重畸变，从而使数值计算变得困难，严重的将会终止运算。与拉格朗日列式不同，ALE 列式和欧拉列式可以克服上述结构变形过大所引起的麻烦，常用来实现流体－固体耦合的动态分析。

8. SPH 算法

光滑质点流体动力（Smoothed Particle Hydrodynamics，简称 SPH）算法是一种无网格 Lagrange 算法。它早期可用来模拟天体物理问题，经过发展完善，现在常运用于解决连续体结构的解体、碎裂、固体的层裂、脆性断裂等物理问题。由于 SPH 算法的特点（无网格算法），可研究较大的不规则结构，在超高速碰撞、靶板贯穿等过程的计算模拟上也相当实用，是解决动力学问题的重要研究方法。

9. 边界元法

边界元法（Boundary Element Method，BEM），是 LS-DYNA 程序用来求解流体绕刚体或变形体的稳态或瞬态流动的重要算法。该算法有较强的针对性，但也有其局限性，仅用于非黏性以及不可压缩的附着流动。

10. 刚性墙

LS-DYNA 程序提供刚性墙的定义，是一个面积任意（有限或无限）的刚性平面，用于处理变形物体与刚性墙碰撞这一类最简单的接触问题。

11. 汽车安全性分析

LS-DYNA 程序广泛地应用于汽车设计领域，可以较好地模拟汽车碰撞时结构的破损，并得到乘员的安全性分析结果。通过使用 LS-DYNA 能够准确地预测出汽车的碰撞特性，并且能够分析得到汽车碰撞对乘客的影响，具体模拟范围见表 1-1。汽车公司和配件公司不需要做出实体模型车，便能够检测汽车的设计是否合理及安全等，节省大量的金钱和时间。

表 1-1　汽车设计领域 LS-DYNA 程序的模拟范围

模拟对象	详细解释
安全带	模拟安全带单元、材料、滑环、抽筒器、传感器、预张力器和加速度计等
气囊	模拟气囊从折叠状态到鼓胀状态的全过程，可得到在汽车发生碰撞时气囊的工作性能，从而模拟气囊对乘员的保护作用
假人	模拟乘员，计算汽车高速碰撞时乘员关键部位的动态特点，以判断乘员的安全性。人体由许多构件组成，每个构件要用单元网格构造准确的几何构形。假人的质量、质心位置、转动惯量，特别是各个关节的弹性连接和阻尼特性要与真人一致。通常需要经过大量试验方可测出这些参数，个别用户可以从专业软件公司购买标准假人数据，装入 LS-DYNA 输入数据文件使用
汽车	用 LS-DYNA 的壳单元、实体单元等单元构造完整的汽车模型，可以选用金属、玻璃、塑料、橡胶等各种材料模型。汽车全部的构件与假人、气囊、安全带之间，以及外部障碍物表面相互接触时的相对滑动、摩擦可以通过 AUTOMATIC_SINGLE_SURFACE 接触功能实现

12. 薄板冲压成型模拟

通过 LS-DYNA 程序的模拟，可以准确地预测板成型中的应力和变形情况，并判断板是否破坏。因此，LS-DYNA 程序被广泛应用于模拟板料成型这一领域，包括薄板冲压成型的全过程，如液压成型、锻造、拉延成型、多工序成型等。

13. 隐式求解

LS-DYNA 程序的隐式求解常用于非线性结构静动力分析，包括结构固有频率和振型计算等。对于复杂问题，如薄板冲压成型的回弹计算、结构动力分析之前施加预应力等，可以通过交替使用隐式求解和显式求解来解决。

隐式求解控制包括非线性方程组求解器、稀疏线性方程组求解器、刚度矩阵带宽优化、自动时间步长控制、隐式动力求解、多步回弹分析的人工稳定、特征值分析、回弹分析的无缝转换开关等。

14. 热分析

LS-DYNA 程序的热分析可以划分为二维和三维模块，用于非线性热传导、静电场分析和渗流计算。可以进行独立运算、结构分析、耦合分析、进行稳态热分析、进行瞬态热分析等。

热传导单元包括 8 节点六面体单元（三维）、4 节点四边形单元（二维）。材料类型包括各向同性、正交异性热传导材料，可以考虑温度、热传导等问题。边界条件包括给定热流（Flux）边界、对流（Convection）边界、辐射（Radiation）边界以及给定温度边界，边界条件可随时间和温度变化而改变。热分析采用隐式求解方法，过程控制有稳态分析或瞬态分析、线性问题或非线性问题、时间积分法、求解器、自动时步长控制。

15. 不可压缩流场分析

LS-DYNA 程序的不可压缩流求解器（960 版新增）常用于模拟分析瞬态、不可压、黏性流体动力学现象，既能确保有限元算法优点，又能大幅度提高计算性，是一种实用的流体力学求解器。该求解器不仅加入了针对不可压缩流场的分析模块，同时还可用于求解低马赫数、不可压流场中的液固和液体 - 结构耦合作用问题。

LS-DYNA 程序的不可压缩流求解器基于隐式时间积分、显式时间积分两种算法：①一阶精度算法（显式算法），虽然带来部分精度的损失，但是由于显式算法既可满足扩散和

CFD 稳定性条件，又可提高计算精度，因此，一阶精度算法在单点积分和沙漏稳定性的应用上被证明是简便、高效的；②二阶精度算法，可用于分析流场中的涡流，而且很容易推广应用到流体力学领域中湍流现象的计算分析；和一阶精度算法相比，二阶精度算法采用了恒定质量的预置算法和物质质量的校正算法，合理解耦了速度场和压力场，从而减少了计算量。

16. 多功能控制选项

用户在定义和分析问题时，LS-DYNA 程序的多种控制选项及用户子程序展示出了较强大的灵活性，主要体现在：输入文件分为多个子文件，用户自定义子程序，二维问题常通过人工控制交互式或自动重分网格解决，重启动，数据库的输出控制，交互式的图形实时显示、开关控制 – 可监视计算过程的状态、32 位计算机可进行双精度分析等。

1.3 LS-DYNA 理论简介

1.3.1 基本控制方程

LS-DYNA 有限元分析程序的主要算法是增量法，它可以通过拉格朗日算法来描述。

设质点的初始坐标为 $X_i(i=1, 2, 3)$，其在任意时刻 t 的坐标为 $x_i(i=1, 2, 3)$，该质点的运动方程如下

$$x_i = x_i(X_j, t) \quad i, j = 1, 2, 3 \tag{1-1}$$

在初始时刻（$t=0$），初始坐标 X_i 和初始速度 V_i 为

$$x_i(X_j, 0) = X_i \tag{1-2}$$

$$\dot{x}(X_j, 0) = V_i(X_j, 0) \tag{1-3}$$

质量守恒方程、动量方程、能量方程分别见式（1-4）~式（1-6）：

$$\rho V = \rho_0 \tag{1-4}$$

式中　ρ——当前质量密度；

　　ρ_0——初始质量密度；

　　V——相对体积，$V = \left| F_{ij} \right| = \left| \dfrac{\partial x_i}{\partial x_j} \right|$，$F_{ij}$ 为变形梯度。

$$\sigma_{ij,j} + \rho f_i = \rho \ddot{x}_i \tag{1-5}$$

式中　σ_{ij}——柯西应力；

　　f_i——单位质量体积力；

　　$\ddot{x}_i$——加速度。

$$\dot{E} = V S_{ij} \dot{\varepsilon}_{ij} - (p + q) \dot{V} \tag{1-6}$$

式中　V——当前几何构型体积；

　　$\dot{\varepsilon}_{ij}$——应变率张量；

　　p——压力，$p = -\dfrac{1}{3} \sigma_{kk} - q$；

　　q——体积黏性阻力；

　　S_{ij}——偏应力，$S_{ij} = (1 + p + q) \sigma_{ij}$。

1.3.2　空间有限元的离散化

在实体单元的计算中，高阶单元在计算低频动力响应方面能得到较高的精确度；但在高速碰撞问题和应力波传递分析问题的计算中，运算速率低且不实用。通过大量工程的计算可以得出结论：8 节点六面体实体单元相较于 LS-DYNA3D 曾经采用的 20 节点 $2 \times 2 \times 2$ 高斯（Gauss）积分，单元计算速度快且精度高。

对于 8 节点六面体实体单元内任意点的坐标，可用节点坐标插值表示

$$x_i(\xi, \eta, \zeta, t) = \sum_{j=1}^{8} \phi_j(\xi, \eta, \zeta) x_i^j(t) \quad i = 1, 2, 3 \tag{1-7}$$

式中　ξ，η，ζ——自然坐标；

$\quad\quad x_i^j(t)$——第 j 节点在 t 时刻的坐标值；

$\quad\phi_j(\xi, \eta, \zeta)$——形函数，可由下式计算：

$$\phi_j(\xi, \eta, \zeta) = \frac{1}{8}\phi_j(1 + \xi\xi_j)(1 + \eta\eta_j)(1 + \zeta\zeta_j) \quad j = 1, 2, 3, \cdots, 8 \tag{1-8}$$

式中　ξ_j，η_j，ζ_j——实体单元中第 j 节点的自然坐标。

式（1-7）以矩阵形式表示为

$$\{x(\xi, \eta, \zeta, t)\} = [N]\{x\}^e \tag{1-9}$$

式中，单元体中任意点的坐标矢量可表示为

$$\{x(\xi, \eta, \zeta, t)\}^T = [x_1, x_2, x_3] \tag{1-10}$$

单元体节点坐标矢量可表示为

$$\{x\}^{eT} = [x_1^1, x_2^1, x_3^1, \cdots, x_1^8, x_2^8, x_3^8] \tag{1-11}$$

插值矩阵为

$$[N(\xi, \eta, \zeta)] = \begin{bmatrix} \phi_1 & 0 & 0 & \cdots & \phi_8 & 0 & 0 \\ 0 & \phi_1 & 0 & \cdots & 0 & \phi_8 & 0 \\ 0 & 0 & \phi_1 & \cdots & 0 & 0 & \phi_8 \end{bmatrix}_{3 \times 24} \tag{1-12}$$

1.3.3　时间积分

LS-DYNA，其计算特点是显式为主、隐式为辅。通过中心差分法对显式时间积分进行运算，在 t 时刻的加速度向量可由下式计算

$$\{a_t\} = [M]^{-1}([F_t^{\text{ext}}] - [F_t^{\text{int}}]) \tag{1-13}$$

式中　F_t^{ext}——施加的外力及体力矢量；

$\quad F_t^{\text{int}}$——内力矢量，可由下式确定：

$$F_t^{\text{int}} = \int_{\Omega} B^T \sigma_n \mathrm{d}\Omega + F^{\text{hg}} + F^{\text{contact}} \tag{1-14}$$

式中　$\displaystyle\int_{\Omega} B^T \sigma_n \mathrm{d}\Omega$——$t$ 时刻单元应力场等效节点应力；

$\quad\quad F^{\text{hg}}$——沙漏阻力；

$\quad F^{\text{contact}}$——接触力矢量。

节点速度和位移可由式（1-15）和式（1-16）计算：

$$\{V_{t+\Delta t/2}\} = \{V_{t-\Delta t/2}\} + \{a_t\}\Delta t_t \tag{1-15}$$

$$\{u_{t+\Delta t}\} = \{V_t\} + \{V_{t+\Delta t/2}\}\Delta t_{t+\Delta t/2} \tag{1-16}$$

式中，$\Delta_{t+\Delta t/2} = \dfrac{1}{2}(\Delta t_t + \Delta t_{t+\Delta t/2})$。

由初始的几何构型加上位移增量可计算得新的几何构型，即

$$\{x_{t+\Delta t}\} = \{x_0 + \} + \{u_{t+\Delta t}\} \tag{1-17}$$

关于算法的条件稳定性，在此作简要说明。对于隐式时间积分的线性问题，可以取较大时间步长，而对于非线性问题，时间步长会因为收敛困难而变小；对于显式时间积分，保证数值稳定的临界时间步长必须满足下式

$$\{x_{t+\Delta t}\} \leqslant \Delta t_{cr} = \dfrac{2}{\omega_{max}} \tag{1-18}$$

式中　ω_{max}——系统固有频率的最大值，由系统中最小单元的震动特征值方程$|K^e - \omega^2 M^e| = 0$确定。为达到收敛目的，LS-DYNA 采用变步长积分法，每一时刻 t 的积分步长由当前几何构型网格中的最小单元决定。

LS-DYNA 的隐式时间积分在（$t+\Delta t$）时的计算位移和平均加速度由下式计算［其计算过程无须考虑惯性效应（$[C]$ 和 $[M]$）］

$$\{u_{t+\Delta t}\} = [K]^{-1}\{F^a_{t+\Delta t}\} \tag{1-19}$$

1.4 ANSYS/LS-DYNA 前处理界面简介

在开始菜单中，选择 ANSYS 程序组中的 Mechanical APDL Product Launcher 项，单击后即进入 ANSYS 的启动界面 ANSYS Mechanical APDL Product Launcher，如图 1-1 所示，在该界面中选择要调用的程序模块，从而启动相应的分析程序选择分析环境。启动界面主要包括以下几个部分：

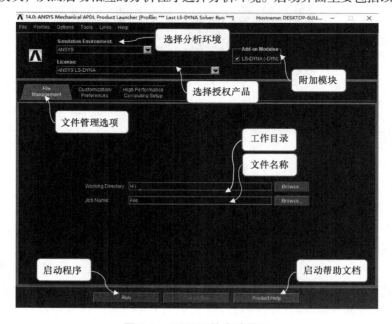

图 1-1　ANSYS 的启动界面

1）选择分析环境：在下拉菜单中，有三个选项，分别是 ANSYS、ANSYS Batch 和 LS-DYNA Solve。

2）选择授权产品：在下拉菜单中，有 ANSYS Mechanical Enterprise、ANSYS Mechanical Premium、ANSYS Mechanical Pro 以及 ANSYS LS-DYNA 等选项。

3）附加模块：此处为跌落测试的附加程序模块，专为跌落分析开发，选择 LS-DYNA（-DYN）选项并启动程序，即可进入 DTM 的分析界面。

4）工作目录：工作目录所在位置。设置后 ANSYS 的中间文件及计算结果等文件都会存在该目录下，建议用英文字符。

5）文件名称：所建立模型及所有中间、结果等文件的名称，建议用英文字符。

6）启动程序：设置完工作目录、文件名称后，就可以单击启动程序进入主界面了。

启动程序后，将进入如图 1-2 所示的 ANSYS 的 GUI 界面（Graphical User Interface，图形用户界面，简称 GUI），也就是 ANSYS Mechanical LS-DYNA 主界面，其主要包括以下几个部分。

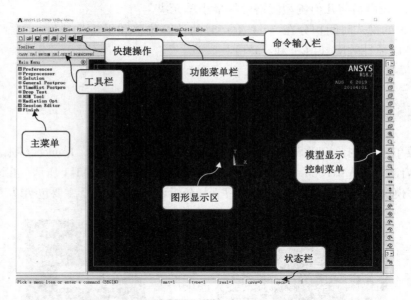

图1-2　ANSYS Mechanical LS-DYNA GUI 界面

1）功能菜单栏：包含文件管理、选择、显示控制、参数设置、工作坐标快速面等功能。

2）快捷操作：快速新建、打开或保存文件等命令。

3）命令输入栏：输入 ANSYS 操作命令。

4）工具栏：工具栏设置了保存文件、读取文件以及退出 ANSYS 命令等常用的命令，也可以自定义工具条，如自定义 ANSYS 撤销键。

5）主菜单：包含 ANSYS 在分析过程中用到的主要操作命令，如建立模型、划分网格、施加约束和荷载、输出 k 文件等。建模过程通常通过主菜单完成。

6）模型显示控制菜单：可以对图形进行放大或缩小、视图角度等调整。

7）图形显示区：显示由 ANSYS 创建或导入的图形，即该区可直观显示模型。

8）状态栏：界面的左下角显示当前系统的基本状态信息，如正在进行求解、求解完毕、模型加载完成等信息。界面的右下角是系统当前的设置，如坐标系统、单元属性等。

ANSYS 输出窗口如图 1-3 所示，该窗口的主要功能在于同步显示 ANSYS 对已进行的菜单操作或已输入命令的反馈信息，如用户输入命令或菜单操作的出错信息和警告信息等，关闭此窗口 ANSYS 将强行退出。

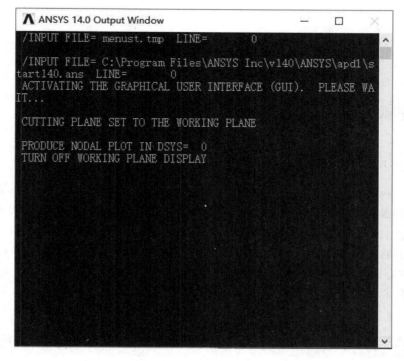

图 1-3　ANSYS 输出窗口

第 2 章
单元、材料概述及定义

2.1 显示动力单元概述及定义

2.1.1 显示动力单元概述

单元作为有限元模型的基础，关乎整个有限元分析的精度及可靠程度。因此，对于有限元分析，合理地选择单元类型是成功的第一步。在 LS-DYNA 单元库中，提供了各种类型的单元，如体单元、梁单元、薄壳单元、厚壳单元、杆单元、惯性与质量单元、弹簧阻尼单元等。这些单元主要采用线性位移插值函数，并且每一种单元都包含不同的算法，可以适应各类情况。

ANSYS 前处理器中提供了如表 2-1 所示的 9 种显式分析单元类型，并包含多种算法选项，能够实现 LS-DYNA 程序大部分的单元算法。

表 2-1　ANSYS/LS-DYNA 显式分析的单元类型

单元名称	单元简述
LINK160	杆单元，仅可承受轴向荷载
BEAM161	梁单元，适用于刚体旋转和有限应变的模拟
LINK167	索单元，仅可承受拉力
PLANE162	二维平面单元，可用于模拟平面问题或空间轴对称问题
SHELL163	薄壳单元，具有弯曲和膜的特征，可以施加平面和法向荷载
SOLID164	8 节点实体单元，可退化为共用节点的单元，如楔形、锥形、四面体单元
SOLID168	10 节点四面体单元，用于不规则几何模型的网格划分
COMBI165	无质量弹簧-阻尼单元，可用于模拟线弹簧或旋转弹簧
MASS166	质量单元，由一个节点形成，用于定义集中质量或转动惯量

以下就 ANSYS/LS-DYNA 提供的显式分析单元类型进行简要的介绍，其中 $O-XYZ$ 或 $O-XY$ 为全局坐标系，$I-xyz$ 或 $I-xy$ 为单元坐标系。

1. LINK160 单元

LINK160 单元为显示三维杆单元，该单元仅能承受轴向载荷，常用于桁架结构的模拟。LINK160 单元由三个节点定义，每个节点有三个自由度。如图 2-1 所示，由 I 和 J 节点定义杆的长度，因此 I 和 J 节点不能重合。第三个节点 K 用于定义单元的轴向，但 K 节点可以不与 I 和 J 节点共线，并且其位置仅用于定义单元的初始方向。

使用 LINK160 单元需要定义一个实常数（见图2-2），即横截面积，因此该实常数必须大于0。

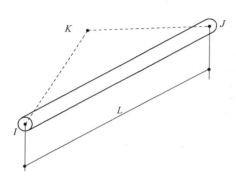

图2-1　LINK160 单元的示意图　　　　　图2-2　LINK160 单元的实常数定义选项

适用于 LINK160 单元的材料模型为各向同性线弹性材料、随动塑性材料和双线性随动硬化材料。可在 LINK160 单元的两端节点施加节点荷载。由于其形函数为线性，因此 LINK160 单元中的应力是均匀分布的。

2. BEAM161 单元

BEAM161 单元为显示三维梁单元，能够模拟轴向拉压、双轴弯曲和有限的应变，可以用来模拟许多实际应用中产生有限应变的情形，如钢筋等。也常用于模拟刚体转动，其示意图如图2-3所示。

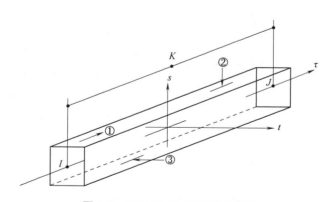

图2-3　BEAM161 单元的示意图

BEAM161 单元由三个节点定义，其中 I 和 J 节点确定梁的轴向和长度，因此 I 和 J 节点不能重合；K 节点用于确定梁单元截面主轴方位和定义单元的坐标系，其位置仅用于定义单元的初始方向。需要注意的是 K 节点不能与 I 和 J 节点共线。

定义 BEAM161 单元后，可通过 Options 按钮弹出 BEAM161 element type options 对话框（见图2-4），该对话框中提供了四种选项设置，即单元方程、积分规则、截面积分规则和截面类型。

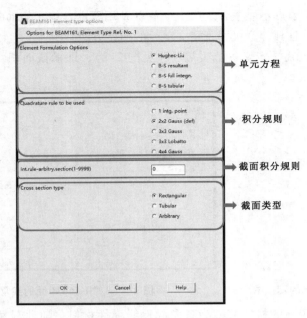

图 2-4　BEAM161 单元选项

对于单元方程，默认的选项为 Hughes-Liu，还提供了 B-S resultant（合成梁）、B-S full integn（全截面积分）、B-S tubular（截面积分圆柱梁）。对于积分规则，默认的选项为 2×2 Gauss 积分，还提供了 1 intg. point（单点积分）、3×3 Gauss 积分、3×3 Lobatto 积分、4×4 Gauss 积分。

截面积分规则默认值为 0，即标准积分规则。此时，根据用户在截面类型中的选择（Rectangular 或 Tubular），程序通过梁单元跨中的一组积分点模拟矩形及圆形截面，如图 2-5 所示。

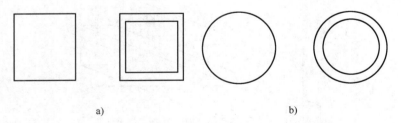

a)   b)

图 2-5　矩形及圆形截面
a）矩形截面　b）圆形截面

当截面积分规则大于等于 1（1～9999），且截面类型选择为 Arbitrary，程序即可模拟各种不同形式的截面，如图 2-6 所示。

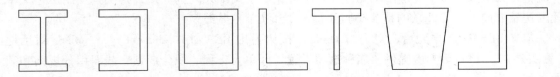

图 2-6　其他形式截面

　　单元的截面几何参数可通过定义实常数向程序输入。根据选择的截面形式不同，将会出现不同的实常数定义界面。对于圆形截面，出现如图 2-7 所示的实常数定义选择对话框。其中，SHRF 表示剪切因子，默认为 1.0；DS1 和 DS2 分别代表单元两端截面的外径，DT1、DT2 分别代表单元两端截面的内径；NSLOC、NTLOC 分别代表相对于垂直于 s 和 t 轴参考面的位置，可以是中心（默认），也可以是在 s 轴或 t 轴的正向或负向。若截面形式为矩形或任意形式，则出现如图 2-8 所示的对话框，其中，TS1、TS2 分别代表单元两端 s 方向梁的厚度，TT1、TT2 分别表示单元在 t 方向梁的厚度。此外，用户定义的截面类型还需要使用 R 命令定义其他常数。

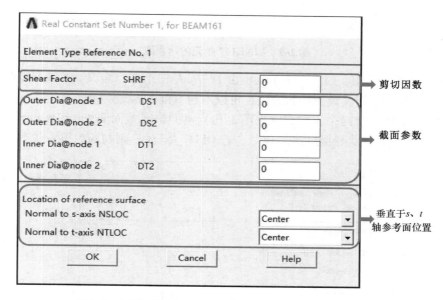

图 2-7　圆形截面 BEAM161 单元实常数定义选项对话框

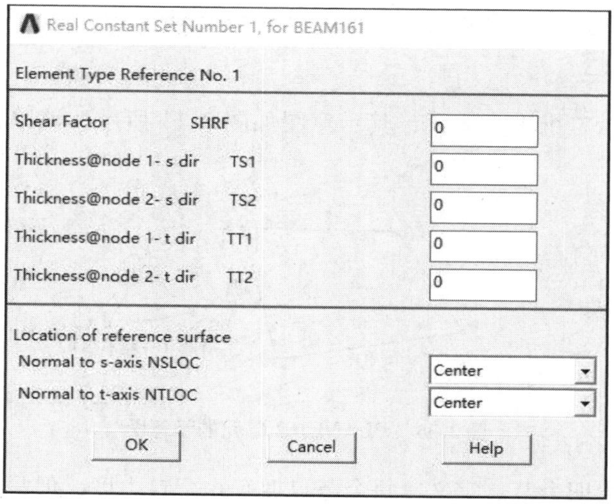

图 2-8　矩形或任意截面 BEAM161 单元实常数定义选项对话框

BEAM161 单元选用的材料模型可以是各向同性线弹性材料、随动塑性材料、双线性随动硬化材料、黏性材料和分段线性塑性材料等。

3. LINK167 单元

LINK167 为显示三维索单元，该单元仅能承受拉力，因此主要用于柔性的索或缆，其示意图如图 2-9 所示。

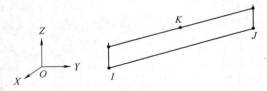

图 2-9 LINK167 单元的示意图

与 LINK160 单元类似，LINK167 单元也由 I、J、K 三个节点定义，I 和 J 节点定义单元的长度，K 节点仅用于定义单元初始方向，可以不与 I 和 J 共线。

LINK167 单元可设置两个实常数（见图 2-10），即 CA（截面面积）和 OFFS（偏移量）。若 OFFS 小于 0，则初始为松弛状态；反之，若 OFFS 大于 0，则初始为拉紧状态。

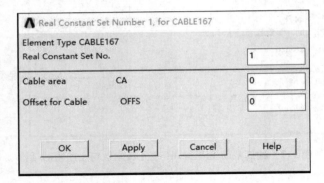

图 2-10 LINK167 单元的实常数

4. PLANE162 单元

PLANE162 为显示二维平面单元，其示意图如图 2-11 所示。该单元可用于模拟平面问题或空间轴对称问题。

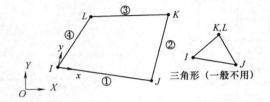

图 2-11 PLANE162 单元的示意图

PLANE162 单元由四个节点定义，每个节点拥有 6 个自由度，但只有节点平动为实际的物理自由度。该单元可通过重复节点形成退化的三角形形式，在使用自由网格划分时可能会用到，但一般不建议使用退化形式进行分析。

定义 PLANE162 单元后，可通过 Options 按钮弹出 PLANE162 element type options 对话框（见图 2-12），该对话框提供了两种选项，即应力/应变选项和单元连续特性选项。对于应力/应变选项，可以选择平面应力、轴对称和平面应变 3 种。若使用 PLANE162 单元进行轴对称分析，建立模型时需以 Y 轴为对称轴，且必须在 $X \geqslant 0$ 范围内建立模型。对于单元连续特性选项，PLANE162 单元既可以使用拉格朗日网格，也可以使用 ALE 网格。此外，在使用拉格朗日网格时，PLANE162 单元还可以采用自适应网格划分技术，用于处理在大变形中的单元畸变问题。

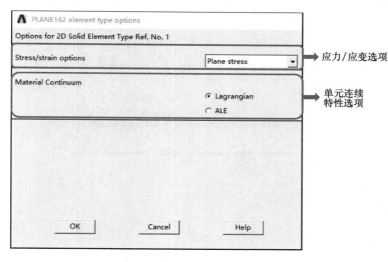

图 2-12　PLANE162 单元的选项

该单元无须定义实常数，且需要特别注意的是 PLANE162 单元不能和其他三维单元共同使用。

5. SHELL163 单元

SHELL163 是显示三维单元，具有弯曲和膜特征，可施加平面和法向载荷。该单元计算效率高，在工程中应用广泛，可模拟各种复杂的薄壁结构，如混凝土板、车身、船身等。其示意图如图 2-13 所示。

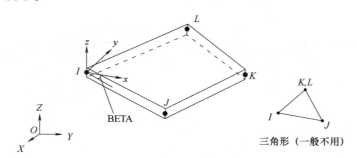

图 2-13　SHELL163 单元的示意图

SHELL163 单元由四个节点定义，每个节点具有 12 个自由度：X、Y 和 Z 方向的平动、加速度、速度和绕 X、Y 和 Z 轴的转动，但只有平动和转动是实际的自由度。此外，可通过重复节点形成退化的三角形形式，在使用自由网格划分时可能会用到，但一般不建议使用退化形式进行分析。

定义 SHELL163 单元后，可通过单击 Options 按钮弹出 SHELL163 element type options 对话框（见图 2-14），该对话框提供了四种选项设置，即单元算法、积分规则、复合材料模式和积分规则标识。

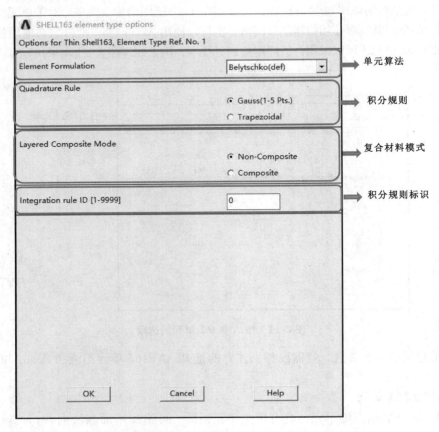

图 2-14　SHELL163 单元的选项

SHELL163 单元提供了 12 种算法，详见表 2-2。

表 2-2　SHELL163 单元算法类型

单元类型	算法	算法特性
四边形壳单元	Hughes-Liu	基于退化的连续表述，能精确地根据配置识别翘曲，但计算速度较慢。这种算法配合沙漏控制可以使用单点积分
	Belytschko-Tsay	计算速度最快地显示动力壳单元。基于 Mindlin-Reissner 假设，能够模拟横向剪切力，但不能精确地处理翘曲，因此不能使用在网格较粗的模型中。可以使用单点积分，但需要配合沙漏控制使用
	S/R Hughes-Liu	与 Hughes-Liu 单元相类似，不同的是它使用可选择的简化积分形式代替了使用沙漏控制的单点积分形式，通过一个因数增加了时间，避免了某些沙漏模式，但仍可能出现弯曲沙漏
	S/R corotational Hughes-Liu	与 S/R Hughes-Liu 单元相同，但为局部坐标系

（续）

单元类型	算法	算法特性
四边形壳单元	Belytschko-Wong-Chiang	与 Belytschko-Tsay 单元类似，但弯曲情况下无效
	Belytschko-Leviathan	与 Belytschko-Wong-Chiang 单元相同，具有单点积分的形式，但它使用物理沙漏控制，因此不必定义沙漏控制
	快速的（corotational）Hughes-Liu	与 Hughes-Liu 单元相同，但使用局部坐标系
	全积分 Belytschko-Tsay	使用 2×2 积分形式，计算时间比 Belytschko-Tsay 算法多 2.5 倍。可以避免沙漏的出现
三角壳单元	BCIZ	基于 Kirchhoff 塔板理论并使用空间立体速度场。每个单元使用三组积分点，因此计算速度较慢
	CO	基于 Mindlin-Reissner 塔板理论并使用线速度场。使用单点积分形式，仅用于网格间的过渡
膜单元	Belytschko-Tsay	与 Belytschko-Tsay 壳单元算法相同，但不包括挠度
	全积分 Belytschko-Tsay	与 Belytschko-Tsay 膜单元相同，但使用 2×2 全积分形式

SHELL163 单元的积分规则（当积分规则标识输入为 0 时生效）包括高斯积分规则和梯形积分规则，其中高斯积分规则最多允许 5 个积分点，梯形积分规则最多允许 100 个积分点。

复合材料模式包含非复合材料和复合材料两种模式。

积分规则标识包括标准积分选项（默认，数值为 0）和用户定义积分规则选项（数值为 1～9999）两种选项。

使用 SHELL163 单元时，需要定义如图 2-15 所示的实常数。SHRF 为剪切因数，默认为 1，常使用 5/6；NIP 为积分点个数，默认为 2，最大为 100；T1～T4 分别为四个节点处的壳厚度。

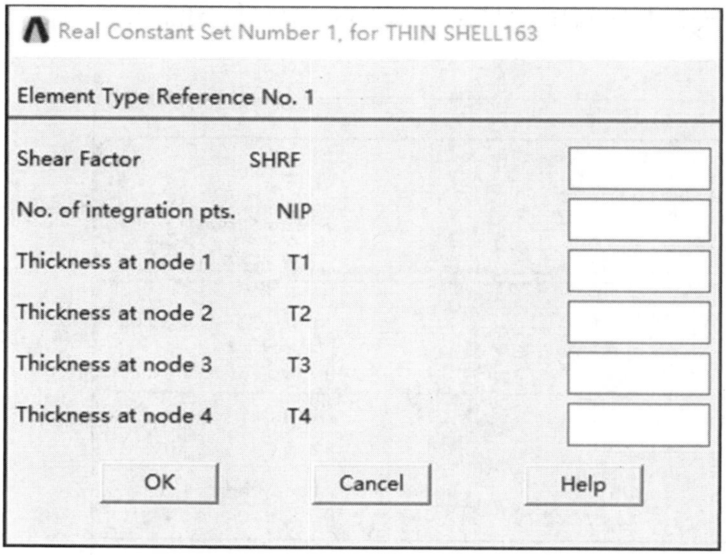

图 2-15　SHELL163 单元实常数定义对话框

6. SOLID164 单元

SOLID164 是显示三维实体单元，用于实体几何模型的单元划分，其几何形状、坐标系及节点位置如图 2-16 所示。

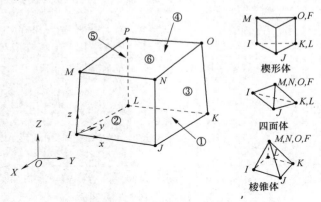

图 2-16   SOLID164 单元的示意图

SOLID164 单元由 8 节点定义，且每个节点具有 9 个自由度，即 X、Y 和 Z 方向的平动、加速度、速度，但是只有平动是实际的物理自由度。也可通过重复节点形成退化的四面体形式，如楔形体、四面体和棱锥体等。退化的形式一般出现在自由划分网格中，但一般不推荐使用退化的形式。

SOLID164 单元的单元设置选项内包含了两种选项设置，即单元算法和单元连续特性。定义 SOLID164 单元后，可通过 Options 按钮弹出 SOLID164 element type options 对话框进行设置，如图 2-17 所示。SOLID164 单元默认采用单点积分算法，该算法可以加快单元方程的迭代，但需要配合黏性沙漏控制使用，否则将会出现沙漏问题，详见 2.1.3 小节。SOLID164 单元也可采用全积分算法（单元算法的第二个选项），使用该算法不会出现沙漏问题，但计算时间成倍增加，也可能会产生体积锁定问题。对于单元连续特性，SOLID164 单元提供了拉格朗日网格和 ALE 网格两种选项。但当设置了 ALE 网格后，还需要用 EDALE 和 EDGCALE 命令设置相应的参数。

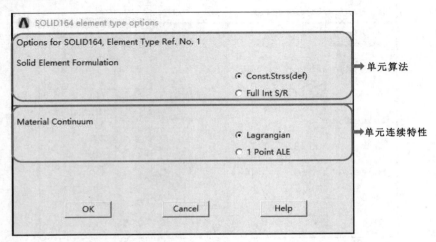

图 2-17   SOLID164 单元的选项

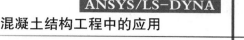

SOLID164 单元无须设置实常数，但定义该单元时体积必须大于 0。

在 SOLID164 单元上施加面荷载时，需要注意面编号的问题。该单元由 8 个节点组成了 6 个面，分别为面①($I-J-K-L$)、面②($I-J-N-M$)、面③($J-K-O-N$)、面④($K-L-P-O$)、面⑤($I-L-P-M$)、面⑥($M-N-O-P$)。面荷载通过面的正向法线施加在单元上。

7. SOLID168 单元

SOLID168 单元是显示三维高阶实体单元，是一个具有中间节点的四面体，常用于处理复杂实体模型的网格划分，其示意图如图 2-18 所示。

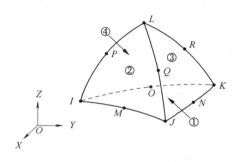

图 2-18　SOLID168 单元的示意图

如图 2-18 所示，SOLID168 单元是由 10 个节点定义的四面体，单元每条边的中间具有一个中间节点。每个节点具有 9 个自由度，即平动、转动和加速度，但仅平动是实际意义的物理自由度。

SOLID168 单元不需要定义实常数，但定义该单元时体积必须大于 0。

与 SOLID164 单元类似，在 SOLID168 单元上施加面荷载时需要注意面编号的问题。各面的编号依次为面①($I-J-K$)、面②($I-J-L$)、面③($J-K-L$)、面④($K-I-L$)。

8. COMBI165 单元

COMBI165 为显示一维单元，常用于模拟弹簧和阻尼系统，如各类消能器。COMBI165 单元由 I 和 J 两个节点定义。该单元提供了一系列的离散单元算法，可以模拟复杂的力－位移关系，其示意图如图 2-19 所示。

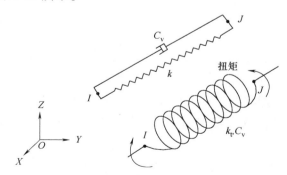

图 2-19　COMBI165 单元的示意图

在 COMBI165 element type options 对话框中可以选择两种不同的 COMBI165 单元，如图 2-20 所示，即平移（Translational）和扭转（Torsional）。对于不同的单元类型，有不同的自由度，平移类型为 6 个平动自由度，扭转类型为 3 个旋转自由度。

COMBI165 单元需要定义相应的实常数，如图 2-21 所示。该单元的实常数包括 KD（动力放大系数）、V0（测试速度）、CL（间隙量）、FD（失效位移或转角）、CDL（失效压缩极限）和 TDL（失效拉伸极限）。

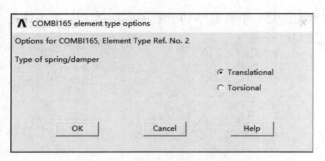

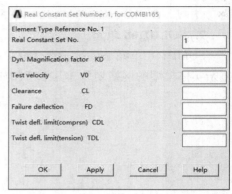

图 2-20　COMBI165 单元的选项　　　　　　图 2-21　COMBI165 单元的实常数

一个 COMBI165 单元不能同时定义弹簧和阻尼特性，但在两个节点间，可以同时定义两个共节点的单元分别用于弹簧和阻尼器。

9. MASS166 单元

MASS166 是三维集中质量或转动惯量单元，由一个节点定义，具有 9 个自由度，示意图如图 2-22 所示。该单元常用于简化建模，代替没有建模的大型质量块。

在 MASS166 element type options 对话框中可以设置 MASS166 单元是否为转动惯量单元，如图 2-23 所示。

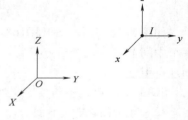

图 2-22　MASS166 单元的示意图

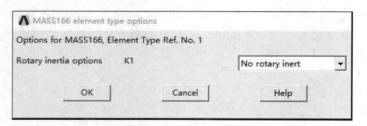

图 2-23　MASS166 单元的选项

MASS166 单元的实常数根据设置的单元属性而有所不同。如果设置的单元属性为集中质量单元，则出现如图 2-24 所示的对话框，此时输入的实常数为集中质量。质量的单位根

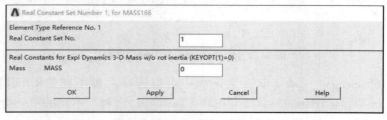

图 2-24　集中质量数值的定义

据建模采用的单位制确定。如果设置的单元属性为集中转动惯量,则出现对话框,如图 2-25 所示,此时需要输入该节点的 6 个转动惯量。

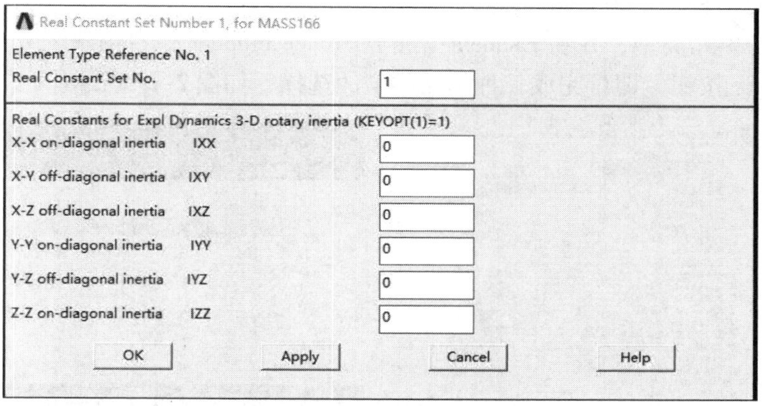

图 2-25 集中转动惯量数值的定义

2.1.2 显示动力单元定义

本节主要介绍使用 ANSYS/LS-DYNA 前处理器图形界面 GUI 操作定义单元。步骤主要包括图形界面过滤、选择单元类型、设置单元选项、定义单元实常数等。需要注意的是,ANSYS/LS-DYNA 前处理器无法囊括所有 LS-DYNA 支持的单元类型,因此如若碰到无法在 ANSYS/LS-DYNA 前处理器定义的单元类型,可先使用相近的单元代替,待到生成关键字文件后再做相应的修改(可见第 10 章实例)。

1. 图形界面过滤

为了便于后续选择单元,可以先过滤图形界面。在菜单 Main Menu 中选择 Preferences,在弹出对话框中的 Discipline options 栏目中选择 LS-DYNA Explicit,单击 OK 按钮,退出对话框,如图 2-26 所示。

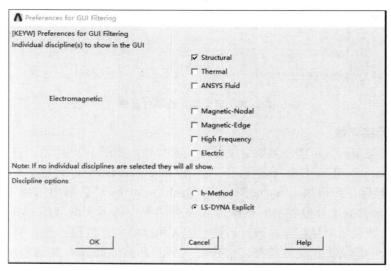

图 2-26 图形界面过滤对话框

2. 选择单元类型

在菜单 Main Menu 中选择 Preprocessor > Element Type > Add/Edit/Delete 命令，在弹出的 Element Types 对话框中单击 Add... 按钮，弹出 Library of Element Types 对话框，在该对话框中选择相应的单元类型，并在 Element type reference number 栏目内输入相应的单元编号，单击 OK 或 Apply 按钮，即可完成一种单元类型的选择，如图 2-27 所示。

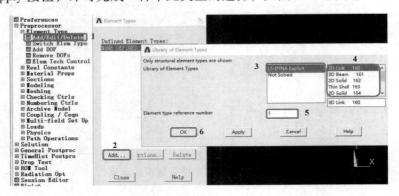

图 2-27　单元类型选择对话框

3. 设置单元选项

定义单元类型后，可能还需要设置单元的选项。在 Element Types 对话框中选择该单元，然后单击 Options... 按钮，弹出相应的单元选项对话框，如图 2-28 所示，在该对话框中选择相应的选项，最后单击 OK 按钮，即可完成该单元选项的设置。设置好所有单元的单元选项后，单击 Close 按钮，关闭 Element Types 对话框。

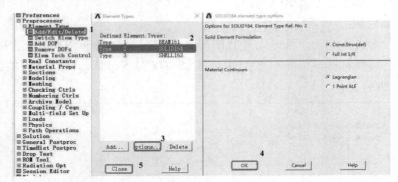

图 2-28　定义单元选项对话框

4. 定义单元实常数

定义好单元类型后，可能还需要定义单元的实常数。如图 2-29 所示，在菜单 Main Menu 中选择 Preprocessor > Real Constants 命令，弹出 Real Constants 对话框，单击该对话框的 Add... 按钮，然后在弹出的 Element Type for Real Constants 对话框中选择单元类型，单击 OK 按钮，弹出实常数编号设置的对话框。在该对话框中输入实常数编号并单击 OK 按钮，弹出相应的实常数设置对话框，在该对话框中输入相应的实常数值，最后单击 OK 按钮，即可完一个实常数的定义。定义完所有实常数后，单击 Real Constants 对话框中的 Close 按钮，关闭该对话框。

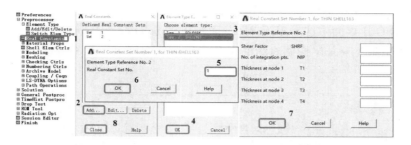

图2-29 单元类型选择对话框

2.1.3 简化积分与沙漏

1. 简化积分单元

使用 LS-DYNA 显式动力分析，其中最耗时的一项为单元的处理。根据单元积分点的个数，CPU 计算耗时成倍增加。因此使用简化积分的单元可以极大地节省计算时间和存储空间，节省计算机算力，提高分析效率。

LS-DYNA 提供了缩减积分单元，此类单元指的是使用最少积分点的单元。例如，8 节点实体单元和壳单元，它们的全积分模式分别具有 8 个和 4 个积分点，然而简化积分的 8 节点实体单元和壳单元都分别在其几何中心只有一个积分点。单点积分单元同样适用于大变形分析。虽然单点积分单元计算速度非常快，但会造成单元的一种零能模式，即沙漏模态。

2. 沙漏概述

前文提到的，使用单点积分单元会造成零能模式。所谓的零能模式，指的是某些情况下会发生节点位移不为零（即单元发生了变形），但通过插值计算的单元应变却为零。也就是说，这是一种在实际中不存在的现象，但在数学计算上成立。这类情况下，单元叠加在一起形态比较类似沙漏，如图 2-30 所示，因此称这种模式为沙漏或沙漏模式。沙漏的过大会导致计算结果的不可靠，一般来说，沙漏能小于总能量 5% 的结果才被认为是可靠的。

图2-30 壳单元沙漏示意图

3. 沙漏控制

使用缩减积分单元时，为保证结果的可靠性，需要控制减小沙漏变形。常用的减小沙漏的方法有以下几种：

1）细化网格。越细的网格，沙漏的影响越小。

2）使用全积分单元。使用全积分单元分析不会出现沙漏问题。可以在沙漏比较严重的部位采用全积分单元，以减小整体的沙漏影响。

3）控制模型的体积黏性。增大模型的体积黏性可以阻止沙漏的产生。在 ANSYS/LS-DYNA 前处理器 GUI 界面中选择 Main Menu 菜单中的 Solution > Analysis Options > Bulk Viscosity 命令，弹出 Bulk Viscosity 控制对话框，在该对话框中可以设置相应的体积黏性参数，如图 2-31 所示。

图 2-31　体积黏性系数设置

4）沙漏控制。ANSYS/LS-DYNA 提供了沙漏控制选项，分为全局和局部沙漏控制。对于全局沙漏，通过在 ANSYS/LS-DYNA 前处理器 GUI 界面中选择 Main Menu > Solution > Analysis Options > Hourglass Ctrls > Global 命令，可在弹出的 Hourglass Controls 对话框中设置沙漏系数，如图 2-32 所示，单击 OK 按钮，完成全局沙漏控制定义。使用这种方式设置的沙漏控制会使用到整个模型的所有材料中，且默认使用 1 类沙漏控制（standard LS-DYNA）。

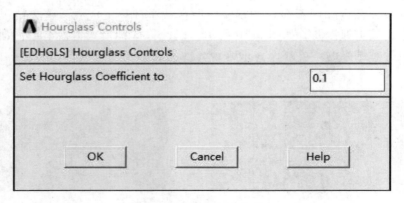

图 2-32　全局增加弹性刚度

对于局部沙漏控制，通过在 ANSYS/LS-DYNA 前处理器 GUI 界面中选择 Main Menu > Solution > Analysis Options > Hourglass Ctrls > Local 命令，弹出 Define Hourglass Material Properties 对话框，可在该对话框中设置局部沙漏控制的参数，如图 2-33 所示，然后单击 OK 按钮，完成局部沙漏控制的定义。使用这种方式设置的沙漏控制，只会使用在选择的材料中。此外，局部沙漏控制可以选择其他类别的沙漏控制。

LS-DYNA 提供了 9 类沙漏控制，详见表 2-3。

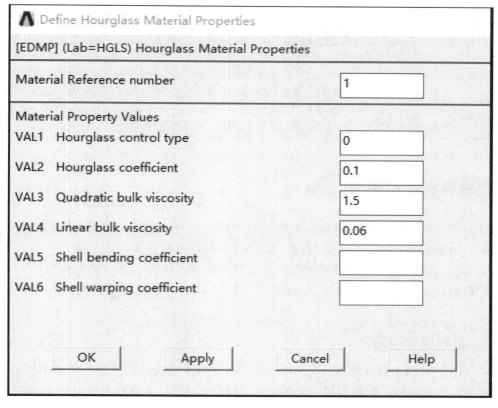

图 2-33 局部增加弹性刚度

表 2-3 沙漏控制类型简述

沙漏编号	简述及适用范围
1	LS-DYNA 标准黏性形式（默认选择），在材料不是特别软，或者单元有合理的形状，且网格不是太粗糙时，类型 4、5、6 都能得到同样的结果。其中类型 4 的运行更快
2	Flanagan-Belytschko 黏性形式
3	实体单元的精确体积积分 Flanagan-Belytschko 黏性形式
4	Flanagan-Belytschko 刚性形式，适用于壳单元隐性算法
5	实体单元的精确体积积分 Flanagan-Belytschko 黏性形式，适用于壳单元隐性算法
6	Belytschko-Bindeman 应变联合旋转刚度形式，只适用于 2D 和 3D 实体单元，可用于显性及隐性算法。基于弹性常数和假定的应变场，在 $QM=1.0$ 时对弹性材料产生精确的粗网格弯曲结果。对于屈服应力、切向模量远小于弹性模量的塑性模型，QM 值越小（$0.001\sim0.1$）效果越好。对于泡沫或橡胶模型，较大的 QM 值（$0.5\sim1.0$）可能更好。对于任何材料，要记住刚度是基于弹性常数的，所以如果材料变软，QM 值小于 1.0 可能会更好。对于各向异性材料，采用弹性常数的平均值
7	类型 6 的线性全应变类型，是二维和三维实体单元的 Belytschko-Bindeman 刚度形式的线性总应变公式。这种线性形式是为黏弹性材料开发的，它保证了无论变形的严重程度如何，单元都能弹回初始形状，且适用于隐性算法
8	适用于壳单元类型 16 的全积分单元，此类型为了计算结果的精准，将激活翘曲刚度的全投影，但计算速度会降低 25%

（续）

沙漏编号	简述及适用范围
9	适用于三维六面体单元的应变刚度形式。在性能上，它类似于 Belytschko- Bindeman 沙漏公式（类型 6），但是对于扭曲的网格，它给出了更准确的结果。如果 $QM = 1.0$，则对弹性材料产生精确的粗弯曲结果。由于沙漏刚度是根据弹性特性而设定的，因此对于塑性材料，为了不使结构在塑性变形过程中变硬，QM 参数应降低到 0.1 左右。对于材料 3、18 和 24，可以选择使用 QM 的负值选项。这个选项，沙漏的刚度是基于当前的材料属性，并按 QM 缩放，且适用于隐性算法

2.2 材料概述及定义

对于数值分析，材料模型的选取是关键性的一步。只有正确地选择材料模型，计算才能顺利进行，分析的结果才能可靠。然而 ANSYS/LS-DYNA 提供了种类繁多的材料模型，如何正确地选择合适的材料模型对于初学者来说较为困难。因此，本节简要介绍 ANSYS/LS-DYNA 的材料库以及定义的方法，让读者对 ANSYS/LS-DYNA 的材料模型有一个初步的认识。

2.2.1 材料模型概述

ANSYS/LS-DYNA 前处理器的材料库中提供了十分丰富的材料模型。虽然不能囊括 LS-DYNA 所有的材料模型，但也包括了大部分常用的材料模型。ANSYS/LS-DYNA 中的材料模型主要分为以下几个大类：线弹性材料模型（Linear）、非线性材料模型（Nonlinear）、状态方程相关的材料模型（Equation of State）、离散单元材料模型（Discrete Element Properties）、刚体材料模型（Rigid Material）。以下就这几类材料模型进行简要介绍。

1. 线弹性材料模型

线弹性材料模型（Linear）是指无塑性阶段的材料模型，应力 - 应变关系满足胡克定

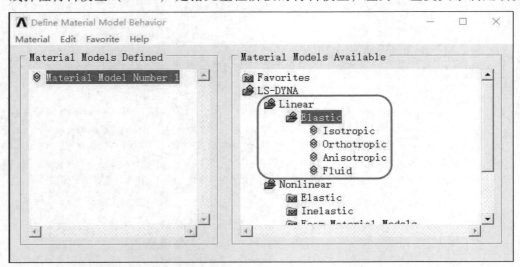

图 2-34 线弹性材料模型目录

律。ANSYS/LS-DYNA 材料库中包含 4 种线弹性材料，如图 2-34 所示，即各向同性线弹性材料模型、正交各向异性线弹性材料模型、各向异性线弹性材料模型以及流体线弹性材料模型。此类材料模型常用于弹性分析，以及用于模型中不考虑塑性阶段的材料。

（1）各向同性线弹性材料模型（Isotropic） 各向同性指所有方向的特性相同。该材料包含三个参数，即密度（DENS）、弹性模量（EX）、泊松比（NUXY），如图 2-35 所示。默认的弹性模量为 30E + 06，泊松比为 0.3。

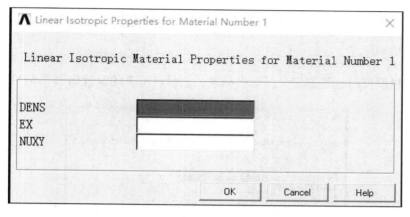

图 2-35　各向同性线弹性材料模型定义对话框

（2）正交各向异性线弹性材料模型（Orthotropic） 该材料模型三个正交方向材料特性不同，需要输入 11 个参数，包括：密度（DENS），X、Y、Z 方向的弹性模量（EX、EY、EZ），XY、YZ、XZ 方向的泊松比（NUXY、NUYZ、NUXZ），XY、YZ、XZ 方向的剪切模量（GXY、GYZ、GXZ）及材料使用的坐标系编号，如图 2-36 所示。

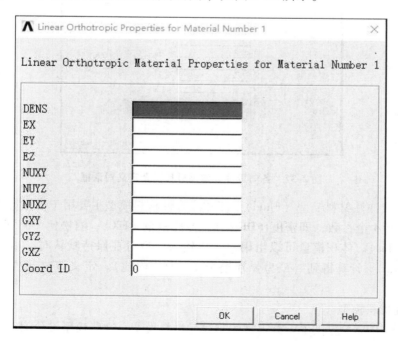

图 2-36　正交各向异性线弹性材料模型定义对话框

（3）各向异性线弹性材料模型（Anisotropic） 各向异性线弹性材料模型中各处的材料特性都是不一样的，该材料模型仅适用于 SOLID164 和 SOLID168 单元。使用此材料模型需要定义完全的弹性刚度矩阵，由于对称性，刚度矩阵的 21 个常数及位置如下所示：

$$C = \begin{bmatrix} C_{11} & C_{12} & C_{13} & C_{14} & C_{15} & C_{16} \\ & C_{22} & C_{23} & C_{24} & C_{25} & C_{26} \\ & & C_{33} & C_{34} & C_{35} & C_{36} \\ & & & C_{44} & C_{45} & C_{46} \\ & & & & C_{55} & C_{56} \\ & & & & & C_{66} \end{bmatrix}$$

使用该材料模型时也需要定义局部坐标系，该材料所有的参数如图 2-37 所示。

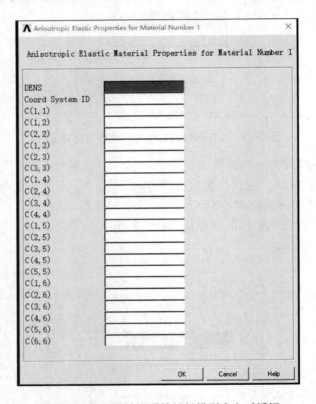

图 2-37 各向异性线弹性材料模型定义对话框

（4）流体线弹性材料模型（Fluid） 流体线弹性材料模型主要用于模拟流体材料的弹性问题。该模型有 4 个参数，即密度（DENS）、弹性模量（EX）、泊松比（NUXY）和体积模量（Bulk Modulus）。体积模量可以由用户直接输入，也可在保持默认时，由程序通过公式 $K = E/[3(1-2\nu)]$ 计算得到（E 为弹性模量，ν 为泊松比）。定义该材料模型的对话框如图 2-38 所示。

2. 非线性材料模型

ANSYS/LS-DYNA 提供了十分丰富的非线性材料模型，这些模型被分为三大类，即非线

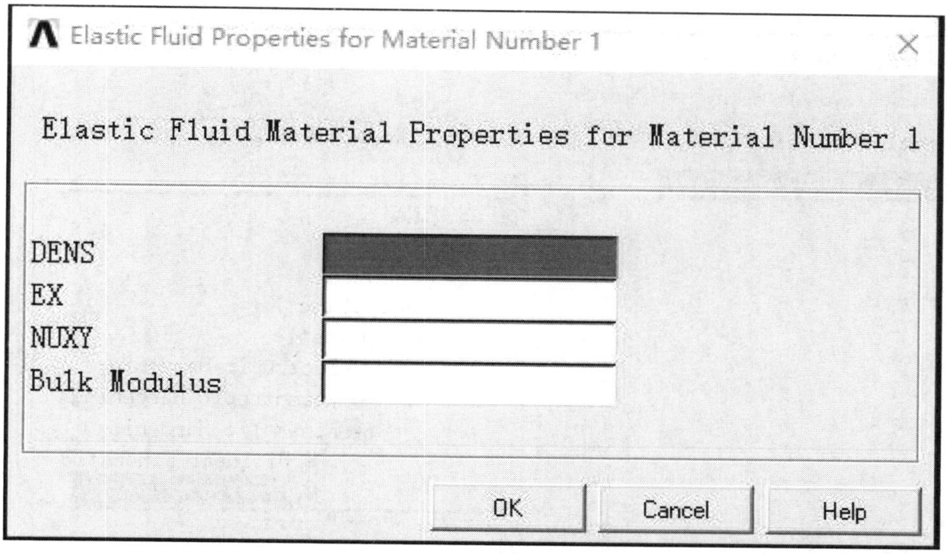

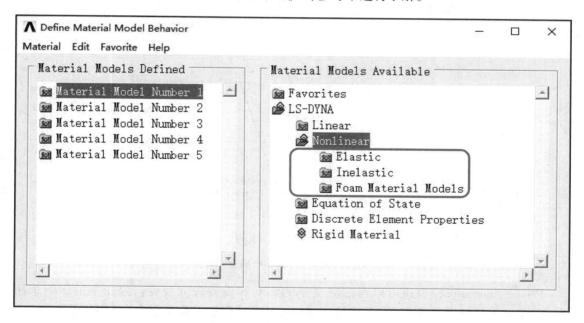

图 2-38 流体线弹性材料模型定义对话框

性弹性模型、非线性塑性模型和泡沫材料模型,如图 2-39 所示。鉴于本书篇幅及目的等因素,这里仅介绍在土木工程领域中最常用到的材料模型,包括非线性塑性模型中与应变率相关的随动塑性材料模型(Plastic Kinematic)、分段线性塑性模型以及混凝土损伤模型。其余材料模型可通过《LS-DYNA 关键字帮助手册》等参考书进行了解。

图 2-39 非线性材料模型目录

(1)与应变率相关的随动塑性材料模型(Plastic Kinematic) 该模型可用于大部分弹塑性材料,其中最为常用的是钢材。其在 Material Models Available 目录中的地址为 LS-DYNA\Nonlinear\Inelastic\Kinematic Hardening\Plastic Kinematic,如图 2-40 所示。

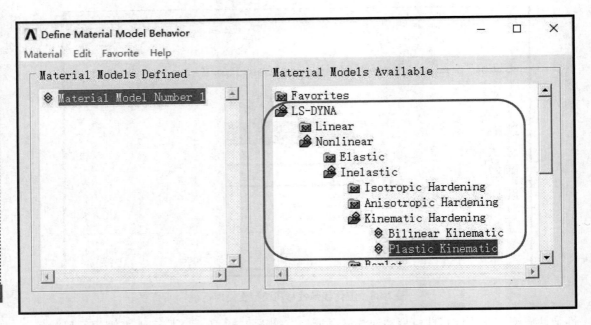

图 2-40 Plastic Kinematic 模型定义

该模型是各向同性、随动硬化或介于各向同性和随动硬化之间的混合模型，可以通过硬化参数 β 进行调整。当硬化参数为 0 时为随动硬化模型，当硬化参数为 1 时为各向同性模型，介于 0 ~ 1 之间为混合模型，如图 2-41 所示。

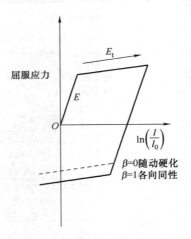

图 2-41 Plastic Kinematic 模型示意图

Plastic Kinematic 模型还可以考虑应变率的影响和设置失效应变。应变率的影响采用 Cowper- Symonds 模型来考虑，根据与应变率相关的参数调整屈服应力，由下列式子得出

$$\sigma_y = \left[1 + \left(\frac{\dot{\varepsilon}}{C} \right)^{\frac{1}{P}} \right] \left(\sigma_0 + \beta E_P \varepsilon_P^{\text{eff}} \right) \tag{2-1}$$

式中 σ_0——初始屈服应力；

  $\dot{\varepsilon}$——应变率；

C，P——应变率相关的参数（与材料性质有关）；

$\varepsilon_{P}^{\text{eff}}$——有效塑性应变；

E_{P}——塑性硬化模量，$E_{P} = \dfrac{E_{\text{tan}}E}{E - E_{\text{tan}}}$。

该模型需要输入 9 个参数，分别为密度（DENS）、弹性模量（EX）、泊松比（NUXY）、屈服应力（Yield Stress）、切线模量（Tangent Modulus）、硬化参数（Hardening Parm）、应变率相关的参数 C 和 P 以及失效应变（Failure Strain），如图 2-42 所示。如果 C、P 为 0，则忽略应变率的影响。

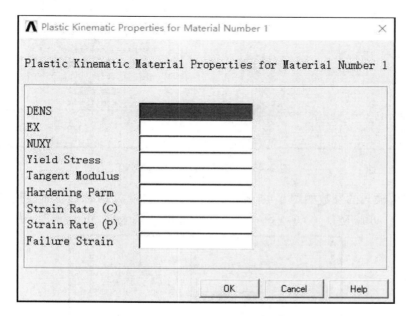

图 2-42　Plastic Kinematic 模型参数

（2）分段线性塑性模型　该模型在 Material Models Available 目录中的地址为 LS–DYNA\Nonlinear\Inelastic\Rate Dependent Plasticity\Standard，如图 2-43 所示。

对于分段线性塑性模型，用户可以通过定义屈服应力和切线模量确定塑性阶段的应力应变曲线，也可以直接输入真实的应力 – 应变曲线 LCID（1）。该模型是一个常用的塑性准则，适用于多种塑性材料，最适用于钢材。采用该材料模型时，可以考虑应变率的影响，也可定义塑性应变失效准则。应变率的影响可以根据 Cowper-Symbols 模型确定，有应变率与屈服应力的关系如下

$$\sigma_{y}(\varepsilon_{\text{eff}}^{p}, \dot{\varepsilon}_{\text{eff}}^{p}) = \sigma_{y}(\varepsilon_{\text{eff}}^{p})\left[1 + \left(\frac{\dot{\varepsilon}_{\text{eff}}^{p}}{C}\right)^{\frac{1}{P}}\right] \tag{2-2}$$

式中　$\varepsilon_{\text{eff}}^{p}$——有效应变；

$\dot{\varepsilon}_{\text{eff}}^{p}$——有效应变率；

C，P——应变率参数；

$\sigma_{y}(\varepsilon_{\text{eff}}^{p})$——没有考虑应变率时的屈服应力。

此外，用户也可自行定义不同应变率下的应力 – 应变关系曲线（最多支持 10 组曲线）。

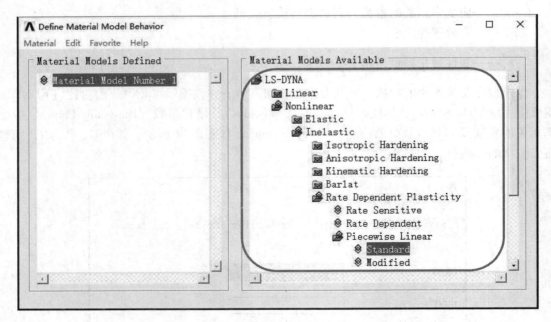

图 2-43　分段线性塑性模型定义

该模型需要输入的参数如图 2-44 所示，其中包括密度（DENS）、弹性模量（EX）、泊松比（NUXY）、屈服应力（Yield Stress）、切线模量（Tangent Modulus）、应变率相关参数

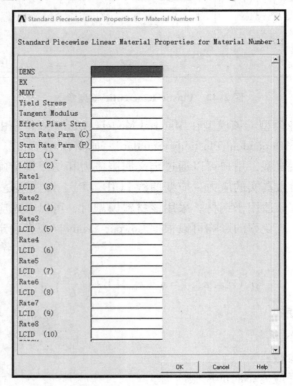

图 2-44　分段线性塑性模型参数

C、P，真实的应力 – 应变曲线 LCID（1）以及不同应变率下的应力 – 应变曲线［Rate1 and LCID（3）~ Rate10 and LCID（12）共 10 组］。

如果输入了真实的应力 – 应变曲线 LCID（1），则忽略屈服应力和切线模量。此外，如果输入了不同应变率下的应力 – 应变曲线，则忽略 C 和 P。若既不输入不同应变率下的应力应变 – 曲线，也不输入 C 和 P 的数值，则忽略应变率的影响。

（3）混凝土损伤模型　该模型能够较好地描述混凝土的主要力学行为，被广泛用于拟静力、爆炸和冲击荷载下的混凝土与钢筋混凝土结构分析。该模型在 Material Models Available 目录中的地址为 LS-DYNA\Nonlinear\Inelastic\Damage\Concrete，如图 2-45 所示。使用该材料模型需要配合状态方程，此外，用户还可以通过输入自定义曲线考虑应变率的影响。

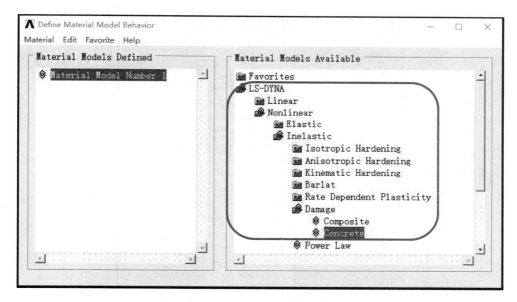

图 2-45　混凝土损伤模型定义

该模型由三个独立的强度面定义，即初始屈服面、最大强度面和残余强度面，同时考虑了三个应力不变量（I_1，J_2，J_3），其强度面函数用下列公式表示

$$Y(I_1,J_2,J_3) = \begin{cases} r(J_3)\left[\Delta\sigma_y + \eta(\Delta\sigma_m - \Delta\sigma_y)\right] & \lambda \leqslant \lambda_m \\ r(J_3)\left[\Delta\sigma_r + \eta(\Delta\sigma_m - \Delta\sigma_r)\right] & \lambda > \lambda_m \end{cases} \tag{2-3}$$

式中　　　$r(J_3)$——偏平面形状函数，采用 William- Warnke 形式，形状为光滑外凸的椭圆；

λ——损伤参数，η 是其函数；

$\Delta\sigma_y$，$\Delta\sigma_m$，$\Delta\sigma_r$——初始屈服面、最大强度面、残余强度面，分别由下列式子定义

$$\Delta\sigma_y = a_{0y} + \frac{p}{a_{1y} + a_{2y}p} \tag{2-4}$$

$$\Delta\sigma_m = a_0 + \frac{p}{a_1 + a_2p} \tag{2-5}$$

$$\Delta\sigma_r = \frac{p}{a_{1f} + a_{2f}p} \tag{2-6}$$

式中的 8 个参数 a_{0y}、a_{1y}、a_{2y}、a_0、a_1、a_2、a_{1f} 和 a_{2f} 由试验数据确定。

该模型所需的参数如图 2-46 所示,其中既包含了确定混凝土材料性质的参数,也包含了确定状态方程的参数。从 971 版开始,LS-DYNA 还提供了该材料模型的简化参数版本,只需输入密度、抗压强度以及单位制 3 个参数,LS-DYNA 程序即可自动计算出其余的参数,简化参数版本相应的关键字为 * MAT_CONCRETE_DAMAGE_REL3,详见《LS-DYNA 关键字帮助手册》。

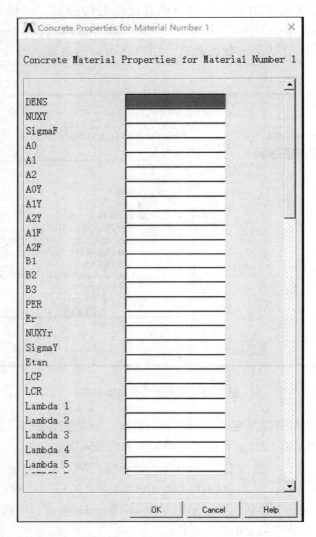

图 2-46　混凝土损伤模型参数输入对话框

3. 状态方程相关的材料模型

状态方程是用于描述材料在压力作用下体积与内能之间关系的函数。ANSYS/LS-DYNA 提供了三种状态方程,即 Linear Polynomial(线性多项式)状态方程、Gruneisen 状态方程以及 Tabulated 状态方程,如图 2-47 所示。结合这三种状态方程,可定义 Johson-Cook 模型、Null 模型、Zerilli-Armstrong 模型以及 Steinberg 模型。这里仅简单地介绍线性多项式状态方程以及使用该状态方程定义的空气等流体材料模型 Null。

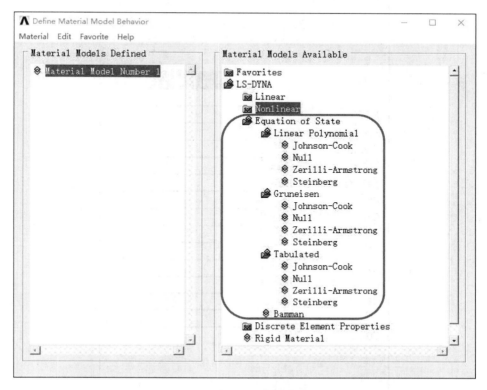

图 2-47 状态方程相关的材料模型目录

线性多项式状态方程的内能呈线性分布，压力由下式给出

$$\begin{cases} P = C_0 + C_1\mu + C_2\mu^2 + C_3\mu^3 + (C_4 + C_5\mu + C_6\mu^2)E \\ \mu = \dfrac{1}{V} - 1 \end{cases} \tag{2-7}$$

式中　P——压力；

　　　E——单位体积的内能；

　$C_0 \sim C_6$——状态方程的系数；

　　　V——相对体积。

Null 材料模型常用于模拟空气等流体材料。结合线性多项式状态方程的 Null 材料模型需要输入的参数如图 2-48 所示，其中包括定义线性多项式状态方程的参数，以及材料的密度（DENS）、弹性模量（EX）、泊松比（NUXY）。

4. 离散单元材料模型

离散单元材料模型包括三大类，如图 2-49 所示，即 Spring（弹簧材料）模型、Damper（阻尼材料）模型以及 Cable（索材料）模型。对于弹簧材料模型，其中包括线弹性弹簧、完全非线性弹簧、非线性弹性弹簧、弹塑性弹簧、非弹性仅拉伸或仅压缩弹簧模型及 Maxwell 黏性弹簧模型。阻尼材料模型分为线性黏性阻尼材料及线性阻尼材料。这里仅简要地介绍索材料模型，其余材料模型可查阅《LS–DYNA 关键字帮助手册》进行学习。

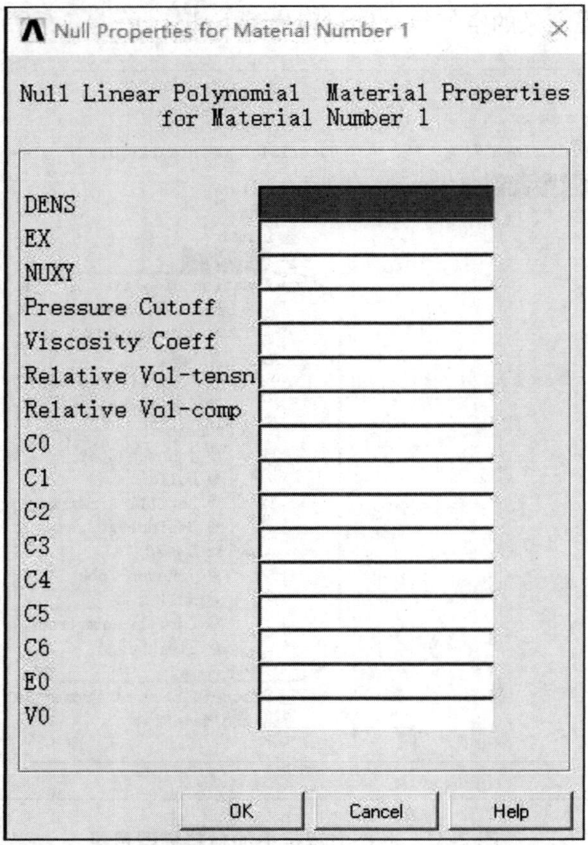

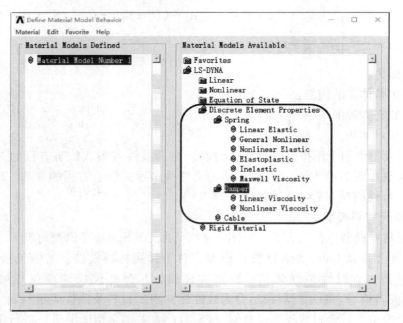

36

图 2-48　结合线性多项式状态方程的 Null 材料模型定义对话框

图 2-49　离散单元模型目录

索材料模型常用来模拟实际的弹性缆索等柔性结构构件，仅用于 Link167 单元。当且仅当索受拉时，索中才存在应力，其轴向拉力 F 可由下式计算

$$\begin{cases} F = \max(F_0 + K\Delta L, 0) \\ \Delta L = L_t - (L_0 - \text{OFFS}) \\ K = E \cdot \text{CA} / (L_0 - \text{OFFS}) \end{cases} \qquad (2\text{-}8)$$

式中　F_0——初始拉力；

　　L_0，L_t——初始长度和当前长度；

　　　　E——弹性模量；

　　　CA——截面面积；

　OFFS——偏移量。

式（2-8）中 CA 和 OFFS 由 Link167 单元实常数定义。若设定 $F_0 > 0$ 且 $K = 0$，则可得到恒力元件。

如图 2-50 所示，定义该模型需要三个参数，即密度（DENS）、弹性模量（EX）、载荷曲线（Load Curve ID）。

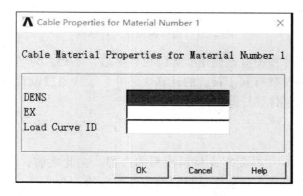

图 2-50　索材料模型的参数

5. 刚体材料模型

在显式动力学分析中刚性材料模型运用非常广泛，可用于模型中刚硬部分，该部分可以忽略变形的影响，如汽车撞击的模拟，可以把被撞击物定义为刚体材料。使用刚体材料模型可以显著地减少显示分析的计算时间。这是因为在显示分析中，某个部件定义刚体后，该部件内部的节点都耦合到刚体的质量中心，因此无论该部件有多少个节点，自由度仅有 6 个。此外，刚体模型还可控制自身的转动和平动的自由度，用来简化某些问题的条件而把握问题的关键所在。例如，在研究炮弹侵蚀问题时，可以通过分别约束炮弹的转动或某一方向的平动，以探究炮弹侵蚀问题的关键因素。

刚体模型需要定义三个材料参数，即密度（DENS）、弹性模量（EX）、泊松比（NUXY），以及两个约束参数，即平动约束（Translational Constraint Parameter）、转动约束（Rotational Constraint Parameter），如图 2-51 所示。对于平动约束，可以定义任何一个、两个或三个方向（相对于整体坐标系）的平动。类似地，对于转动约束，也可约束一个、两个或三个方向（相对于整体坐标系）的转动。

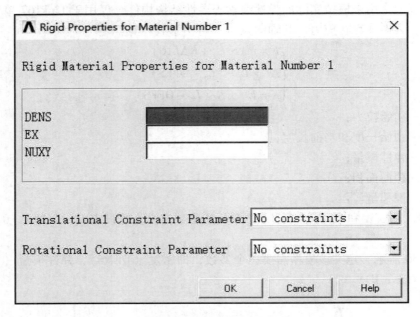

图 2-51　刚体模型定义对话框

需要注意的是，刚体模型应该使用实际的材料参数，不必人为增大，因为刚体本身就不存在变形，实际的材料参数有利于接触的计算。另外，无法通过设置一个很大的模量给普通的材料模型而使其成为刚体。

2.2.2　材料定义

本节主要介绍利用 GUI 界面定义材料模型的过程。在此之前，由于材料模型定义这一环节的重要性，这里有必要先说明定义材料时应该注意的几个方面。

1）每种材料模型并不一定都适用于所有的单元类型，因此材料模型需要根据使用的单元类型进行选取。

2）虽然 ANSYS/LS-DYNA 前处理器已经提供了十分丰富的材料模型，但无法囊括 LS-DYNA 程序支持的所有材料模型，因此选择的材料模型不应该局限于 ANSYS/LS-DYNA 前处理器提供的部分。LS-DYNA 支持的所有材料模型都可以通过《LS-DYNA 关键字帮助手册》查阅到，读者可根据该手册进行了解学习。

3）碰到 ANSYS/LS-DYNA 前处理器材料库中没有的材料模型时，可以先任意定义一个材料模型留出相应的位置，待形成关键字文件后再进行相应的修改。

4）材料模型的选取需要基于真实材料的类别以及可以得到的实际参数。

5）对于每个材料模型，有些时候某些参数可以不必输入而采用默认值。

6）输入材料参数时，需确保输入参数的单位制一致，不一致的单位制将会导致不正常的计算时间，且得到不正确的结果。

7）尽量获取正确的材料数据用于数值分析，准确的材料参数可以保证分析结果的可靠性。

材料模型的定义一般包括以下两个步骤。

1. 增加一个新的材料模型

选择主菜单（Main Menu）中的 Preprocessor > Material Props > Material Models 命令，弹出 Define Material Model Behavior 对话框，如图 2-52 所示。该对话框的左侧为定义的材料模型，右侧为材料模型分类的树状目录。

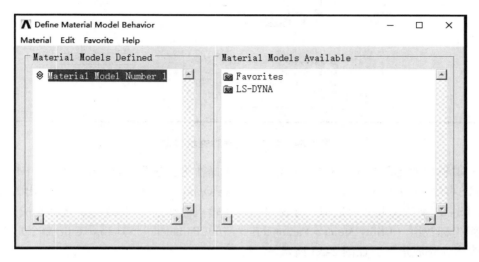

图 2-52　定义材料模型对话框

如若需要新增材料模型，可以在 Define Material Model Behavior 对话框中选择菜单项 Material > New Model 命令，弹出 Define Material ID 对话框，如图 2-53 所示，在该对话框中可以自定义输入材料的参考 ID 号，也可使用程序默认的，然后单击 OK 按钮，即可以增加新的材料模型。

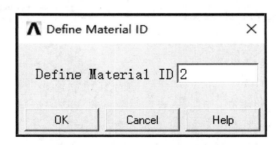

图 2-53　定义材料 ID 对话框

此外，可通过 Define Material Model Behavior 对话框中的菜单项 Edit > Copy... 命令复制材料模型，可以得到两个除材料参考 ID 号不同其余都相同的材料模型，也可通过 Define Material Model Behavior 对话框中的菜单项 Edit > Delete 命令将多余的材料模型删除。

2. 选择相应的材料模型并输入参数

在 Define Material Model Behavior 对话框的左侧单击选择某一材料模型，然后在该对话框右侧的材料模型分类树状目录中找到相应的材料模型，并单击它，在弹出的对话框中输入相应的材料参数，单击 OK 按钮，完成材料定义，如图 2-54 所示（以各向同性线弹性材料为例）。

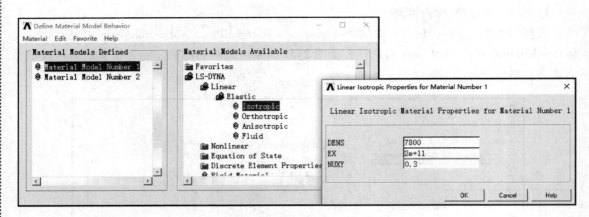

图 2-54　各向同性线弹性材料定义

某些材料模型还需要定义相应的曲线，具体操作为：选择 Main Menu 菜单中的 Preprocessor > LS-DYNA Options > Loading Options > Curve Options > Add Curve 命令，弹出 Add Curve Data for LS-DYAN Explicit 对话框，在该对话框中输入曲线的参考 ID 号，选择相应的横坐标数组和纵坐标数组（Utility Menu > Parameters > Array Parameters > Define/Edit 命令定义），单击 OK 按钮，完成定义，如图 2-55 所示。

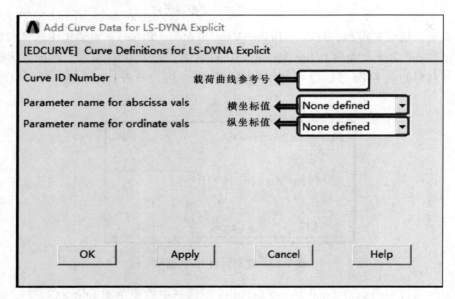

图 2-55　定义载荷数组

第 3 章

几何模型建立

3.1 常用的基本概念

在介绍建立几何模型前，首先需要介绍 ANSYS/LS-DYNA 前处理器的一些基本概念。

1. 单位制

ANSYS/LS-DYNA 前处理器中没有设置单位的选项，也没有指定的默认单位。也就是说，建立的模型是没有单位概念的，需要用户自行统一单位。使用任意一套自封闭（单位量纲之间可以相互推导得出）的单位制进行建模，都是可行的。使用不协调的单位建模，将会导致不正常的计算耗时以及错误的结果。

对于任何单位，都可以从基本单位中导出，因此建立模型前，只需确定基本的物理单位，再通过单位量纲之间关系导出其他单位即可，详见附录 A。

2. ANSYS 坐标系

ANSYS/LS-DYNA 前处理器中提供了以下几种坐标系。

1）全局、局部和工作平面坐标系：用于定位几何形状参数（节点、关键点等）的空间位置。

2）显示坐标系：用于列表或显示几何形状参数。

3）节点坐标系：用于定义每个节点的自由度方向及节点结果数据的方向。

4）单元坐标系：用于确定材料特性主轴及单元结果数据的方向。

5）结果坐标系：用于列表或显示结果。

如图 3-1 所示，全局和局部坐标系提供三种类型：直角坐标系（Cartesian Coordinate System）、柱坐标系（Cylindrical Coordinate System）、球坐标系（Spherical Coordinate System）。这三种坐标系都为右手系，且由坐标系参考号区分：0 为直角坐标系，1 为柱坐标系（以 Z 轴为纵轴），2 为球坐标系，5 为柱坐标系（以 Y 轴为纵轴）。

需要注意的是，在不同激活坐标系下，坐标值的标识都为 X、Y 和 Z，但根据不同的坐标系，其代表的意义不同。

1）直角坐标系下 X 轴、Y 轴、Z 轴分别代表

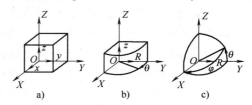

图 3-1　三种总体坐标系示意图

a）直角坐标系（0）　b）柱坐标系（1）

c）球坐标系（2）

其原本轴向。

2）柱坐标系下 X 轴、Y 轴、Z 轴分别代表径向 R、环向 θ 和轴向 Z。

3）球坐标系下 X 轴、Y 轴、Z 轴分别代表 R、θ、φ。

以下对 ANSYS/LS-DYNA 前处理器中提供的坐标系作简要介绍。

（1）全局坐标系　全局坐标系是程序提供的绝对参考系，默认为直角坐标系。无论采用何种坐标系建立模型，得到的节点、位移、应力和支座反力等都是采用全局直角坐标系描述的。在 GUI 菜单中可以通过以下操作激活不同的全局坐标系，但某一时刻只能使用一种类型的坐标系。

1）激活全局直角坐标系，如下：

Utility Menu > WorkPlane > Change Active CS to > Global Cartesian

2）激活全局柱坐标系，如下：

Utility Menu > WorkPlane > Change Active CS to > Global Cylindrical（以 Z 轴为纵轴）

或

Utility Menu > WorkPlane > Change Active CS to > Global Cylindrical Y（以 Y 轴为纵轴）

3）激活全局球坐标系，如下：

Utility Menu > WorkPlane > Change Active CS to > Global Spherical

4）通过坐标识别号激活，如下：

Utility Menu > WorkPlane > Change Active CS to > Specified Coord Sys

（2）局部坐标系　局部坐标系是程序提供的相对参考系，主要用于建立模型或充当结果坐标系。与全局坐标系类似，局部坐标系可以是直角坐标系、柱坐标系或球坐标系。在 GUI 中可以通过以下操作来定义局部坐标系。

1）由具体坐标值（可以是全局坐标或工作平面的坐标值）定义局部坐标系，操作如下：

Utility Menu > WorkPlane > Local Coordinate Systems > Create Local CS > At Specified Loc

2）由关键点定义局部坐标系，操作如下：

Utility Menu > WorkPlane > Local Coordinate Systems > Create Local CS > By 3 Keypoints

3）由工作平面定义局部坐标系，操作如下：

Utility Menu > WorkPlane > Local Coordinate Systems > Create Local CS > At WP Origin

4）由节点定义局部坐标系，操作如下：

Utility Menu > WorkPlane > Local Coordinate Systems > Create Local CS > By 3 Nodes

需要注意的是，创建局部坐标系输入的坐标识别号需要大于 10。

局部坐标系只能通过坐标标识号激活，操作如下：

Utility Menu > WorkPlane > Change Active CS to > Specified Coord Sys

已经定义的局部坐标系可通过以下操作删除：

Utility Menu > WorkPlane > Local Coordinate Systems > Delete Local CS

（3）工作平面　工作平面是一个无限的平面，默认为 XOY 平面，但其本质上也是一个直角坐标系，可以激活为活跃的坐标系用于模型的创建，也可用于布尔操作。可以通过移动、旋转操作改变工作平面，但同一时刻只能存在一个工作平面。通过功能菜单栏中的 WorkPlane 菜单下的各项命令可以对工作平面进行各项操作，如图 3-2 所示。

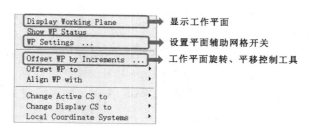

图3-2 操作工作平面的菜单命令

在 GUI 菜单中激活工作平面坐标系的操作如下：

Utility Menu > WorkPlane > Change Active CS to > Working Plane

（4）结果坐标系 结果坐标系为显示结果的参考系，用于显示求解得到的结果数据，如位移、应力等。这些结果数据默认采用节点坐标系或单元坐标系表示。

（5）显示坐标系 显示坐标系为列表或显示几何形状参数的参考系。可以使用柱坐标系或球坐标系列表显示圆柱或球节点坐标值（如径向、环向坐标），但不建议使用柱坐标系或球坐标系显示图形。

（6）节点坐标系 节点坐标系用于定义每个节点的自由度方向及节点结果数据的方向。每一个节点都附着一个节点坐标系。节点坐标系默认为直角坐标系并与全局直角坐标系平行（与定义节点的激活坐标系无关）。在节点上施加的力和边界条件以节点坐标系的方向为基准。

（7）单元坐标系 单元坐标系用于确定材料特性主轴及单元结果数据的方向，每个单元都有一个单元坐标系。单元坐标系都是正交右手系，详细可见 2.1.1 节单元类型的描述。

3. 组

组（Component）是一些对象实体（如实体、节点、单元等）的集合。定义这些对象的组后可以直接对这个组整体施加荷载等操作，而避免了重复定义的麻烦。定义组的操作主要分为两大步骤，以下对其简要介绍：

（1）选择需要定义的对象 选择功能菜单栏的 Select > Entities... 命令，弹出 Select Entities 对话框，如图 3-3 所示，在该对话框中选择相应的选项，可以选出各类不同的对象。

选择类型选项用于设置选择对象的类型，可以是关键点、线、面、体、节点、单元。

选择方式选项用于设置以何种方式选择，根据不同的对象类型有不同的选择方式，常用的有 By Num/Pick、Attached to、By Location 和 By Attribute 四种。By Num/Pick 是指通过图元标识号选择或通过鼠标操作在图形界面直接选择；Attached to 是指通过与被选图元相关联的其他图元选择，如可以选择体上的面、面上的关键点等；By Location 是指通过坐标轴的坐标值选择；By Attribute 是指通过与图元相关联的属性选择，如材料号、单元类型号等。

选择设置选项用于设置选取的方式，共有 4 种方式，其中 From Full 是指从整个模型中选取；Reselect 是指从已

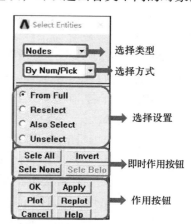

图3-3 选择对象实体

选好的集合中再次选取；Also Select 是指从整个模型中选择新的部分，加入到已选好的集合中；Unselect 是指从当前选取的集合中去掉一部分图元。

（2）定义组（Component） 选择好需要定义组的部分后，选择功能菜单栏的 Select > Comp/Assembly > Create Component...，弹出 Create Component 对话框，如图 3-4 所示。在该对话框中输入组的名称以及组的类型，然后单击 OK 按钮，即可完成组的创建。

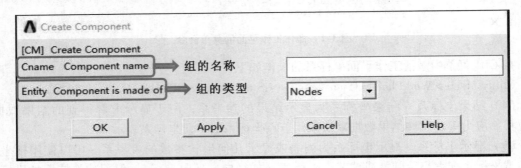

图 3-4　定义数组

4. 部件

部件（PART）是同一类单元的集合，这些单元具有相同的单元类型号、实常数号和材料号。详见 4.1.2 节。

3.2　建立模型前的准备工作

建立模型之前还需做一些准备工作，如设置工作目录、定义工作名、定义分析标题和定义图形界面过滤参数等。

1. 设置工作目录

在 ANSYS/LS-DYNA 前处理器中操作产生的文件都存储在工作目录中，因此对每一个模型设置对应的工作目录可以避免文件存储的混乱，使得文件管理更为清晰。默认的工作目录为 ANSYS 安装的根目录。可以通过两种方式改变工作目录，具体如下。

（1）进入程序前设置工作目录 打开 ANSYS Mechanical APDL Product Launcher 程序，弹出如图 3-5所示的界面，可以在该界面中设置工作目录。

（2）进入前处理程序后设置工作目录 进入前处理程序后，也可改变工作目录，在 GUI 菜单中的操作为：Utility Menu > File > Change Directory。

2. 定义工作名

工作名用来区分 ANSYS/LS-DYNA 工作项目。操作产生的文件默认都以设置的工作名存储，因此不同分析应该设置不同的工作名称，可以避免文件被覆盖。与设置工作目录类似，工作名称也可通过以下两个途径设置。

（1）进入程序前设置工作目录 打开 ANSYS Mechanical APDL Product Launcher 程序，弹出如图 3-5 所示的界面，可以在该界面中设置工作目录。

（2）进入前处理程序后设置工作目录 进入前处理程序后，在 GUI 菜单中改变工作名称的操作为：Utility Menu > File > Change Jobname...。

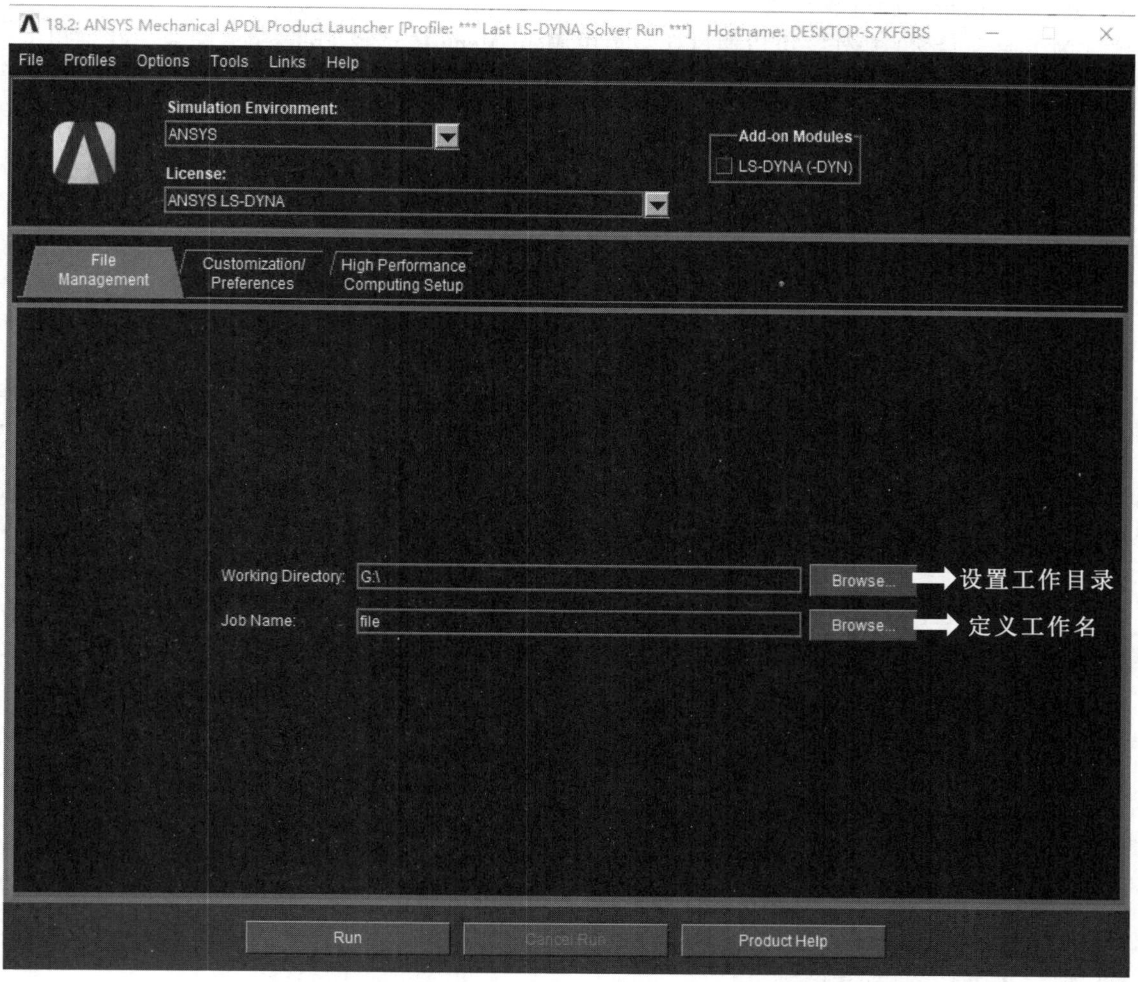

图 3-5 ANSYS Mechanical APDL Product Launcher 程序界面

3. 定义分析标题

分析标题可以不必定义，如定义了分析标题之后，所有的图形显示包含该标题，以及所有输出的关键字文件的 *TITLE 关键字下也包含该标题。在 GUI 菜单中，用户可以通过选择 Utility Menu > File > Change Title 命令定义分析标题（见图 3-6）。

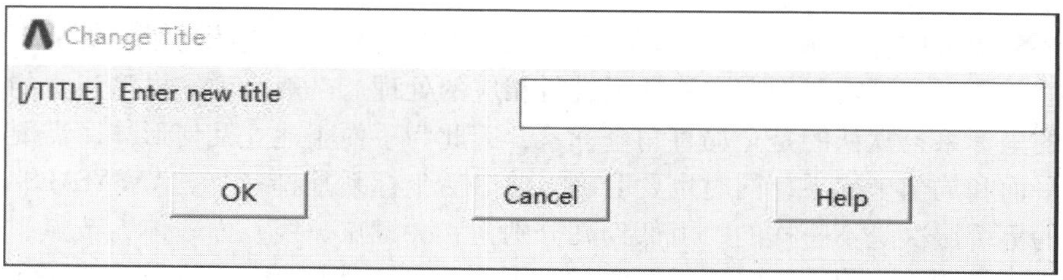

图 3-6 定义分析标题图

4. 定义图形界面过滤参数

为了便于后续的操作，可以通过在主菜单 Main Menu 中选择 Preference 命令，在弹出的对话框中过滤掉与当前所要进行的分析类型无关的选项和菜单项。本书介绍的是使用 LS-DYNA 显示求解器分析结构方向的问题，因此在该对话框中选择 Structural 和 LS-DYNA Explicit 选项，如图 3-7 所示。

```
Preferences for GUI Filtering

[KEYW] Preferences for GUI Filtering
Individual discipline(s) to show in the GUI

                                            ☑ Structural

                                            ☐ Thermal

                                            ☐ ANSYS Fluid

    Electromagnetic:

                                            ☐ Magnetic-Nodal

                                            ☐ Magnetic-Edge

                                            ☐ High Frequency

                                            ☐ Electric

Note: If no individual disciplines are selected they will all show.

Discipline options

                                            ○ h-Method
                                            ● LS-DYNA Explicit


        OK                  Cancel                  Help
```

图 3-7　定义图形界面过滤参数

3.3　建立几何模型

几何模型可以在 ANSYS/LS-DYNA 前处理器中建立，也可通过其他软件导入，如 CAD 等。本节介绍如何使用 ANSYS/LS-DYNA 前处理器建立几何模型。建立几何模型的目的是下一步的网格划分，最终形成有限元模型。一方面，为了获得网格质量好的有限元模型，建立几何模型前需要对模型作一些必要的简化，如忽略倒角、细孔等（但当倒角、细孔等对分析的结果十分重要时，不能忽略）。另一方面，在建立模型时，尽量使用规则的形体建模，同时还需要考虑各形体交界处连续与否，几何模型交界面的连续与否，对应于有限元网格的连续性与否，这都需要根据实际情况进行相应的处理。一般来说，模型建立的参考系是当前激活的坐标系，默认的是全局直角坐标系，因此为了便于建立几何形体，需要学会灵活使用工作平面和局部坐标系，同时也要明确当前激活坐标系是哪一个。ANSYS/LS-DYNA 中每种图元的等级层次是不一样的，由低到高分别为：关键点、线、面、体、节点、单元。修改模型时，不能删除依附在高级图元上的低级图元，如不能删除已经划分好网格的关键点、线、面、体，也不能删除体上的面、线、关键点和面上的线、关键点等。但删除高级图元时，可以选择连同低级图元一起删除，如删除体时，如果选择将低级图元一起删除，则体上的关键点、线、面将会与该实体一起被删除。

模型的建立可以采用两种思路：自底向上建模和自顶向下建模。自底向上建模是指首先创建处于低级别的图元，然后再使用这些低级图元构建成高级图元，如可以通过两个关键点构成一条线，通过一个面拉伸成一个体等。自顶向下建模是指直接建立高级的图元，同时生成依附于高级图元的低级图元。ANSYS/LS-DYNA 前处理器提供了基本的规则几何形体，对于复杂的形体可以通过布尔操作获得。这两种思路无任何限定，可以在建立模型的过程中根据操作的方便与否自由选择。无论以何种方法构建的形体都是一样的组成，如体均是由关键点、线、面构成的。此外，无论是何种方法构建的形体均可用于布尔运算。下面对各类几何图元进行简要的介绍。

1. 关键点

关键点是最低级的图元。可以定义点单元，也可以用来生成更高级的图元。关键点可以直接定义，或通过其他图元形成，也可通过布尔运算形成。不依附在高级图元上的关键点可以被删除和移动。

（1）创建关键点　在 GUI 菜单中，关键点通过选择 Main Menu > Preprocessor > Modeling > Create > Keypoints 命令创建，如图 3-8 所示。其中，创建的方法包括在工作平面坐标系上创建、在激活的坐标系上创建、在已创建的线上拾取位置创建、在已创建的线上按照一定间距创建、在已创建的节点位置上创建、在两个关键点之间等间距创建。

不同坐标系下创建关键点输入的坐标值不一样，因此在创建关键点前需要明确当前使用的坐标系统。

（2）显示关键点属性　创建好的关键点可以通过功能菜单栏上的 List 菜单项列表显示其属性（如编号、坐标值等），在 GUI 菜单中的操作如下：

Utility Menu > List > Keypoint > Coordinates + Attributes/Coordinates Only

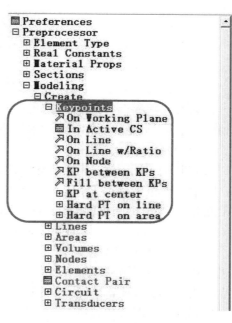

图 3-8　创建关键点操作

（3）移动和删除关键点　已经创建好的关键点（没有依附在高级图元上）还可以进行相应的移动或删除，GUI 操作的命令如下：

移动关键点：Main Menu > Preprocessor > Modeling > Move/Modify > Keypoints

删除关键点：Main Menu > Preprocessor > Modeling > Delete > Keypoints

需要注意的是移动关键点输入的数值为当前坐标系的绝对坐标值，而不是原位置的相对位置。

2. 线

线图元包括直线、弧线和样条曲线，比关键点更高级。可以用于定义线单元，或构成更高级的图元。线图元可以通过关键点建立，也可通过更高级的图元或布尔运算生成。

（1）建立线　在 GUI 菜单中，创建线的操作为：Main Menu > Preprocessor > Modeling >

Create > Lines，如图 3-9 所示。在这个操作下的菜单选项可以建立各种不同的线图元，包括 Lines（直线）、Arcs（弧线）和 Splines（样条曲线），此外还可在两个相交的线上生成圆形的倒角（Line Fillet）。已经创建的线还可以被修改（不能修改依附在高级图元上的线），如将一条线分成几小段或延长等。

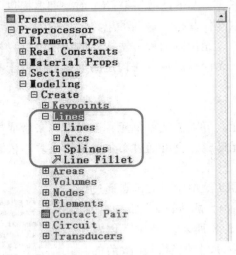

图 3-9　创建线操作

（2）显示线属性　已经创建的线可以通过功能菜单栏上的 List 菜单项列表显示其属性（如线的编号、组成线的关键点的编号等），在 GUI 菜单中的操作如下：

Utility Menu > List > Lines

（3）移动和删除线　已经创建好的线还可以移动或删除，相应的操作方法如下：

移动：Main Menu > Preprocessor > Modeling > Move/Modify > Lines

删除：Main Menu > Preprocessor > Modeling > Delete > Lines Only

　　　或 Main Menu > Preprocessor > Modeling > Delete > Line and Below

与移动关键点不同，移动线是以原位置为基准，当前坐标系的轴向为方向，按输入的数值进行相对移动。删除线时，如果选择"Lines Only"，则仅删除线图元，而组成线图元的关键点不删除；如果选择"Line and Below"，则删除线上所有的图元。使用移动命令时，线必须是独立的线，即不和其他图元共用关键点；使用删除命令时，线不能依附在高级图元上。

3. 面

面是比线高级但比体低级的图元，分为平面和曲面。可用于定义平面单元和壳单元，也可以用于构成更高级的图元。面的定义有很多种，可以通过低级图元构成，如通过顶点定义、通过边线定义等；也可以通过高级图元或布尔运算生成，如通过定义体后生成面或通过 Divide 命令在体上切割生成面等。

（1）建立面　在 GUI 菜单中，建立面的选项为：Main Menu > Preprocessor > Modeling > Create > Areas，如图 3-10 所示。在这个菜单选项下可以建立几种不同形状的面图元，包括 Arbitrary（任意多边形）、Rectangle（矩形）、Circle（圆形或扇形）和 Polygon（正多边形），此外还可在两个相交的面上生成圆形的倒角（Area Fillet）。每种方式下包含多种创建方式，如通过关键点、线创建或通过坐标参数直接创建等。如果直接建立面图元，则构成面的相应低级图元也会生成。

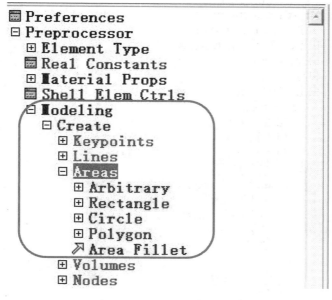

图 3-10　创建面操作

（2）显示面的属性　已经创建的面可以通过功能菜单栏上的 List 菜单项列表显示其属性（如面的编号、组成面线编号、面的面积等），在 GUI 菜单中的操作方法如下：

Utility Menu > List > Areas

（3）移动和删除面　已经创建好的面还可以移动或删除，相应的操作方法如下：

1）移动：Main Menu > Preprocessor > Modeling > Move/Modify > Areas

2）删除：Main Menu > Preprocessor > Modeling > Delete > Areas Only

或 Main Menu > Preprocessor > Modeling > Delete > Area and Below

与线类似，面也是以坐标偏移量进行移动的。删除面时，如果选择"Areas Only"，则仅删除面图元，保留面上的低级图元；如果选择"Area and Below"，则删除面上所有的图元。需要注意的是，独立存在（不与其他图元共用低级图元）的面才可以被移动，不依附在高级图元上的面才可以被删除。

4. 体

体是最高级的几何图元，用于描述三维实体。体可以用于定义实体单元。创建体的方式有很多种，可以通过低级图元构成，也可直接创建。如果直接创建体，则会自动生成体上的低级图元。

（1）建立体　在 GUI 菜单中创建体的菜单路径为：Main Menu > Preprocessor > Modeling > Create > Volumes，如图 3-11 所示。在该菜单选项下可以建立几种不同形状的体图元，每种形状的图元都可以通过不同方式建立。可以通过直接输入三维参数建立，也可以通过已经定义的一组封闭曲面或一组关键点来创建。如需要通过一系列表面定义体，则最少需要 4 个面才能建立一个体，每个面的拾取顺序无限制。如通过体的顶点创建体，则关键点的个数必须是 4 个、6 个、8 个，且拾取关键点需要按照连续的顺序拾取。

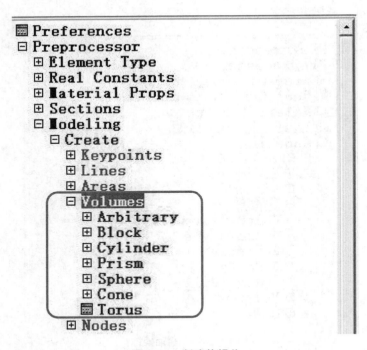

图 3-11   创建体操作

（2）显示体的属性   同样地，已经建立的体也可以通过功能菜单栏上的 List 菜单项列表显示其属性，在 GUI 菜单中的操作方法如下：

Utility Menu > List > Volumes

（3）移动和删除体   已经创建好的体还可以移动或删除，相应的操作方法如下：

1）移动：Main Menu > Preprocessor > Modeling > Move/Modify > Volumes

2）删除：Main Menu > Preprocessor > Modeling > Delete > Volumes Only

或 Main Menu > Preprocessor > Modeling > Delete > Volume and Below

体的移动是以坐标偏移量为基准的。删除体时，如果选择"Volumes Only"，则仅删除体图元，保留体上的低级图元；如果选择"Volume and Below"，则删除体上所有的图元。需要注意的是，独立存在（不与其他图元共用低级图元）的体才可使用移动命令，没有划分网格的体图元（包括体上的低级图元）才可被删除。

3.4   布尔运算

ANSYS/LS-DYNA 中提供了各种形式的布尔运算，包括 Add（加）、Subtract（减）、Intersect（交）、Divide（切割）、Glue（粘接）、Overlap（搭接）、Partition（分割）等，见表 3-1。这些布尔运算不仅适用于 ANSYS 前处理器建立的简单图元，也适用于从 CAD 系统中导入的复杂几何模型。无论是使用自顶向下还是自底向上的建模方式，都可以使用布尔运算。布尔运算对于创建复杂形状的几何模型十分有用，是建模过程中极为重要的工具。

表 3-1　布尔运算及其适用的图元

布尔运算的种类	适用的图元类型	作用
Add（加）		将两个或两个以上的图元合并为一个新的图元
Subtract（减）		将一个图元与其他一个或多个图元重合的部分减掉
Intersect（交）		保留两个或两个以上图元的公共部分
Divide（切割）	线、面、体	用工作平面、线或面等将图元切割成两个或者多个部分，各部分间仍由公共边界连接
Glue（粘接）		将两个或多个具有公共边界的图元粘在一起
Overlap（搭接）		将相互重叠的图元搭接，生成多个新的图元，重叠部分维数与原始输入图元相同
Partition（分割）		与搭接类似，但不需要重叠部分与原始输入图元相同维数

3.4.1　布尔运算设置

在使用布尔运算之前，可以先对布尔运算进行一些必要的设置。在 GUI 菜单中选择 Main Menu > Preprocessor > Modeling > Operate > Booleans > Settings 命令，弹出 Boolean Operation Settings 对话框，如图 3-12 所示。在该对话框中可以对布尔运算进行相应的设置，设置完成后单击 OK 按钮，即可保存设置的选项。

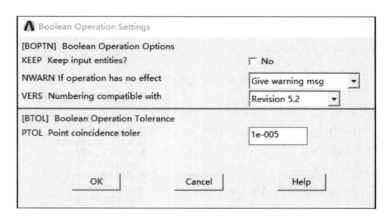

图 3-12　布尔操作设置的对话框

在图 3-12 所示的对话框中可以对布尔运算的参数作一些设定。对两个或多个图元进行布尔运算时，需要用户确定是否保留输入图元（Keep input entities?）。如果没有在复选框打"√"（即不保留），则在布尔运算结束后，会将输入图元删除而只保留布尔运算所产生的结果图元。布尔运算失败时多半是因为公差（Boolean Operation Tolerance）的原因，如果出现这种运算失败的情况可以仔细地调节公差值，然后重新执行布尔运算。布尔操作设置对话框中各选项介绍如下：

1）KEEP：选择是否保留操作前的图元，"Yes"代表保留原图元，"No"代表删除原图元。

2）NWARN：选择当布尔运算操作失效时，是否出现警告信息。

3）VERS：选择采用哪个版本的程序对布尔运算产生的图元进行编号。

4）PTOL：布尔运算的允差值。距离小于该允差值的点都被认为是重合的。

3.4.2　布尔运算类别

本节主要介绍各类布尔运算的功能及在 GUI 中的操作方法。

1. 交运算

交运算（Intersect）是将两个或两个以上图元重叠的部分求交，结果是将重叠部分形成新的图元。形成的新图元的维数可能与原始图元相同，也可能低于原始图元。如对两个面做求交运算，可能形成一个面或一条线，如图 3-13 所示。

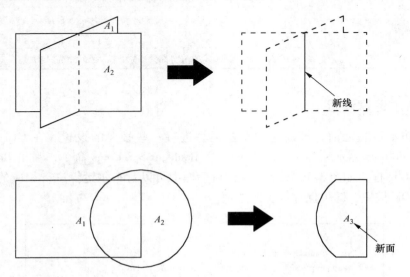

图 3-13　面的交运算

在 GUI 菜单中，求交运算的菜单路径为：Main Menu > Preprocessor > Modeling > Operate > Booleans > Intersect，如图 3-14 所示。求交运算分为普通交（Common 子菜单）、非对称交（Pairwise 子菜单）、对偶交（包括 Area with Volume、Line with Area、Line with Volume）三类。

普通交运算是将所有初始输入图元一起求交，最终由它们的公共区域形成一个新的图元；而对偶交运算是将所有初始输入图元两两求交，最终得出多个新的图元。

2. 加运算

加运算（Add）是将所有初始输入的图元相加，得到一个包含各个原始图元所有部分的新图元。形成的新图元没有接缝，是一个单一的整体，如图 3-15 所示。因此，一般使用加运算得到的图元无法使用映射网格划分。

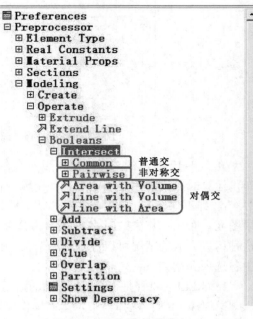

图 3-14　交运算的选项卡

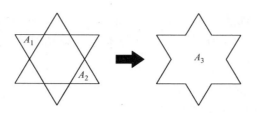

图 3-15　面的相加

在 GUI 菜单中，加运算的菜单路径为：Main Menu > Preprocessor > Modeling > Operate > Booleans > Add，如图 3-16 所示。加运算只能在相同等级的图元间使用，因此用户需要根据运算的图元类型进行相应的选择。

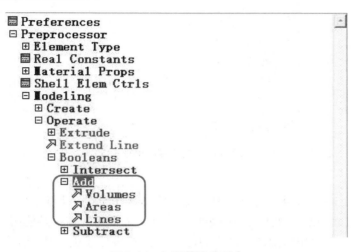

图 3-16　加运算的选项卡

3. 减运算

减运算（Subtract）是从一个图元中减去与另一个或多个图元重叠的地方，从而生成新的图元。减运算根据输入图元的重叠情况，可能会得到两种结果：一是重叠部分的维数与输入图元的维数相同，则减运算得到一个新的图元；二是重叠部分比输入图元维数低，则减运算可能得到多个新图元，如图 3-17 所示。

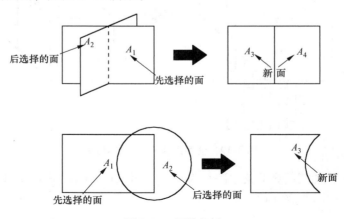

图 3-17　面的相减

在 GUI 菜单中，减运算的菜单路径为：Main Menu > Preprocessor > Modeling > Operate > Booleans > Subtract，如图 3-18 所示。与加运算类似，减运算也只能在相同等级的图元间使用。

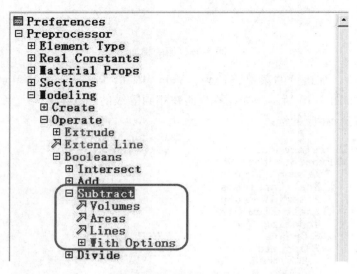

图 3-18　减运算的选项卡

4. 切割运算

切割运算（Divide）是将一个图元切分成两个或多个部分。切割的方法有很多种，如对于体图元，可以被面切割、被工作平面切割等，其中最常用的方法是使用工作平面做切割运算，如图 3-19 所示。使用切割命令产生的图元由公共边界连接。切割运算常被用于将一个复杂的模型分成几个简单、规则的部分，以便于使用映射网格进行网格划分。

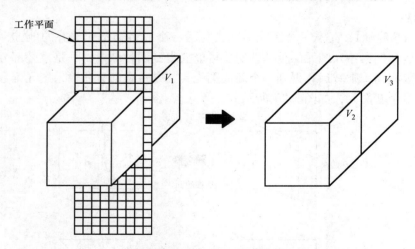

图 3-19　使用工作平面将体切割

在 GUI 菜单中，切割运算的菜单路径为：Main Menu > Preprocessor > Modeling > Operate > Booleans > Divide，如图 3-20 所示。

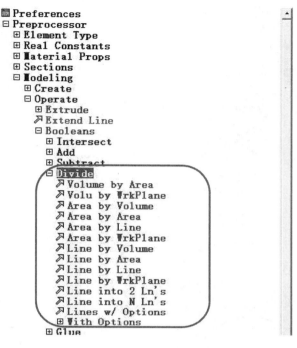

图 3-20　切割运算的选项卡

5. 粘接运算

粘接运算（Glue）是将两个或多个有共同边界的图元粘和在一起。与加运算不同，这些图元并没有合并成一个图元，仍然相互独立，只是在公共边界处相交。粘接运算要求图元间具有公共的边界，且不能重叠，否则将会粘接失败。如图 3-21 所示为两个体之间的粘接运算。

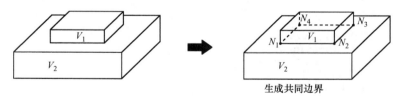

图 3-21　体与体的粘接

在 GUI 菜单中，粘接运算的菜单路径为：Main Menu > Preprocessor > Modeling > Operate > Booleans > Glue，如图 3-22 所示。粘接运算只能在同等级的图元间使用。

6. 搭接

搭接运算（Overlap）是将两个或多个图元进行搭接操作，最终生成三个或更多新的图元，如图 3-23 所示。这些图元在公共边界处相连。搭接运算要求重叠部分与原始图元的维数相同。搭接运算与加运算（Add）不同，搭接运算是生成多个相对简单的几何模型，而加运算是生成一个相对复制的几何模型。因此，相对于加运算而言，搭接运算得到的结果更容易划分网格。

在 GUI 菜单中，搭接运算的菜单路径为：Main Menu > Preprocessor > Modeling > Operate > Booleans > Overlap，如图 3-24 所示。粘接运算只能在同等级的图元间使用。

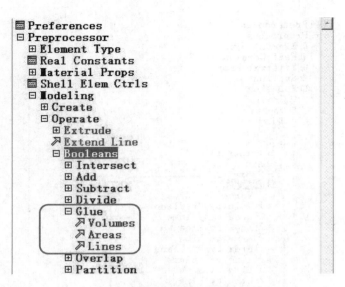

图 3-22　粘接运算的选项卡

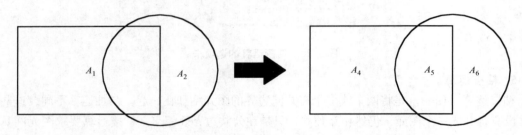

图 3-23　面与面的搭接

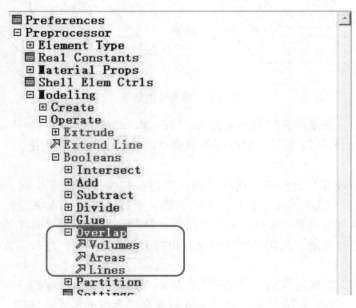

图 3-24　搭接运算的选项卡

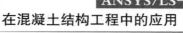

7. 分割

分割运算（Partition）用于连接两个或两个以上的图元，结果是生成 3 个或更多个具有公共边界的新图元，如图 3-25 所示。分割运算与搭接运算（Overlap）类似，但不需要重叠部分与原始输入图元的维数相同。在重叠部分与原始输入图元的维数相同时，分割运算得到的结果与搭接运算一致。

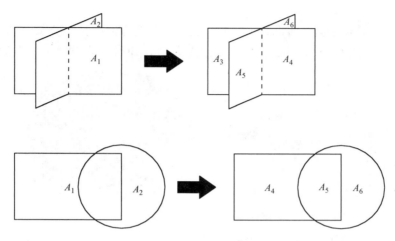

图 3-25　面分割示意图

在 GUI 菜单中，切割运算的菜单路径为：Main Menu > Preprocessor > Modeling > Operate > Booleans > Partition，如图 3-26 所示。分割运算只能在同等级的图元间使用。

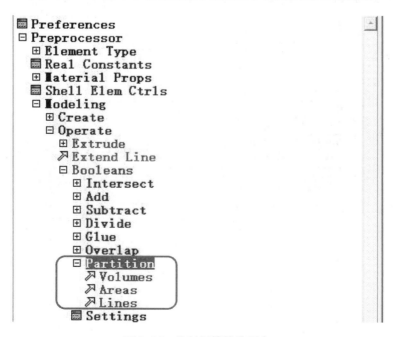

图 3-26　分割运算的选项卡

3.5 其他常用操作

ANSYS 还提供了如拉伸、缩放、移动或修改、复制、镜像等常用的建模操作。熟练地使用这些操作能够极大地提高建模效率。本节就这些常用的操作命令做简要的介绍。

1. 拉伸

拉伸（Extrude）命令就是将低一维的图元通过沿某个方向拖拉或绕某个轴旋转形成高一级的图元，如可以由点生成线、线生成面、面生成体等，如图 3-27 所示为由面旋转形成体。

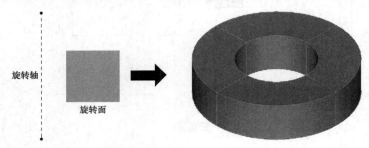

图 3-27　面沿某个轴旋转

对已经划分网格的面使用拉伸命令时，形成的体可自动形成网格。但需要在进行拉伸操作前进行一些必要的设置。在 GUI 菜单中可以通过选择 Main Menu > Preprocessor > Modeling > Operate > Extrude > Elem Ext Opts 命令弹出拉伸操作设置的对话框，如图 3-28 所示。在该对话框内可以设置通过拉伸操作形成的单元的单元类型号、材料模型号、实常数号等。

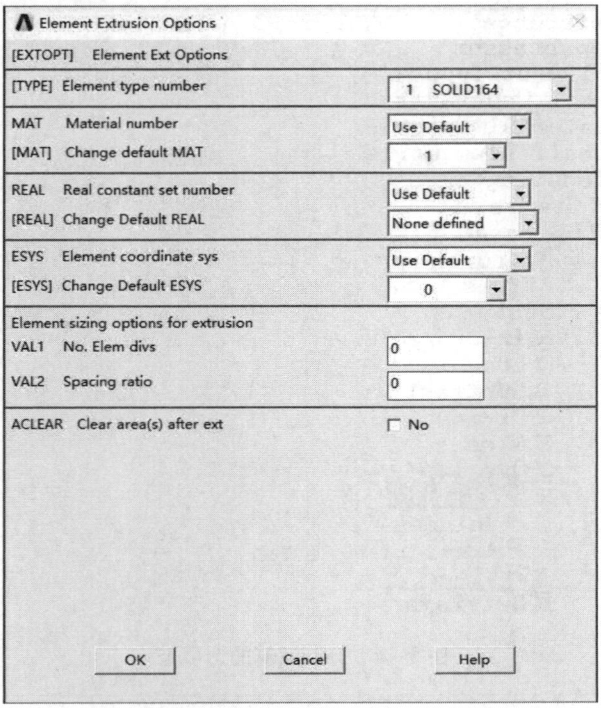

图 3-28　拉伸操作设置的对话框

在 GUI 菜单中，具体的拉伸操作为：Main Menu > Preprocessor > Modeling > Operate > Extrude，如图 3-29 所示。根据拉伸的对象，可以选择不同的方式，如对线进行拉伸操作，可以选择沿某根线拖拉或沿某个轴旋转。

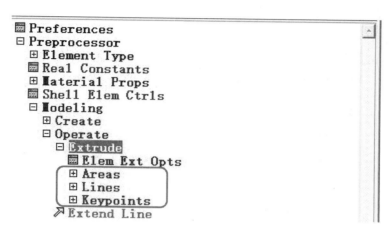

图 3-29　拉伸操作的选项卡

2. 缩放

缩放（Scale）命令是指对已经建立好的图元进行放大或缩小。ANSYS 中对各图元的缩放操作十分类似，这里以面图元为例，在 GUI 菜单中的操作为：Main Menu > Preprocessor > Modeling > Operate > Scale > Areas，弹出拾取对话框后在图形显示区内拾取相应的面，并单击拾取对话框中的 OK 按钮，出现如图 3-30 所示的对话框，在该对话框中输入相应的缩放因子（默认为 1），并选择相应的选项，最后单击 OK 按钮，即可完成对面的缩放。

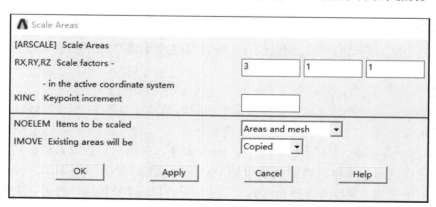

图 3-30　缩放操作的对话框

缩放操作对话框中各参数的含义如下：

1）RX，RY，RZ：X，Y，Z 坐标方向的比例因子（以当前激活的坐标系为基准）。

2）KINC：通过缩放操作形成的关键点编号的增量（若为空则由程序自动编号）。

3）NOELEM：选择是否将与几何图元相对应的网格一同缩放（可以仅选择缩放几何图元，或选择与网格一同缩放）。

4）IMOVE：选择是以 Copied（复制）的形式还是以 Moved（移动）的形式缩放。如果选择 Copied，则缩放操作后生成新的图元，原始图元保持不变；如果选择 Moved，则相当于将原始图元进行广义上的移动操作，其包含的所有单元编号、节点编号、关键点编号都不改变。因此要以 Moved 的形式进行缩放，相应的缩放对象必须是独立的（不能与其他图元共用低级图元）。

3. 移动或修改

已经创建好的图元还可以进行移动或修改（Move/Modify）操作。在 GUI 菜单中，移动或修改的操作为：Main Menu > Preprocessor > Modeling > Move/Modify，如图 3-31 所示。

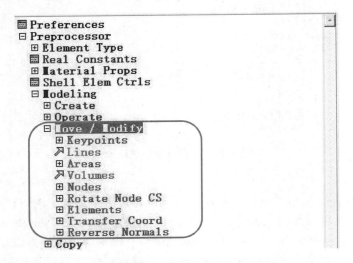

图 3-31　移动或修改操作的选项卡

根据需要移动的对象选择相应的选项。需要注意的是，移动的操作是以当前激活的坐标系为基准的，因此使用移动命令时需要明确当前坐标系是哪一个，以防操作失误。根据激活坐标系类型的不同，移动的方式也有所不同，如在直角坐标系中为平移，在柱坐标或球坐标系中为旋转。

4. 复制

使用复制（Copy）操作可以快速生成多个相同的图元（包括图元上的网格）。在 ANSYS 中对各图元的复制操作十分类似，这里以复制面图元为例，在 GUI 菜单中操作为：选择 Main Menu > Preprocessor > Modeling > Copy > Areas 命令，弹出对象拾取对话框后，在图形显示区内选择相应的面，单击拾取对话框中的 OK 按钮，随后弹出如图 3-32 所示的对话框，然后输入相应的复制参数以及选择相应的复制选项后，单击 OK 按钮，即可完成面的复制。

复制操作的对话框中各参数的含义如下：

1）ITIME：复制的数量（包括原始图元）。

2）DX，DY，DZ：沿当前激活的坐标轴各个方向坐标的增量。

3）KINC：新增的关键点编号的增量（若为空则由程序自动编号）。

4）NOELEM：选择是否将与几何图元相对应的网格一同复制（可以仅选择复制几何图元，或选择与网格一同复制）。

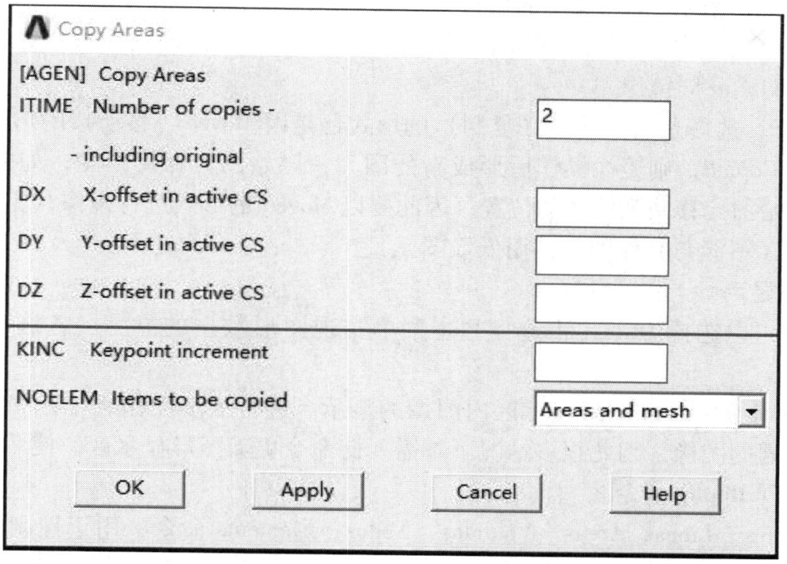

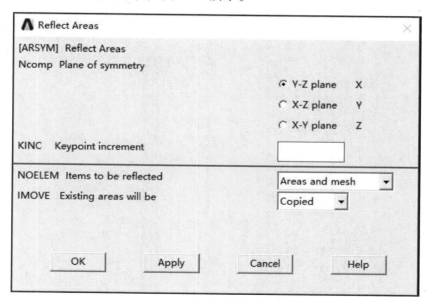

图3-32　复制操作的对话框

5. 镜像

使用镜像（Reflect）操作可以以一个平面为对称面生成对称的图元，并且可以选择是否保留原始图元。在 GUI 菜单中的命令为：Main Menu > Preprocessor > Modeling > Reflect。以面图元为例，弹出的镜像操作对话框如图 3-33 所示。

图3-33　镜像操作的对话框

镜像操作的对话框中各参数的含义如下：

1）Ncomp：选择以哪个平面镜像，可以是 $Y - Z$ 平面、$X - Z$ 平面和 $X - Y$ 平面，这些平面是以当前激活的坐标系为准，且激活的必须是直角坐标系。

2）KINC：新增的关键点编号的增量（若为空则由程序自动编号）。

3）NOELEM：选择是否将与几何图元相对应的网格一同镜像（可以仅选择镜像几何图元，或选择与网格一同镜像）。

4）IMOVE：选择是以 Copied（复制）的形式还是以 Moved（移动）的形式镜像。

如果选择 Copied，则镜像操作后形成新的图元，原始图元保持不变；如果选择 Moved，则相当于将原始图元移动到镜像的位置，因此要以 Moved 的形式进行镜像，相应的镜像对象必须是独立的（不能与其他图元共用低级图元）。

6. 图像的显示

ANSYS 中可以选择 Utility Menu > Plot 菜单实现图形数据的显示。各选项实现的命令如下：

1）Replot 命令：更新图形显示区内图像的显示。进行很多操作后，程序并不会自动更新图形显示区内的图像，因此很多情况下都需要此命令更新图形显示区。使用右键单击图形显示区也可出现 Replot 命令。

2）Keypoints、Lines、Areas、Volumes、Nodes、Elements 命令：用于控制图形显示区内显示关键点、线、面、体、节点和单元，显示的图元是基于 Select 命令或 Specified Entities 命令选定的范围。

3）Specified Entities 命令：用于指定显示的图元编号的范围。

第 4 章

有限元模型建立

4.1 网格划分和 PART 建立

4.1.1 网格划分

网格划分是将建立的几何模型变成有限元模型的一个重要步骤，是有限元分析必不可少的一步。网格的质量、大小关乎后续求解计算的精确性。本节将简要介绍如何使用 ANSYS/LS-DYNA 前处理器进行网格划分。其主要分为三个步骤：定义单元属性、设置网格尺寸和划分网格。

1. 定义单元属性

划分网格前，需要给几何模型定义相应的单元属性，包括单元类型、实常数和材料模型。此外，如果是 Beam 单元，还需定义初始方向。

（1）设置默认单元属性　ANSYS/LS-DYNA 中可以设置默认的单元属性，在对没有赋予相应属性的几何模型划分网格时，采用默认的单元属性。在 GUI 菜单中可以通过以下操作指定默认的单元类型、材料模型、实常数、单元坐标系及截面属性。选择 Main Menu 菜单中的 Preprocessor > Meshing > Mesh Attributes > Default Attribs 命令，弹出 Meshing Attributes 对话框，如图 4-1 所示，在该对话框中选择相应的属性，然后单击 OK 按钮，即可完成默认单元属性的设定。

（2）定义单元属性　一个模型中往往存在多种不同的单元，因此还需指定与默认单元属性不同的单元属性。在 GUI 菜单中的操作主要分为如下步骤。

1）使用功能菜单栏的 Select > Entities... 命令选择需要指定属性的几何图元。

2）选择 Main Menu > Preprocessor > Meshing > Mesh Attributes 菜单中相应的命令，如体选择 All Volumes 或 Picked Volumes，线选择 All Lines 或 Picked Lines 等，如图 4-2 所示。

3）在弹出的单元属性设置对话框中选择相应的属性，单击 OK 按钮，完成单元属性的设置。

此外，也可通过网格划分工具指定单元属性，由 Main Menu > Preprocessor > Meshing > Mesh Tool 命令开启网格划分工具。

（3）修改单元属性　定义好的单元属性还可被修改。如在划分网格前发现单元属性定义错误，可以直接定义新的单元属性覆盖原单元属性。若在划分网格后发现单元属性定义错

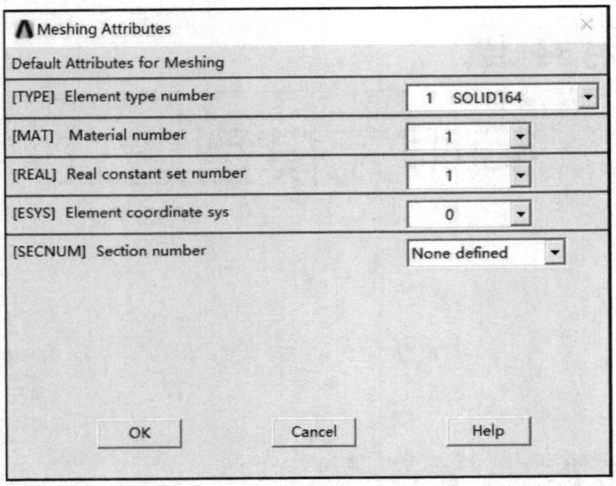

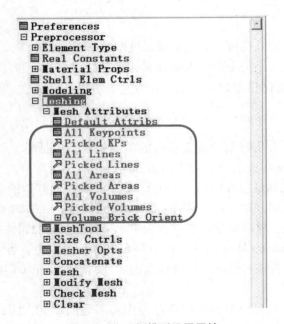

图4-1 定义默认单元属性

图4-2 为几何模型设置属性

误，可以将网格清除后再重新定义单元属性，也可通过选择 Main Menu > Preprocessor > Modeling > Move/Modify > Elements > Modify Attrib，以单元的形式修改单元属性。

2. 设置网格尺寸

网格尺寸的大小决定了模型的精细程度，影响计算的精度。一般来说，相同情况下，设置的网格尺寸越小，划分网格后得到的节点和单元数量越多，计算所花费的存储空间越大和时间越长，但得到的结果越精确。因此，设置合理的网格是有限元分析中十分重要的一步，设置网格的一般要求有以下两点：

1）结构变形大的地方应当设置较细的网格，结构变形小的地方可以适当设置较粗的网格。

2）重点研究的部位（如梁柱节点区）采用较细的网格，对结果影响不大的地方采用较粗的网格。

ANSYS/LS-DYNA 中提供了两大类方法控制网格大小，即智能网格尺寸控制和人工网格尺寸控制。

（1）智能网格尺寸控制　智能网格尺寸控制可以根据设置的尺寸级别自动设置单元的大小，但对映射网格划分无效，因此常用于自由网格划分。智能网格尺寸控制默认关闭，在 GUI 菜单中可以通过选择 Main Menu > Preprocessor > Meshing > Size Cntrls > SmartSize > Basic 命令打开并设置网格尺寸级别，也可通过网格划分工具打开和设置尺寸级别。在 GUI 菜单中选择 Main Menu > Preprocessor > Meshing > MeshTool 打开网格划分工具，如图4-3所示。单击勾选 Smart Size 选项，即可打开智能网格尺寸控制。尺寸级别可在 Smart Size 选项下面的滚动条设置，默认为2。然后再选择划分的对象，即可进行下一步的网格划分。图4-4给出了几种不同尺寸级别的智能网格。

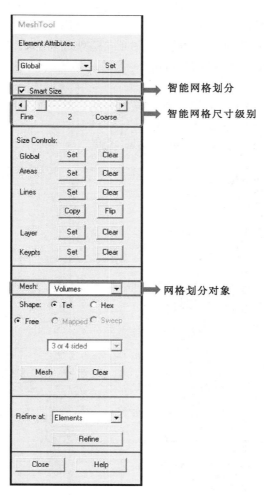

图4-3　设置网格对话框

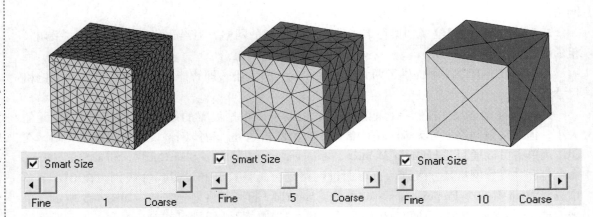

图4-4　四面体智能网格划分

（2）人工网格尺寸控制　人工网格尺寸指的是单元的尺寸由用户自行设置，如可以设置单元的最大边长，或设置每根线的分段数，等等。使用人工网格尺寸控制，首先需要使用 Select > Entities... 命令将设置网格尺寸的几何图元或模型选择出来，然后通过选择 Main Menu > Preprocessor > Meshing > Size Cntrls > ManualSize 下的选项进行设置，如图 4-5 所示，各选项含义如下：

1）Global：设置总体单元的尺寸，如单元边界的长度或图元边界线的分段数。

2）Areas：设置划分网格面的最大边长。

3）Lines：设置线上的单元长度或线上的单元数。

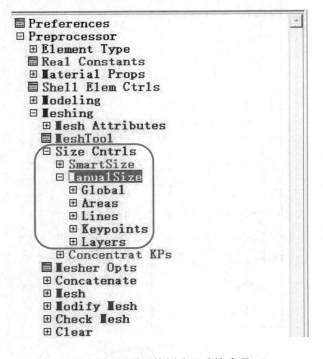

图4-5　设置网格划分尺寸的选项

4）Keypoints：设置关键点附近的单元边长。

5）Layers：设置线上的层网格密度。

3. 划分网格

设置好了网格的尺寸后，即可进行网格划分，在 GUI 菜单中选择 Main Menu > Preprocessor > Meshing > Mesh 菜单下的命令划分网格，如图 4-6 所示。可以根据网格划分的对象选择相应的菜单，如体选择 Volumes、面选择 Areas 等。此外，也可开启网格划分工具，在该工具上进行网格的划分。在 GUI 菜单中打开网格划分工具：Main Menu > Preprocessor > Meshing > MeshTool。

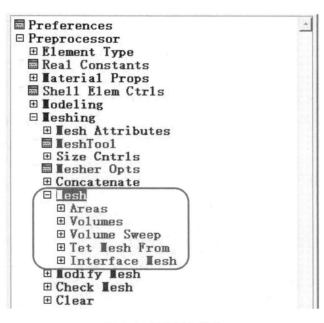

图 4-6　网格划分菜单

ANSYS/LS-DYNA 中提供了三种划分网格的方法，即自由网格、映射网格和扫掠网格。

（1）自由网格　自由网格是自动化程度最高的网格划分技术之一。自由网格常用于复杂的几何模型划分网格，其对于模型的形状无限制，无须将模型分解为规则的形状。但该方法划分的网格数量较多，形状不规则，极易出现退化的单元，导致计算时间较长。

对于复杂的三维模型，建议采用高阶的四面体单元进行自由网格划分。这是因为对于三维情况，自由网格划分得到的是四面体单元。如果采用普通线性的六面体单元，该方法将会得到退化的线性四面体单元。该退化的线性四面体单元的刚度大、计算精度低。

自由网格在菜单中的标识为 Free，以面为例，自由网格划分的 GUI 命令为：Main Menu > Preprocessor > Meshing > Mesh > Areas > Free。也可在 MeshTool 工具上选择 Free，使用自由网格划分。一般情况下，自由网格的网格大小使用智能网格尺寸控制。

（2）映射网格　映射网格一般仅适用于规则的面和体划分网格。使用该方法划分网格，通常得到较少的单元，更规则的网格，因此计算时间较少。图 4-7 展示了对一个面分别使用自由网格和映射网格划分的结果，可以发现映射网格明显成行排列，划分得到的单元都为四边形，且对边线的网格划分数相同。

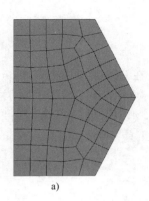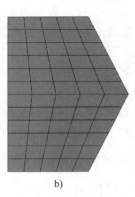

a)   b)

图4-7   自由网格与映射网格划分

a）自由网格划分   b）映射网格划分

映射网格对图元的形状要求较高，能够进行映射网格划分的面和体分别为：

1）可以使用映射网格划分的面必须是三角形或四边形（即只能包含3或4条线），且对边网格划分数必须相同；如面为三角形，则划分的单元分割数必须为偶数且各边单元数相等。

2）可以使用映射网格划分的体必须为四面体、三棱柱或六面体（即只能包含4、5或6个面），且对边网格划分数必须相同。如体为棱柱或四面体，三角形面上的单元分割数必须是偶数。

往往很多情况下，几何模型的形状不能满足映射网格的划分，如面多于4条边、体多于6个面等。此时，一般使用布尔运算将一个复杂的几何模型转变为多个简单的、可使用映射网格的图元，其中最常用的是 Divide（切割）运算。

映射网格的菜单中的标识为 Mapped，如以面为例，其 GUI 命令为：Main Menu > Preprocessor > Meshing > Mesh > Areas > Mapped。也可在 MeshTool 工具上选择 Mapped 使用映射网格划分。由于智能网格尺寸控制对映射网格划分无效，因此需要采用人工控制的方式对映射网格的大小进行控制。

（3）扫掠网格   扫掠网格划分是用于体网格划分的一种方式，是指将一个边界面（源面）的网格经由一个方向扫掠贯穿整个体，然后对体进行网格划分。扫掠网格可以由多种方式产生，如由面经过拉伸、旋转、偏移等方式得到的体，若原始面上已经存在网格，生成体的同时自动形成三维网格；或者已经建立好的三维模型，若在某个方向上的拓扑形式保持一致，则可以通过扫掠划分网格，如图4-8所示。后者在 GUI 菜单中的操作为：Main Menu > Preprocessor > Meshing > Mesh > Volume Sweep > Sweep。通过扫掠获得的网格较为规整，形成的几乎都为六面体单元。此外，扫掠网格相对于映射网格，对图元形状的要求较低，因此具有更大的优势和灵活性。

4. 清除网格

在 GUI 菜单中，可通过选择 Main Menu > Preprocessor > Meshing > Clear 菜单下的选项清除已经划分好的网格。一般情况下，ANSYS/LS-DYNA 前处理器中对模型修改的命令主要是针对几何模型，因此划分网格后几乎无法改变模型的几何尺寸，这时就需要将有限元网格清除后再做相应的修改。

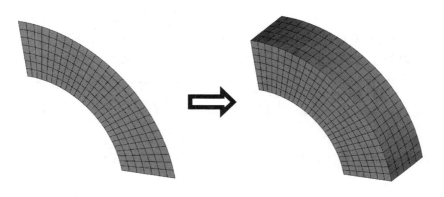

图 4-8　扫掠网格

4.1.2　PART 建立

对于 LS-DYNA，PART（部件）是一个非常重要的概念，其代表了一类相同单元的集合，这类单元具有相同的单元类型号、实常数号和材料模型号。通过 PART 可以方便地给有限元模型中同一类单元指定某些特殊的属性，如状态方程、沙漏控制等。在 LS-DYNA 中，每个 PART 都被赋予了一个唯一的 ID 号（编号），PART 编号可以用于施加荷载、初速度、接触等。在 ANSYS/LS-DYNA 前处理器中，可以把具有相同的单元类型号、实常数号和材料模型号的单元定义成一个相同的 PART，也可定义成几个不同的 PART。

在 GUI 菜单中选择 Main Menu > Preprocessor > LS-DYNA Options > Parts Options 命令，弹出 Parts Data Written for LS-DYNA 对话框，如图 4-9 所示。在该对话框中可以对 PART 进行一系列的操作，如创建（Create all parts）、增加（Add part）、删除（Delete part）等。

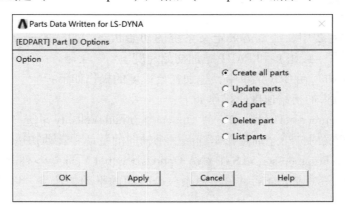

图 4-9　LS-DYNA 定义 PART 对话框

需要划分网格后才能够进行 PART 的操作，否则将会弹出警告对话框。选择 Parts Data Written for LS-DYNA 对话框中的 Create all parts 后，ANSYS/LS-DYNA 自动将所有具有相同的单元类型号、实常数号和材料模型号的单元归为同一个 PART，并自动指定编号。

如果需要将同一类单元定义成不同编号的 PART，可以采用用户自定义 PART 的方法。首先将需要定义为一个 PART 的单元定义成一个组（Component），然后在 Parts Data Written for LS-DYNA 对话框中选择 Add part 选项，在弹出的对话框中的 Part ID Number 栏目内输入 PART 的编号（不能与其他的 PART 相同），在 Element component 栏目中选择定义好的单元组名，如图 4-10 所示，最后单击 OK 按钮，完成 PART 的定义。

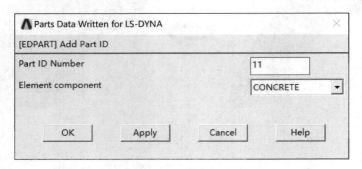

图 4-10　用户自定义 **PART** 的对话框

定义完成 PART 后，可以选择 Parts Data Written for LS-DYNA 对话框中的 List parts 将 PART 的信息列表显示，也可以通过选择 Utility Menu > Plot > Parts 菜单分颜色显示每个 PART。如果对 PART 的定义不满意，也可通过 Parts Data Written for LS-DYNA 对话框中的 Delete parts 选项删除相应的 PART。此外，每当有限元模型改变时，都应该通过 Parts Data Written for LS-DYNA 对话框中的 Update parts 更新 PART。

4.2　初始条件、荷载条件及边界条件定义

4.2.1　初始条件定义

在瞬态动力学问题中，经常需要定义系统的初始状态，如初始速度等。在 ANSYS/LS-DYNA 中可以对节点（或组）和 PART 施加初始速度。

（1）初速度施加　在 GUI 菜单中，施加初始速度的操作如下：

1）对节点和组施加初始速度，操作如下：

Main Menu > Preprocessor > LS-DYNA Options > Initial Velocity > On Nodes > w/Nodal Rotate，此操作用于定义对应于全局直角坐标系三个轴向的平动和转动初速度。

或 Main Menu > Preprocessor > LS-DYNA Options > Initial Velocity > On Nodes > w/Axial Rotate，此操作用于定义对应于全局直角坐标系三个轴向的平动初速度，以及对应于某个转动轴的转动初速度。

若选择 w/Nodal Rotate 选项，则弹出如图 4-11 所示的 Input Velocity 对话框，在该对话框中选择施加初速度的节点编号或节点组名，输入三个方向的初始平动速度和三个方向的初始角速度，单击 OK 按钮，完成定义。

若选择 w/Axial Rotate 选项，则弹出如图 4-12 所示的 Generate Velocity 对话框，在该对话框中选择施加初速度的节点编号或节点组名，输入沿全局坐标系三个轴向的初始平动速度，还需输入转动轴的坐标、方向以及绕转动轴旋转的角速度，最后单击 OK 按钮，完成定义。

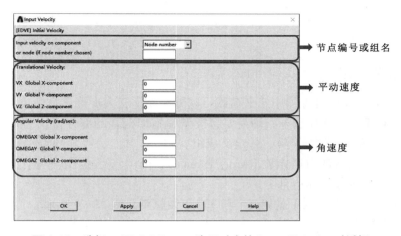

图 4-11　选择 w/Nodal Rotate 选项对应的 Input Velocity 对话框

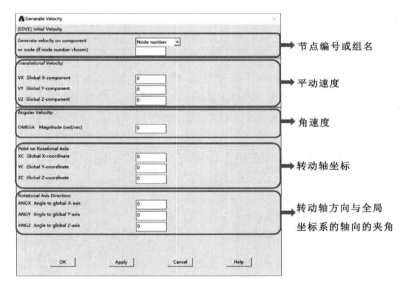

图 4-12　选择 w/Axial Rotate 选项对应的 Generate Velocity 对话框

2）对 PART 施加初始速度，操作如下：

Main Menu > Preprocessor > LS-DYNA Options > Initial Velocity > On Parts > w/Nodal Rotate，此操作用于定义对应于全局直角坐标系三个轴向的平动和转动初速度。

或 Main Menu > Preprocessor > LS-DYNA Options > Initial Velocity > On Parts > w/Axial Rotate，此操作用于定义对应于全局直角坐标系三个轴向的平动初速度，以及对应于某个转动轴的转动初速度。

对 PART 定义初始速度的对话框与对节点定义的对话框类似。若没有定义初速度，则整个系统的初始速度为 0。

（2）查看或删除初速度　定义好的初速度，可以通过选择 Main Menu > Preprocessor > LS-DYNA Options > Initial Velocity > On Nodes > List 或 Main Menu > Preprocessor > LS-DYNA Options > Initial Velocity > On Parts > List 列表查看。

若初速度施加错误可通过选择 Main Menu > Preprocessor > LS-DYNA Options > Initial Velocity > On Nodes > Delete 或 Main Menu > Preprocessor > LS–DYNA Options > Initial Velocity > On Parts > Delete 删除。

4.2.2 荷载条件定义

ANSYS/LS–DYNA 前处理器中定义荷载可以分为以下三大步骤：

1）除在 PART 上施加荷载外，均需要将模型中施加荷载的部分使用 Select > Entities... 命令选择出来（如节点或单元等），并定义成组。

2）定义时间和荷载的数组参数（Array Parameters）。

3）将荷载施加到模型相应部分。

第1）步详见3.1节，以下就第2）和3）步做简要介绍。

1. 定义数组参数

动力学问题的荷载都是与时间相关的量，因此施加荷载前都需要定义荷载与时间的关系曲线。LS–DYNA 程序可将用户定义的点自动拟合成一根曲线。其中，用户定义的点通过数组参数输入到程序中。这里需要定义两个数组参数：第一个数组存储时刻值，第二个数组存储每个时刻对应的荷载值。

每个数组定义的步骤都为：在 GUI 菜单中选择 Utility Menu > Parameters > Array Parameters > Define/Edit 命令，随后会弹出 Array Parameter 对话框。单击该对话框内的 Add 按钮，随后会弹出 Add New Array Parameter 对话框，如图 4-13 所示。在该对话框中的 Parameter name 栏目内输入数组名（可任意命名），在 Parameter type 栏目内选择数组的类型，并输入数组的行数、列数等，最后单击 OK 按钮，即可完成数组的创建。

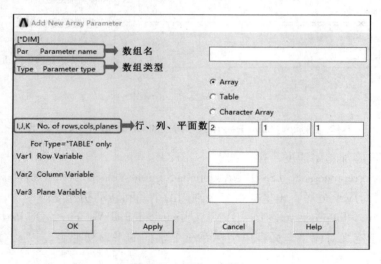

图4-13 新增一个数组

创建数组后还需要输入相应的数据。在 Array Parameters 对话框内选择创建好的数组并单击 Edit 按钮，此时会弹出 Array Parameter T 对话框，如图 4-14 所示。在该对话框中分别输入相应的数值（如时间值、荷载值）。最后选择左上角的 File > Apply/Quit 命令，保存数据并退出 Array Parameter T 对话框。如数值输入错误可直接通过 Array Parameters 对话框的 Edit 按钮做相应修改，也可通过该对话框的 Delete 按钮删除定义好的数组。

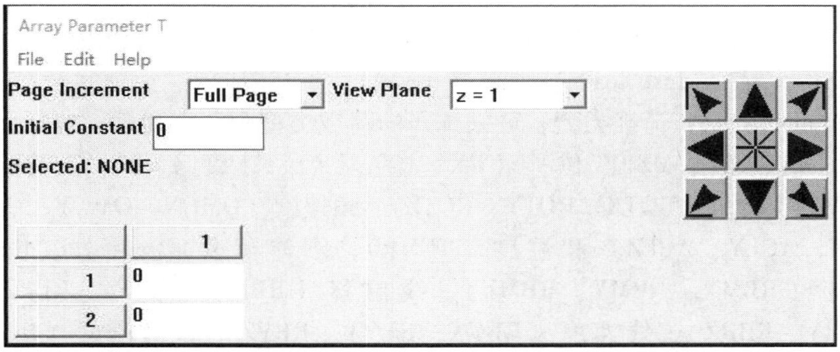

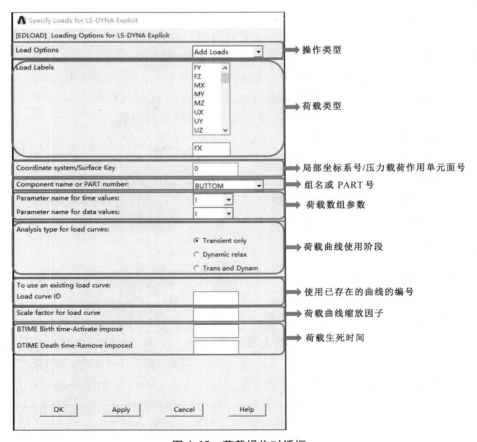

图 4-14　数组参数定义对话框

2. 施加荷载

定义好时间数组和荷载数组后，即可将它们施加到模型的相应部位。在 GUI 中具体步骤为选择 Main Menu > Preprocessor > LS-DYNA Options > Loading Options > Specify loads 或 Main Menu > Solution > Loading Options > Specify loads 命令，随后会弹出 Specify Loads for LS-DYNA Explicit 对话框，如图 4-15 所示。在该对话框中输入相应的参数以及选择相应的选项之后单击 OK 按钮，即可完成荷载的施加。

图 4-15　荷载操作对话框

Specify Loads for LS-DYNA Explicit 对话框中部分参数的含义如下：

1）Load Options：选择操作的类别，可以是施加荷载（Add Loads）、删除荷载（Delete Loads）、列表显示荷载（List Loads）。

2）Load Labels：选择荷载类型，可供选择的荷载类型为节点荷载，包括力（FX、FY、FZ）、力矩（MX、MY、MZ）、位移（UX、UY、UZ）、速度（VX、VY、VZ）、加速度（AX、AY、AZ）、转角（ROTX、ROTY、ROTZ）、角速度（OMGX、OMGY、OMGZ）、体加速度（ACLX、ACLY、ACLZ）和温度（TEMP）；刚体荷载，包括力（RBFX、RBFY、RBFZ）、力矩（RBMX、RBMY、RBMZ）、线位移（RBUX、RBUY、RBUZ）、角位移（RBRX、RBRY、RBRZ）、线速度（RBVX、RBVY、RBVZ）和角速度（RBOX、RBOY、RBOZ）；单元荷载，包括压力（PRES）。

3）Coordinate system/Surface Key：对于压力荷载（PRES），此栏目为压力荷载作用的单元面号；对于其余荷载而言，此栏目对应的是坐标系的标识号，如果为 0 或为空，则荷载方向以全局直角坐标系为准。

4）Component name or PART number：选择在模型的哪部分施加荷载。节点荷载选择节点组的组名，单元荷载选择单元组的组名，刚体荷载选择 PART 的标识号。

5）Parameter name for time values：时间数组名。

6）Parameter name for data values：荷载数组名。

7）Analysis type for load curves：选择荷载曲线使用于求解的哪个阶段，可以选择在瞬态分析（Transient Only）阶段中使用，即正式求解阶段；或者在动力松弛（Dynamic relax）阶段中使用；或者在所有阶段（Trans and Dynam）中都使用。

8）Load curve ID：荷载曲线的编号，使用已存在的曲线定义荷载时才需要填入此栏目。

9）Scale factor for load curve：荷载曲线的缩放因子，该缩放因子只应用于荷载的数值（最终荷载值＝缩放因子×荷载曲线的数值）而不影响时间的数值。

10）BTIME：荷载生时间，即生效时刻。

11）DTIME：荷载死时间，即强制失效时间。

完成荷载施加后，可以在 GUI 中选择 Main Menu > Preprocessor > LS-DYNA Options > Loading Options > Show Forces 命令显示或隐藏荷载，也可以通过选择 Main Menu > Preprocessor > LS-DYNA Options > Loading Options > Delete loads 命令删除荷载。

4.2.3　边界条件定义

ANSYS/LS-DYNA 中提供了多种边界条件的定义，如约束边界、对称边界、无反射边界等。

1. 约束边界

LS-DYNA 显示分析的约束分为零约束和非零约束。其中，非零约束按荷载处理，定义的方法详见 4.2.2 节；零约束按约束边界处理。可以对线、面、节点施加零约束，在 GUI 菜单中的定义方法为（以施加节点约束为例）：选择 Main Menu > Preprocessor > LS-DYNA Options > Constraints > Apply > On Nodes 或 Main Menu > Preprocessor > Solution > Constraints > Apply > On Nodes 命令，弹出对象拾取对话框后在图形显示区选择相应的节点并单击拾取框中的 OK 按钮，随后将弹出 Apply U, ROT on Nodes 对话框，如图 4-16 所示。在该对话框的

Lab2 列表中选择要约束的自由度，如 All DOF，并在 VALUE 文本框中输入 0 值，最后单击 OK 按钮，即可完成节点约束的施加。需要注意的是，VALUE 中输入的值必须是 0，输入其余数值此约束将会被程序忽略。

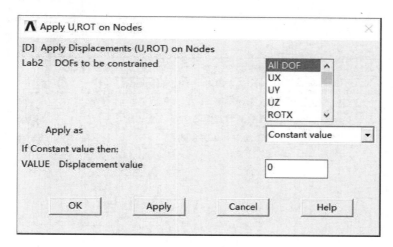

图 4-16 施加约束对话框

2. 对称边界

ANSYS/LS-DYNA 中提供了两种对称边界的定义，即滑动对称边界和旋转对称边界。当模拟具有对称性的物体时，仅需建立该物体的一个对称部分并施加对称边界，如图 4-17 所示为旋转对称模型的边界示意图。

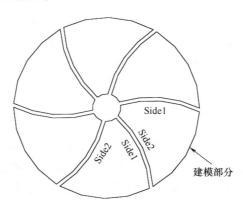

图 4-17 旋转对称模型的边界示意图

在 GUI 菜单中，定义对称边界的步骤为：选择 Main Menu > Preprocessor > LS-DYNA Options > Constraints > Apply > Symm Bndry Plane 或 Main Menu > Preprocessor > Solution > Constraints > Apply > Symm Bndry Plane 命令，将会弹出 Define Symmetry Boundary Plane 对话框，如图 4-18 所示。在该对话框中选择相应的选项和输入相应的参数后，单击 OK 按钮，即可完成对称边界的定义。

其中，在 Option 选项中可以选择施加（Add plane）、删除（Delete plane）和列表显示（List planes）一个对称边界；在 Lab 选项中可选择对称边界的类型为滑动对称约束（Sliding

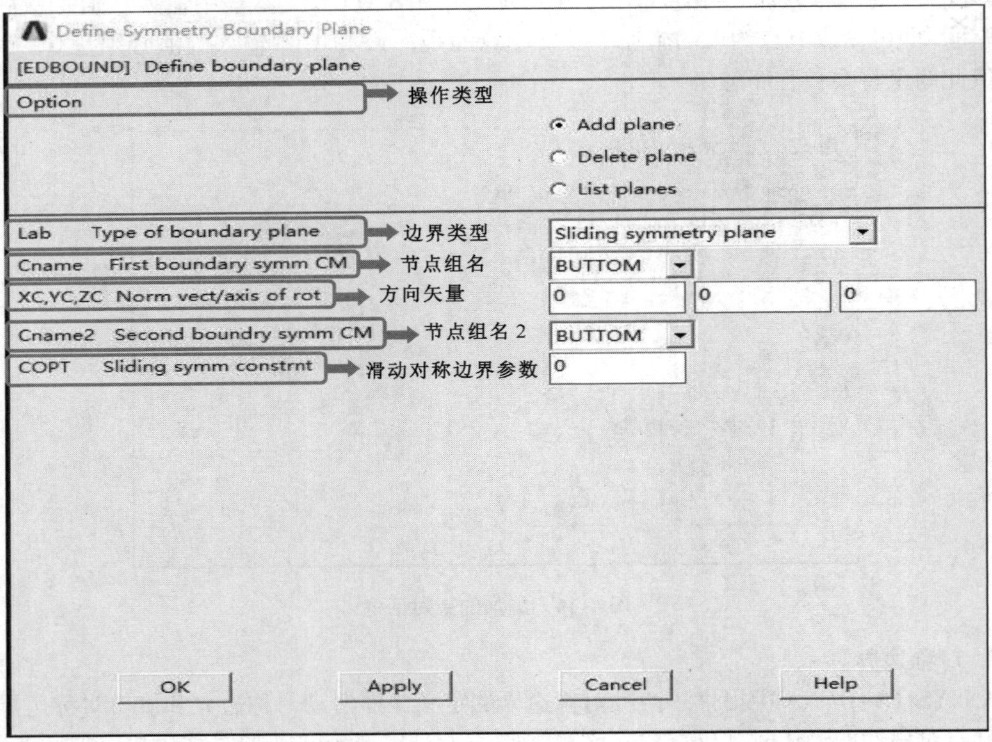

图 4-18　对称边界对话框

symmetry plane）或旋转对称约束（Cyclic symmetry plane）；Cname 为对称边界面上节点的组名，XC，YC，ZC 为方向矢量，用于定义滑动对称面的法向和旋转对称的旋转轴的方向；Cname2 为旋转对称边界的第二个边界的节点组名，仅用于旋转对称边界；COPT 为滑动对称边界面上节点的条件参数（可以为 0 或 1），0 表示节点在平面内移动，1 表示节点仅在矢量方向上移动。

3. 无反射边界

在处理无限或半无限模型（如在土中爆炸模拟）时，由于计算机容量有限，一般只能在有限域上计算。对此，为了防止波在人工边界处出现非物理的反射而影响求解域，应该在人工边界处加入相应的无反射条件，此类边界即称为无反射边界。

在 ANSYS/LS–DYNA 中，无反射边界是通过节点组施加的，因此需要将边界表面的节点定义成一个组，然后再定义无反射边界。在 GUI 菜单中定义无反射边界的步骤为：选择 Main Menu > Preprocessor > LS–DYNA Options > Constraints > Apply > Non- Refl Bndry 或 Main Menu > Preprocessor > Solution > Constraints > Apply > Non- Refl Bndry 命令，将会弹出 Non- reflecting boundary for LS–DYNA Explicit 对话框，如图 4-19 所示。在该对话框中选择相应的选项，并单击 OK 按钮，即可完成无反射边界的定义。

其中，在 Option 选项中可以选择施加（Add）、删除（Delete）和列表显示（List）无反射边界；Component 为边界面上节点组的组名；Dilatational flag 为膨胀波的吸收选项，Off 为不吸收，On 为吸收；Shear flag 为剪切波的吸收选项，Off 为不吸收，On 为吸收。

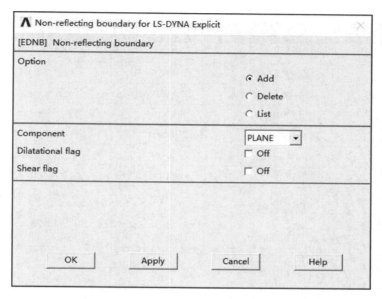

图 4-19　无反射边界对话框

4.3 接触及阻尼定义

4.3.1 接触定义

ANSYS/LS-DYNA 提供了丰富的接触类型可供用户定义，主要分单面接触、点 – 面接触、面 – 面接触三大类。本节简要介绍 LS-DYNA 的接触类型及定义方法。

1. LS-DYNA 的接触类型

接触算法是 LS-DYNA 程序用来处理接触面的方法。在 LS-DYNA 中有单面接触、点 – 面接触和面 – 面接触三种接触面处理算法，见表 4-1。

表 4-1　LS-DYNA 接触类型

类型	选项	接触类型	具体定义
单面接触（Single Surface）	普通（Normal）	SS	定义单面接触
	自动（Automatic）	ASSC	定义自动单面接触
		AG	定义通用自动接触
		ASS2D	定义二维的单面接触
	侵蚀（Eroding）	ESS	定义单面侵蚀接触
	边接触（Edge）	SE	定义单边接触
点 – 面接触（Nodes to Surface）	普通（Normal）	NTS	定义一般的点 – 面接触
	自动（Automatic）	ANTS	定义点 – 面自动接触
	刚体（Rigid）	RNTR	定义刚性节点与刚性体之间的接触
	固连（Tied）	TDNS	定义节点到表面的固连接触

（续）

类型	选项	接触类型	具体定义
点－面接触 （Nodes to Surface）	固连失效（Tied with Failure）	TNTS	定义节点到表面的固连断开接触
	侵蚀（Eroding）	ENTS	定义点－面侵蚀接触
	拉延筋（Drawbead）	DRAWBEAD	定义金属成形过程中的压延筋接触
	成形（Forming）	FNTS	定义金属成形过程中的点－面接触
面－面接触 （Surface to Surface）	普通（Normal）	STS	定义通用面－面接触
	自动（Automatic）	ASTS	定义自动面－面接触
	刚体（Rigid）	ROTR	定义刚性体之间的单向接触
	固连（Tied）	TDSS	定义面－面之间的固连接触
		TSES	定义壳边缘到面的固连接触
	固连失效（Tied with Failure）	TSTS	定义面－面之间的固连断开接触
	侵蚀（Eroding）	ESTS	定义面－面侵蚀接触
	成形（Forming）	FOSS	定义金属成形过程中的单向面－面接触
		FSTS	定义金属成形过程中面－面接触

（1）单面接触　单面接触是最为通用的接触类型，它不仅可以模拟两个物体间的接触，也可以模拟一个物体各个部分间的接触。当定义了单面接触，LS-DYNA 程序将搜索模型中所有的外表面，因此单面接触无须定义接触面和目标面。在无法确定哪些面间发生了接触时，单面接触十分有效。

（2）点－面接触　点－面接触是接触算法中计算最快的算法。当接触的目标面为节点时，可以使用点－面接触，如图 4-20 所示。定义点－面接触时，需要指定接触面与目标面的节点组或 PART 号。一般来说，对于点－面接触，凸面为接触面，平面与凹面为目标面；粗网格为目标面，细网格为接触面。

（3）面－面接触　面－面接触是一种通用的接触算法，常用于处理物体间的滑动或穿透。同样地，面－面接触需要指定接触面和目标面的节点组名或 PART 号。但由于这种算法是完全对称的，因此可以任意选择接触面和目标面，如图 4-21 所示。

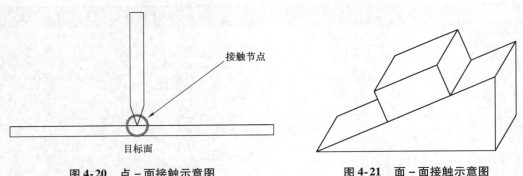

图 4-20　点－面接触示意图　　　　　图 4-21　面－面接触示意图

2. 接触的定义

在 ANSYS/LS-DYNA 中，定义接触主要分为以下三个步骤：

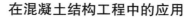

1）使用 Select > Entities... 命令选出接触面包含的所有节点，并定义节点组（使用 PART 号定义接触面时无须此步）。

2）使用 Select > Entities... 命令选出目标面包含的所有节点，并定义节点组（使用 PART 号定义目标面时无须此步）。

3）定义接触。

第1）、2）步详见3.1节，这里仅介绍第3）步的 GUI 操作方法。

在 GUI 菜单中选择 Main Menu > Preprocessor > LS−DYNA Options > Contact > Define Contact 命令，随后弹出 Contact Parameter Definitions 对话框，如图4-22所示。在该对话框中选择相应的接触类型，并输入相应的接触参数，单击 OK 按钮，然后弹出 Contact Options 对话框，如图4-23所示。在该对话框中选择接触面以及目标面的组名或 PART 号，最后单击 OK 按钮，完成接触的定义。

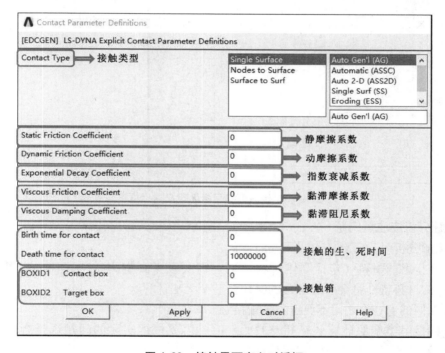

图4-22 接触界面定义对话框

Contact Parameter Definitions 对话框中输入的接触参数主要用于定义接触的摩擦系数 μ、最大摩擦力 F_{max} 和接触阻尼系数 ξ。此外还可定义接触的生、死时间，用于确定接触生效和强制失效的时间以及定义接触箱，用于限制接触面搜索的区域。

摩擦系数 μ 由静摩擦系数 μ_S、动摩擦系数 μ_D 和指数衰减系数 DC 组成，并假设摩擦系数 μ 与接触表面的相对速度 V_{rel} 有关，即

$$\mu = \mu_D + (\mu_S - \mu_D)\,e^{-DC \cdot V_{rel}} \tag{4-1}$$

最大摩擦力 F_{max} 由下式确定

$$F_{max} = VFC \cdot A_{cont} \tag{4-2}$$

式中　A_{cont}——接触时接触面的面积；

VFC——黏滞摩擦系数，一般假设 $VFC = \sigma_0/\sqrt{3}$（σ_0 为接触材料的剪切屈服应力）。

为了消除接触产生的不必要振荡，可以施加垂直于接触表面的接触阻尼，接触阻尼系数 ξ 为

$$\xi = VDC \cdot \xi_{crit} = VDC \cdot 2m\omega \tag{4-3}$$

式中　ξ_{crit}——临界阻尼系数；

　　　 m——质量；

　　　 ω——固有频率 $\omega = \xi_{crit}/2m$；

　　 VDC——黏滞阻尼系数，即实际频率转换为临界频率的百分数，如 15%，则 VDC 输入值为 15。

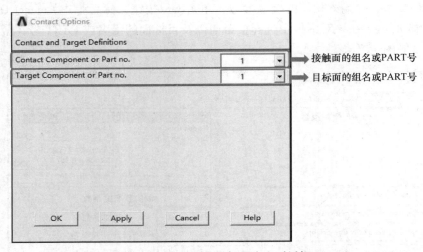

图 4-23　接触面和目标面定义对话框

3. 接触分析应注意问题

进行接触分析时，需要注意以下几点方面：

1）参与接触的材料（包括刚体材料模型）需要定义真实的材料特性，并确保单位协调。不正确的材料特性将会引起异常的响应，甚至无法计算。

2）对相同的 PART 之间不要定义多重接触。

3）不同接触类型的计算效率相差较大，因此需要根据实际的问题选择合适的接触类型，且无论问题的复杂与否，均建议使用自动接触类型。

4.3.2　阻尼定义

质量加权（Alpha）阻尼和刚度加权（Beta）阻尼是在显式动力分析中阻止非真实振荡的方法。在 GUI 菜单中选择 Main Menu > Preprocessor > Material Props > Damping 命令，弹出 Damping Options for LS-DYNA Explicit 对话框，在该对话框中可以进行相应的阻尼定义，如图 4-24 所示。PART number 是指施加阻尼控制的 PART 号，可以是 ALL parts，即为整个模型施加阻尼；Curve ID 为阻尼曲线号，由用户自定义阻尼与时间的关系曲线；System Damping Constant 为系统阻尼系数。

当施加对象为 ALL parts 或指定了阻尼曲线号时，程序自动使用质量加权阻尼，该阻尼对于低频率振荡十分有效。当不指定阻尼曲线号并且指定了阻尼系数时，刚度加权阻尼被用

于特定的 PART，该阻尼对于高频振荡十分有效。

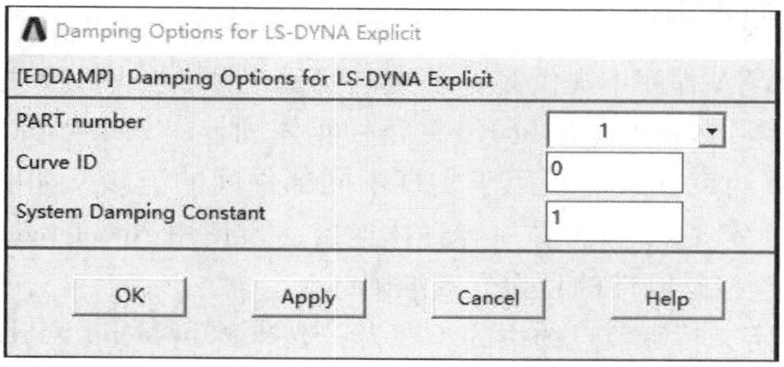

图 4-24　阻尼控制对话框

4.4 连接定义

ANSYS/LS-DYNA 中提供了两大类定义连接的方法：一类是可定义失效的连接，如点-面接触、点焊等；另一类是无失效的连接，常使用节点的特殊约束进行定义。本节简要介绍点焊和节点特殊约束。

4.4.1 点焊定义

在 ANSYS/LS-DYNA 中提供了点焊约束来模拟部件之间的连接。定义点焊的两节点不能重合。点焊连接是无质量的、刚性的，其失效准则表示为

$$(\,|N|/N_f)^{\text{EXPN}} + (\,|S|/S_f)^{\text{EXPS}} \geqslant 1 \tag{4-4}$$

式中　　N, S——点焊的法向和切向的力；

N_f, S_f——点焊法向和切向的失效力；

EXPN，EXPS——失效准则中法向和切向力的指数。

在 GUI 菜单中，定义点焊的步骤为：选择 Main Menu > Preprocessor > LS-DYNA Options > Spotweld > Massless Spotwld 命令，在弹出对象拾取对话框后在图形显示区内选择两个定义点焊的节点，单击拾取框中的 OK 按钮，然后会弹出 Create Spotweld between nodes 对话框，如图 4-25 所示。在该对话框输入相应的参数，最后单击 OK 按钮，即可完成点焊的定义。

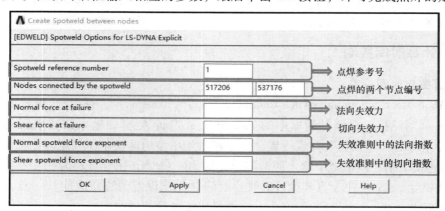

图 4-25　定义点焊对话框

4.4.2 节点特殊约束定义

在 ANSYS/LS–DYNA 程序中提供多种节点的特殊约束，分别为向刚体附加节点（Extra node set）、节点刚性体（Nodal rigid body）、壳 – 实体固连（Shell- Solid tie）和无质量铆接（Massless rivet）。这些约束方式可以用于实现不同部件间的连接，如刚体 – 弹性体的连接（常使用 Extra node set 定义）、弹性体 – 弹性体连接（常使用 Nodal rigid body 定义）等。这几类节点约束定义的连接是刚性的且无失效准则的。

在 GUI 菜单中，定义特殊节点约束的步骤为：选择 Main Menu > Preprocessor > LS–DYNA Options > Constraints > Apply > Additional Nodal 或 Main Menu > Preprocessor > Solution > Constraints > Apply > Additional Nodal 命令，将会弹出 Define Additional Rotated Nodal Constraints 对话框，如图 4-26 所示。在该对话框中选择需要定义的类型，并单击 OK 按钮。此时，根据用户所选的类型程序会弹出相应的定义对话框，在该对话框中选择相应的选项并输入相应的参数，最后单击该对话框的 OK 按钮，即可完成节点特殊约束的定义。

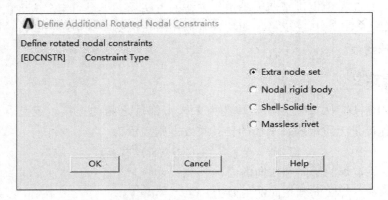

图 4-26　定义节点特殊约束对话框

4.5　求解控制

ANSYS/LS–DYNA 求解控制包括计算时间控制、文件输出控制和高级求解控制三大类，本节主要介绍其中常用的部分。

4.5.1　计算时间控制

1. 计算终止时间设置

选择 Main Menu > Solution > Time Controls > Solution Time 命令，弹出 Solution Time for LS–DYNA Explicit 对话框，在该对话框中的 Terminate at Time 栏目内输入终止求解的时刻，如图 4-27所示，单击 OK 按钮，完成设置。这里输入的单位由建模单位确定，如采用 kg – m – s 的单位制建模，则在对话框中输入的时间单位即为 s（秒）。由于最小时间步不一定被设置的终止时间整除，LS–DYNA 真实的计算终止时间往往比设置的终止时间长一点。为防止最后出现不正常的结果，这里设置的终止时间建议比施加荷载的时间短。

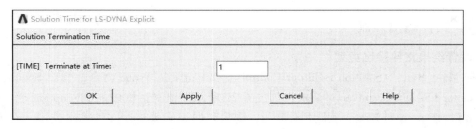

图4-27　计算终止时间设置对话框

2. 时间步长控制

显式分析中最小时间步长越小，所花费的计算时间越长。在 LS-DYNA 程序中，显式时间积分的最小时间步长是由最小单元的长度 l_{min} 和声速 c 所决定的，即

$$\Delta_{t,min} = \frac{l_{min}}{c} = \frac{l_{min}}{\sqrt{E/[(1-\nu^2)\rho]}} \tag{4-5}$$

式中　ν——泊松比；

　　　ρ——质量密度；

　　　E——弹性模量。

可以通过质量缩放的方法改变最小时间步长。显然，使用质量缩放意味着对单元的密度作相应的修改，使得最小时间步长达到用户规定的要求。对于 i 单元调整之后的密度为

$$\rho_i = \frac{(\Delta_{t,\text{specified}})^2 E}{l_i^2(1-\nu^2)} \tag{4-6}$$

式中　$\Delta_{t,\text{specified}}$——设置的最小时间步长；

　　　l_i——i 单元长度。

对于质量缩放，可以采用两种方法：一是将质量缩放运用到所有单元中，使得所有单元采用一样的时间步长；二是质量缩放仅使用到小于用户指定时间步长的单元上。一般来说，第二种方法更加有效。

在 GUI 菜单中，质量缩放的定义步骤为：选择 Main Menu > Solution > Time Controls > Time Step Ctrls 命令，将会弹出 Specify Time Step Scaling for LS-DYNA Explicit 对话框，如图4-28所示。在该对话框中的 Mass scaling time step size 文本框中输入指定的最小时间步长，并在 Time step scale factor 文本框中输入时间步长因子，最后单击 OK 按钮，完成最小时间步长的控制。如果在 Mass scaling time step size 文本框中输入的值大于零，则程序自动使用第一种质量缩放方案，即所有单元的时间步长采用输入值；如果输入值小于零，则采用第二种质量缩放方案，即质量缩放仅使用于时间步长小于该值（绝对值）的单元；如果输入值等于零，则不开启质量缩放。

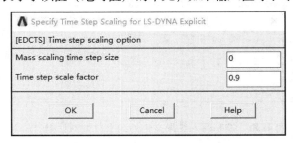

图4-28　时间步长控制对话框

4.5.2 文件输出控制

1. 设置结果文件输出类型

选择 Main Menu > Solution > Output Controls > Output File Types 命令，弹出 Specify Output File Types for LS-DYNA Solver 对话框，如图 4-29 所示。该对话框中的 File option 栏目中有三个选项 Add、Delete 和 List，分别用于定义、删除和列表显示结果文件输出类型。在 Produce output for... 栏目中也有三个选项 ANSYS、LS-DYNA 和 ANSYS and LS-DYNA。若选择以 ANSYS 形式的结果文件，则输出后缀为 ".RST" 和 ".HIS" 的结果文件，供 ANSYS 后处理器 POST1 和 POST26 使用；若选择 LS-DYNA 形式的结果文件，则输出适用于 LS-DYNA 后处理器使用的二进制结果文件 D3PLOT 和 D3YTHDT，如后处理软件 LS-PREPOST；若选择 ANSYS and LS-DYNA，则同时输出两者的后处理结果文件。

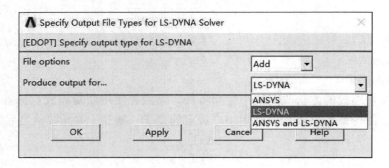

图 4-29　输出文件对话框

2. 设置结果输出频率

有两种方式控制结果输出的频率：一种是以总数控制。在 GUI 菜单操作为：选择 Main Menu > Solution > Output Controls > File Output Freq > Number of Steps 命令，弹出如图 4-30 所示的对话框，在该对话框中可以直接输入各个文件写入的结果总数，单击 OK 按钮，完成设置。设置完成后，程序会自动根据设置的终止时间和结果总数，计算得出输出结果的间隔时间。

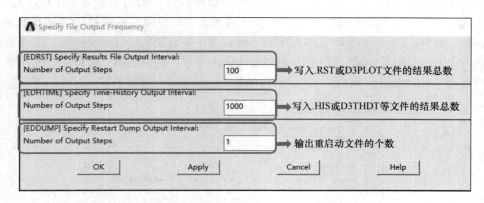

图 4-30　控制写入结果文件的结果总数对话框（一）

另一种由时间间隔控制，在 GUI 菜单中的操作为：选择 Main Menu > Solution > Output Controls > File Output Freq > Time Step Size 命令，弹出如图 4-31 所示的对话框，在该对话框中可以直接输入各文件写入结果的时间间隔，单击 OK 按钮，完成设置。

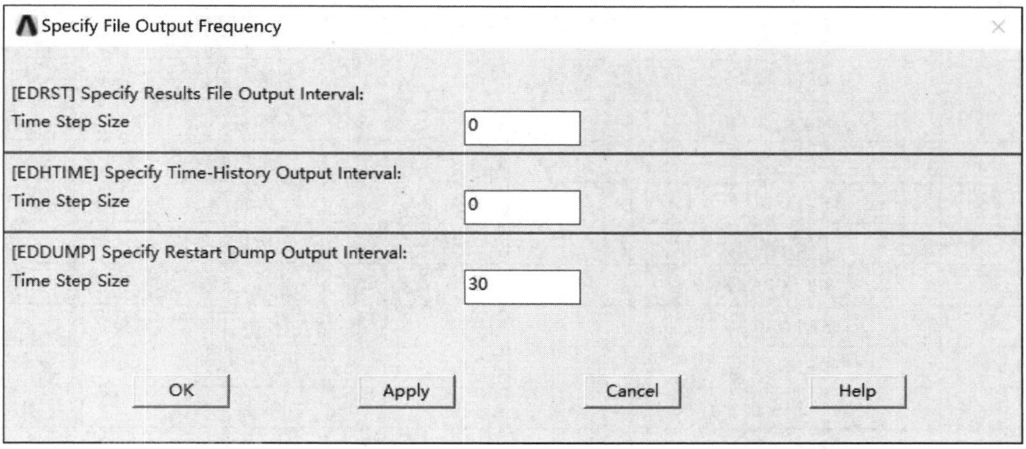

Specify File Output Frequency

[EDRST] Specify Results File Output Interval:
Time Step Size `0`

[EDHTIME] Specify Time-History Output Interval:
Time Step Size `0`

[EDDUMP] Specify Restart Dump Output Interval:
Time Step Size `30`

OK　　Apply　　Cancel　　Help

图 4-31　控制写入结果文件的结果总数对话框（二）

无论是哪种控制方式，最终呈现在关键字文件中都是以时间间隔显示的。一般情况下，建议以结果总数控制的方式设置，使用该方式可以直观地知道输出结果数据点的个数。

3. ASCII 输出文件控制

ASCII 文件为 LS-DYNA 附加的输出结果文件，用户可以根据研究目的的不同选择需要的结果。在 GUI 菜单中的操作为：选择 Main Menu > Solution > Output Controls > ASCII Output 命令，弹出 ASCII Output 对话框，如图 4-32 所示，在该对话框中选择需要输出的数据，单击 OK 按钮。

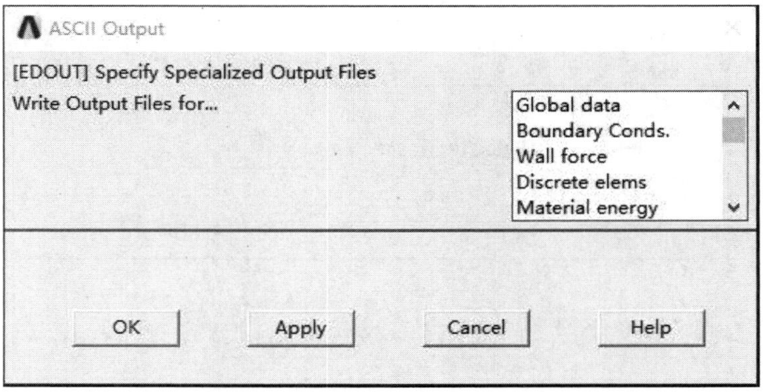

ASCII Output

[EDOUT] Specify Specialized Output Files
Write Output Files for...

Global data
Boundary Conds.
Wall force
Discrete elems
Material energy

OK　　Apply　　Cancel　　Help

图 4-32　ASCII 输出文件控制对话框

ASCII 文件格式化输出文件含义见表 4-2。

表 4-2   ASCII 文件格式化输出文件含义

ASCII 输出记录	含义
GLSTAT	总体模型数据（默认）
BNDOUT	边界力和能量信息
RWFORC	刚性墙反力
DEFORC	离散单元信息
MATSUM	材料能量数据（按 PART 号）
NCFORC	节点界面反力
RCFORC	界面合力
DEFGEO	变形几何数据
SPCFORC	单节点约束力
SWFORC	节点约束反力（点焊或铆接）
RBDOUT	刚性体数据
GCEOUT	几何接触实体
SLEOUT	滑动界面能量
JNTFORC	铰连接力数据
NODOUT	节点数据
ELOUT	单元数据
Write all files	记录全部 ASCII 格式化输出文件
List file status	对所有时间历程输出列表显示
DEL OUTPUT CTRLS	删除所有 ASCII 输出说明

4. 积分点控制

在 GUI 菜单中选择 Main Menu > Solution > Output Controls > Integ Pt Storage 命令，弹出 Specify Integration Point Storage 对话框，如图 4-33 所示，在该对话框中的 No. of SHELL integration points 栏目中输入壳单元的积分点数，和 No. of BEAM integration points 栏目中输入梁单元的积分点数，单击 OK 按钮，完成设定。

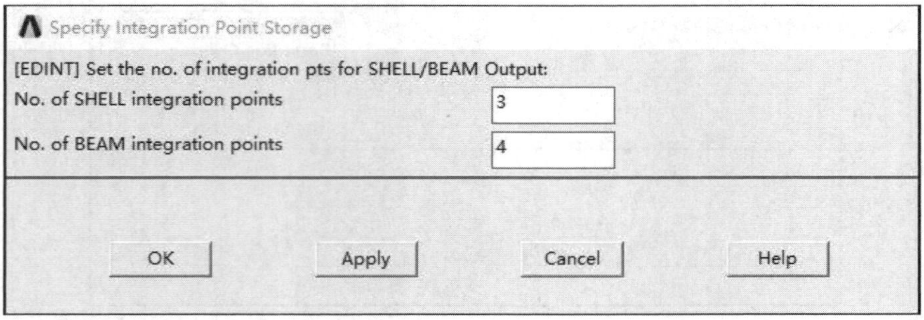

图 4-33   积分点控制对话框

一般情况下，壳单元至少需要 3~5 个积分点才能捕捉到塑性变形，而梁单元至少需要 4 个积分点才能捕捉到塑性变形。

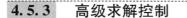

4.5.3 高级求解控制

ANSYS/LS-DYNA 还提供了多种高级求解控制选项，如重启动控制、CPU 时间控制、能量控制、体积黏性系数控制、沙漏控制等，本节选择常用的几种控制设置进行简要介绍。

1. 重启动控制

在 GUI 菜单中选择 Main Menu > Solution > Analysis Options > Restart Option 命令，弹出 Restart Options for LS-DYNA Explicit 对话框，如图 4-34 所示，在该对话框中的 Restart Option 下拉菜单中可以选择 New Analysis（新的分析）、Simple Restart（简单重启动）、Small Restart（小型重启动）、Full Restart（完全重启动），这几种重启动的详细介绍见 5.2.2 节；在 Words of memory requested 栏目中输入分析内存的大小，单位为字节；在 Binary file scale factor（二进制结果文件比例因子）栏目内输入相应数值，默认为 7（即 $7 \times 256M = 1835008$ 字节）；在 File name for dump files（重启动文件名称）栏目内输入相应的重启动文件名，可以是 01 ~ 99 中的任意一个数，默认为 01。

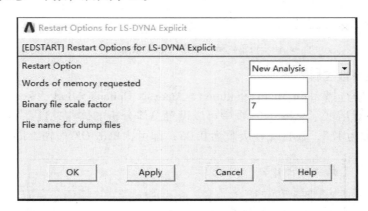

图 4-34 重启动控制对话框

2. CPU 时间控制

若设置 CPU 限制时间，当计算的时间步累积达到 CPU 限制时间时，程序将终止计算。在 GUI 菜单中选择 Main Menu > Solution > Analysis Options > CPU Limit 命令，弹出 CPU Limit 对话框，如图 4-35 所示，在该对话框的 Set CPU Time Limit to：栏目内输入相应数值，单击 OK 按钮，完成定义。

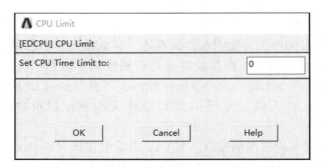

图 4-35 CPU 时间控制对话框

3. 能量控制

在 GUI 菜单中选择 Main Menu > Solution > Analysis Options > Energy Options 命令，在弹出的 Energy Options 对话框中可以设置能量控制参数，如图 4-36 所示，选择完成后单击 OK 按钮，即可完成设置。

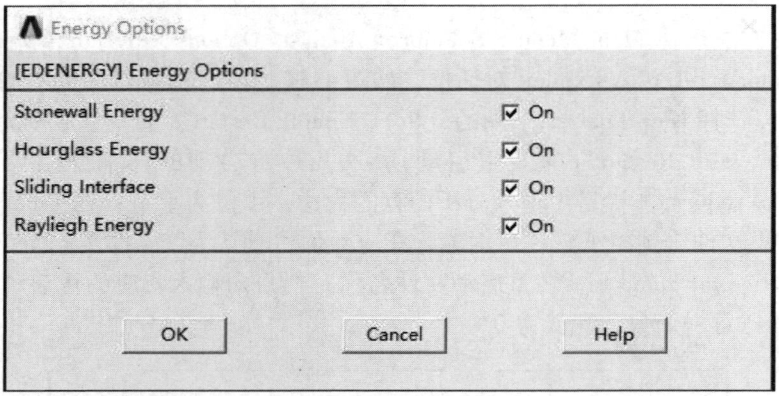

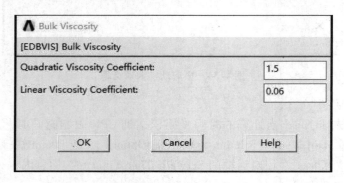

图 4-36　能量控制对话框

4. 体积黏性系数控制

在 GUI 菜单中选择 Main Menu > Solution > Analysis Options > Bulk Viscosity 命令，在弹出的 Bulk Viscosity 对话框（见图 4-37）中可以设置总体分析的体积黏性系数，一般取默认值（二次项黏性系数为 1.5，线性黏性吸收为 0.06）即可，单击 OK 按钮，即可完成设置。

图 4-37　体积黏性系数控制对话框

5. 沙漏控制

采用单点高斯积分的单元可能引起沙漏模态，因此需要加以控制。ANSYS/LS-DYNA 提供了两种沙漏控制的设置：一种是设置全局沙漏控制，应用于模型的所有单元。操作方法为：选择 Main Menu > Solution > Analysis Options > Hourglass Ctrls > Global 命令，在弹出的 Hourglass Controls 对话框（见图 4-38）中输入沙漏控制系数，单击 OK 按钮，完成设置。

另一种是对单一材料设置沙漏控制。在 GUI 菜单中选择 Main Menu > Solution > Analysis Options > Hourglass Ctrls > Local 命令，弹出 Define Hourglass Material Properties 对话框，如

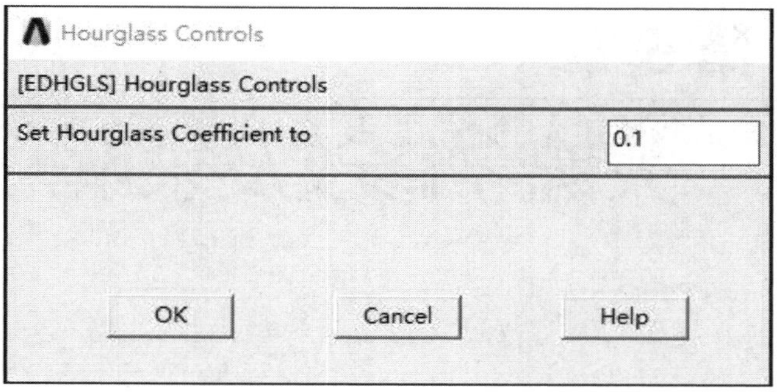

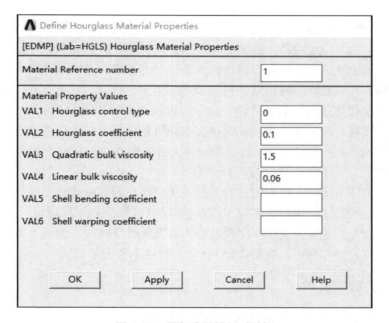

图 4-38　全局沙漏控制对话框

图 4-39 所示，在该对话框中输入材料号和相应的沙漏控制参数，单击 OK 按钮，即可对某种材料的沙漏进行控制。

图 4-39　局部沙漏控制对话框

第 5 章

关键字修改及求解

5.1 生成及修改关键字文件

使用 ANSYS/LS-DYNA 前处理器建立模型的主要目的是输出用于 LS-DYNA 程序求解的关键字文件（以 ".k" 为后缀）。在 93x 版本后，LS-DYNA 程序均采用关键字文件进行数据输入。事实上无论使用何种前处理器建模，最终的目的都是获得用于求解的关键字文件。该文件记录了整个有限元模型的信息，包括节点、单元、材料、状态方程、接触、边界条件及荷载等信息。这些信息由一个个关键字命令，也就是 KEYWORD 进行定义。理论上来说，不借助任何前处理器，按关键字文件规则在文本编辑器中手动输入模型信息，也可建立有限元模型用于 LS-DYNA 程序求解。因此，关键字文件是使用 LS-DYNA 程序求解的基础。只有真正学通关键字文件才能说明掌握了 LS-DYNA。

使用关键字文件系统用于求解的一大便利是用户可以通过修改或增添该文件中的关键字命令，进而对模型局部进行修改，避免了重新建模的麻烦。由于篇幅原因，本章无法详细介绍每一个关键字命令，主要对关键字文件的输出以及关键字格式、组织关系和修改方法作简要的介绍，详细的关键字命令可查阅《LS-DYNA 关键字帮助手册》。

5.1.1 生成关键字文件

当完成了所有建模工作后，在 GUI 菜单中选择 Main Menu > Solution > Write Jobname. k 命令，将会弹出 Input files to be Written for LS-DYNA 对话框（见图 5-1），在该对话框中的 Write results files for... 下拉菜单中选择 LS-DYNA。在 Write input files to... 文本框中输入关键字的文件名，也可单击 Browse... 按钮选择输出的目录，最后单击 OK 按钮，完成关键字文件的输出。

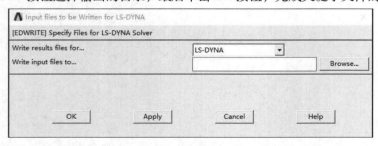

图 5-1 输出关键字文件对话框

5.1.2　关键字文件概述

1. 关键字文件的格式

LS-DYNA 程序为其命令的输入提供了一个简单、灵活、有条理的数据组织结构。典型的关键字文件如下所示：

```
*KEYWORD
*TITLE
Bar
*DATABASE_FORMAT
        0
*NODE
        1 0.000000000E +00 0.000000000E +00 0.000000000E +00      0     0
        2 0.000000000E +00 1.000000000E +02 0.000000000E +00      0     0
        3 1.000000000E +03 1.000000000E +03 1.000000000E +03      0     0
*SECTION_BEAM
        1        1     1.0000        2.0        1.0
  16.0      16.0      0.00        0.00        0.00        0.00
*MAT_PLASTIC_KINEMATIC
1,0.780E -02,0.200E +06,0.3,500,780,1.00
0.00,0.00,0.150
*PART
Part             1 for Mat           1 and Elem Type            1
        1        1        1        0        0        0        0
*ELEMENT_BEAM
        1        1        1        2        3
*DEFINE_CURVE
        1        0     1.000     1.000     0.000     0.000
  0.000000000000E +00    0.000000000000E +00
  1.000000000000E +03    6.000000000000E -02
*SET_NODE_LIST
        1     0.000     0.000     0.000     0.000
    2
*BOUNDARY_PRESCRIBED_MOTION_SET
        1        2        2        1     -1.000        0 0.000        0.000
*SET_NODE_LIST
        2     0.000     0.000     0.000     0.000
    1
*BOUNDARY_SPC_SET
        2        0        1        1        1        1        1        1
```

```
*CONTROL_ENERGY
         2         2         2         2
*CONTROL_TIMESTEP
    0.0000    0.9000         0  0.00         0.00
*CONTROL_TERMINATION
0.100E+04         0  0.00000  0.00000  0.00000
*DATABASE_BINARY_D3PLOT
10.00
*DATABASE_BINARY_D3THDT
2.000
*DATABASE_EXTENT_BINARY
         0         0         3         1         0         0         0         0
         0         0         4         0         0         0
*END
```

可以发现，关键字文件内部由一个个关键字命令组成，每个关键字命令以"*"开始，并紧接着这个关键字命令的名称。关键字的名称不区分大小写，但都必须以"*"开始。每个关键字下面接着一个数据块，用于输入该关键字的参数。每一个关键字段都具有其特定的功能。一般来说，一个关键字文件由"*KEYWORD"关键字段开始，以"*END"关键字段结束。如果没有"*END"关键字段，则 LS-DYNA 程序将会读取到关键字文件的最后一个字符。其余的关键字段在文件中的位置无先后关系，这是因为 LS-DYNA 先将所有的关键字命令读入到程序中后再进行求解。以"$"符号开头的为注释行，在数据读入时，程序会将该行的信息忽略。

每个关键字段下面的数据块可以采用两种格式输入，即固定格式和自由格式。但同一张卡片上不能同时采用两种不同格式输入。

一般来说，固定格式输入方式除了节点信息"*NODE"及单元信息"*ELEMENT"外，大多数的卡片都采用 80 个字符串，每一行 8 个参数，每个参数占据 10 个字符位置。每个参数都必须输入在其位置内，否则 LS-DYNA 程序将会读错数据。

自由格式相对自由，每个参数以英文格式的","分隔，如上述关键字文件的"*MAT_PLASTIC_KINEMATIC"关键字段所示。但需要注意的是，每个参数也不能超过其字符位置的限制范围，如整型 8 位变量的最大取值为 99999999。手动在关键字文件内添加关键字段或修改关键字段时，建议使用自由格式输入。

2. 关键字文件的组织关系

LS-DYNA 关键字文件中的某些关键字需要引用其他关键字。以单元定义的关键字为例，定义单元需要用到"*ELEMENT"关键字，而"*ELEMENT"关键字需要引用节点编号（即"*NODE"的 ID）和 PART 编号（即"*PART"的 ID）。同时，定义一个"*PART"关键字需要引用截面编号（即"*SECTION"的 ID）、材料编号（即"*MAT"的 ID）、状态方程编号（即"*EOS"的 ID）和沙漏编号（即"*HOURGLASS"的 ID），图 5-2 给出了上述例子的关键字信息的组织关系。无论使用何种方式获取关键字文件，其组织关系是固定的。

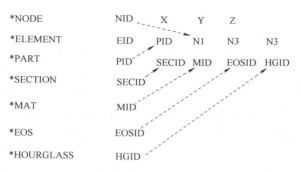

图5-2 关键字信息的组织关系

5.1.3 关键字的修改

前文提及，可以通过修改关键字文件，进而增加或修改某些功能，如增加前处理器无法定义的单元类型或材料模型，以及某些控制命令等。由于关键字文件的数据组织结构简单明了，增加和修改关键字相对来说是一件较为简单的事。只需明确每一个关键字参数的编排位置、组织关系，以及按照关键字文件的格式要求来修改，一般都不会出现错误。关键字参数的编排位置详见《LS-DYNA 关键字帮助手册》。

在修改关键字文件时，建议采用自由格式输入，以及将相互关联的关键字段放在一起，以便查错与修改。下面以两个例子说明如何在关键字文件中修改或增加关键字。

【例5-1】 将 ANSYS/LS-DYNA 前处理器定义的各向同性线弹性材料修改为求解使用的混凝土连续帽盖模型。

首先使用文本编辑器打开输出的关键字文件，使用查找功能搜索关键字"*MAT_ELASTIC"，找到如下未修改的"*MAT_ELASTIC"关键字段：

```
*MAT_ELASTIC
       1  1.00       1.00      1.000000       0.0       0.0       0.0
```

然后，将关键字名称 *MAT_ELASTIC 修改为 *MAT_CSCM_CONCRETE，在关键字名称下面的一行开始输入相应的参数，得到修改后的关键字段（注意使用英文输入格式的","）：

```
*MAT_CSCM_CONCRETE
1,0.00232,1,0.0,1,1.08,10,0
0
24,10,1
```

最后将修改后关键字文件保存，即可完成材料模型的修改。

【例5-2】 增加钢筋和混凝土的耦合算法。

类似地，首先使用文本编辑器打开输出的关键字文件，在该文件合适的位置输入如下关键字段：

```
*SET_PART
1
2,3
```

93

```
*CONSTRAINED_LAGRANGE_IN_SOLID
1,1,0,1,0,2,1,0
```

最后将修改后的关键字文件保存，即可完成耦合算法的增加。这里需要说明的是，第一个"*SET_PART"用于把所有的钢筋 PART 定义成一个整体，给"*CONSTRAINED_LAGRANGE_IN_SOLID"关键字引用。"*CONSTRAINED_LAGRANGE_IN_SOLID"关键字段最后空两行，代表第二、三行的参数使用默认值。这段关键字可以增加在 *KEYWORD 和 *END 关键字段之间的任意位置，但不能截断其他的关键字段。

5.2 求解及重启动

5.2.1 递交求解与求解监控

1. 递交求解

关键字文件修改完成后，即可用于 LS-DYNA 求解器进行求解分析。具体操作步骤如下：打开 ANSYS Mechanical APDL Product Launcher 程序，弹出如图 5-3 所示的界面。在 Simulation Environment 下拉菜单中选择 LS-DYNA Solver 求解器，在 License 选项中选择相应的证书，这里为 ANSYS LS-DYNA。在 Analysis Type 中选择相应的分析类型。然后在 Working Directory 和 Keyword Input File 栏目中分别选择结果文件写入的目录和求解的关键字文件。再转到 Customization/Preferences 页面，设置相应的内存大小、文件大小及 CPU 的核数，如图 5-4 所示，最后单击 Run 按钮，即可开始使用 LS-DYNA 求解器分析计算。

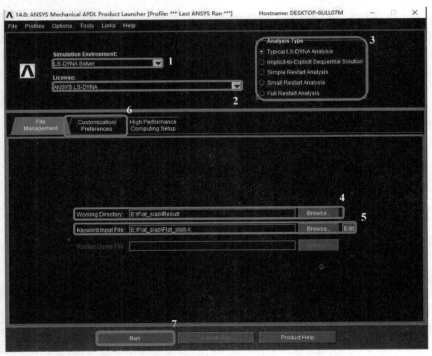

图 5-3 图形界面启动求解

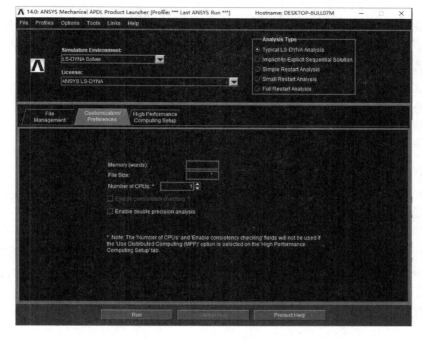

图 5-4　Customization/Preferences 标签的界面

2. 求解监控

LS-DYNA 程序把所有求解过程的重要信息（如错误、警告、失效单元、接触问题等）都显示到监控窗口中，并写入到 message 和 d3hsp 文件中，用户可以通过这些文件查询到相应的信息。LS-DYNA 程序正在求解时，可在求解监控窗口中使用〈Ctrl + C〉键中断求解过程。这时可以在该窗口中输入不同的控制命令：

1）输入 SW1：LS-DYNA 程序终止求解分析，并在求解目录中写入重启动文件。

2）输入 SW2：LS-DYNA 程序继续进行求解分析，并显示实际的剩余时间和循环次数。用户可以通过该命令了解到求解的进度以及剩余的时间。一般情况下，LS-DYNA 程序在开始求解时显示的剩余时间并不一定准确，因此用户想要知道一个较为准确的求解剩余时间，可以在 LS-DYNA 程序开始求解后再使用此命令查看。

3）输入 SW3：LS-DYNA 程序继续进行求解分析，并在求解目录中写入重启动文件。

4）输入 SW4：LS-DYNA 程序继续进行求解分析，并写出当前时刻的结果数据组。

5.2.2　重启动

重启动是 LS-DYNA 提供的一个非常强大的功能。使用重启动分析意味着这个分析是前一个分析的延续。重启动分析可以从前一个分析的结尾开始，也可以从前一个分析的中间开始。只要是在输出重启动文件的时刻，都可以使用重启动功能开始新的分析。因此使用重启动分析可以将一个完整的分析过程分为多个阶段进行。

重启动功能主要是为了避免重复计算，从而节省 CPU 时间，其可以运用到很多情况。例如，前一个分析设置的计算终止时间太短，没有达到预想结果，可以使用重启动功能继续分析，并延长计算终止时间；或者由于意外导致计算终止而没有达到计算终止时间，可通过重启动功能继续分析；又或者分析运行出错而导致计算终止，可以使用重启动功能在发生错误前的时刻开始分析，用于诊断错误；甚至可以使用重启动功能在一个分析的各个阶段中使用不同的参数或不同有限元模型进行计算。

重启动文件是一个二进制文件，其包含了用于重启动分析的所有数据（包括模型数据以及这一时刻的结果数据等）。根据用户的设置，重启动文件在相应的时刻按照 d3dump01、d3dump02 等顺序写入结果目录文件夹。但由于重启动文件占用硬盘空间较大，不可输出太多。

LS-DYNA 提供了三类重启动分析，即简单重启动（Simple Restart）、小型重启动（Small Restart）和完全重启动（Full Restart）。以下就这三种重启动分析作简要的介绍。

1. 简单重启动

简单重启动是不改变模型和参数的重启动，因此无须使用到关键字文件。一般情况下，简单重启动用于上一个分析，由于某些原因导致提前终止，但还想继续分析的情况。如由于程序崩溃或分析出错导致计算程序意外终止，用户执行命令 SW1（执行〈CTRL + C〉后）或达到设置的 CPU 限制时间导致计算程序的终止。进行一个简单重启动的操作如下：在 ANSYS Mechanical APDL Product Launcher 界面中激活 Simple Restart Analysis 选项，并在 File Management 页面中的 Working Directory 栏目中设置结果文件存储的目录（与前一分析的目录相同），在 Restart Dump File 栏目中选择相应的重启动文件（d3dump），由于不需要关键字文件，因此 Keyword Input File 栏目为灰色，如图 5-5 所示。然后转到 Customization/Preferences 页面，在该页面内设置和前一分析相同的 CPU 核数，最后单击 Run 按钮，开始简单重启动分析。

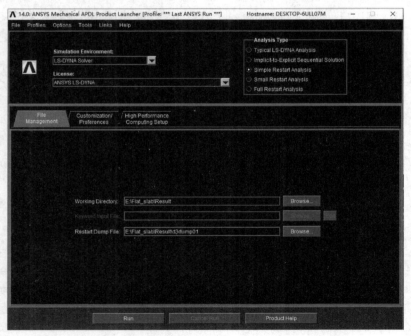

图 5-5　使用 ANSYS Mechanical APDL Product Launcher
界面进行简单重启动分析

2. 小型重启动

小型重启动可以对前一分析的模型进行简单的修改，然后再继续分析。小型重启可以重新设置分析的终止时间、文件输出控制等，也可以对模型做简单的修改，如删除单元、删除PART、删除接触、删除流固耦合、改变初速度、变形体与刚体之间的转换、增加约束条件等。因此小型重启动除了需要重启动文件外，还需要构建一个重启动的输入文件（后缀为".r"），用于输入模型的修改信息。该输入文件只需包含模型修改部分的关键字，而无须包含前一分析的其他关键字信息。当然如果包含了前一分析的其他关键字，程序也是允许的。此时，LS-DYNA 程序会自动查找输入文件内修改过的或增加的关键字，然后再使用这些修改的或增加的关键字进行小型重启动分析。进行一个小型重启动分析的操作如下：在 AN-SYS Mechanical APDL Product Launcher 界面中激活 Small Restart Analysis 选项，并在 File Management 页面中的 Working Directory 栏目中设置结果文件存储的目录（与前一分析的目录相同），然后在 File Management 页面中的 Keyword Input File 和 Restart Dump File 分别选择相应的重启动输入文件（后缀为".r"）和重启动文件（d3dump），如图 5-6 所示。然后转到 Customization/Preferences 页面，在该页面内设置和前一分析相同的 CPU 核数，最后单击 Run 按钮，开始小型重启动分析。

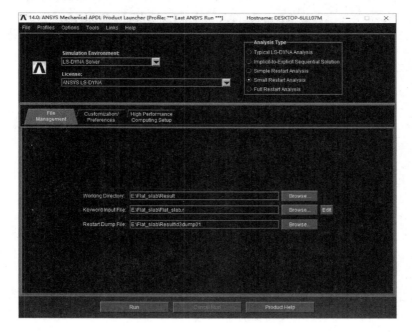

图 5-6   使用 ANSYS Mechanical APDL Product Launcher 界面进行小型重启动分析

3. 完全重启动

完全重启动可以对前一分析的模型做大量的修改，然后再继续分析，如大量修改几何模型、删除或施加不同的荷载，删除或增加新的材料和 PART，删除或增加新的接触定义、流固耦合定义，更改曲线的定义和一些控制参数等。完全重启动不是简单地延续前一个分析，从某种意义上来看，完全重启动是一个全新的分析。这个全新的分析只是继承了前一个分析的部分 PART 的应力、应变结果。因此使用完全重启动分析，需要输入一个关键字文件，该文件中包含完整的模型信息、荷载信息、约束信息、求解控制信息等，以及应力初始的关键字"*STRESS_INITIALIZATION"，用于将前一分析得出的应力、应变初始化到新的分析中。进行应力初始化的新（指完全重启动使用的 PART）、旧（指原分析使用的 PART）PART 的编号可以不一致，但新、旧 PART 包含的节点和单元的信息（编号、排列等）必须一致。因此，完全重启动的关键字文件应该由旧的模型文件（后缀为".db"）做相应修改后得到，而不是从新建的模型中获得。进行一个完全重启动分析的操作如下。

在 ANSYS Mechanical APDL Product Launcher 界面中激活 Full Restart Analysis 选项，并在 File Management 页面中的 Working Directory 栏目中设置结果文件存储的目录（一般不与前一分析的目录相同），然后在 File Management 页面中的 Keyword Input File 和 Restart Dump File 分别选择相应的完全重启动关键字文件和重启动文件（d3dump），如图 5-7 所示。然后转到 Customization/Preferences 页面，在该页面内设置相应的 CPU 核数、内存大小，最后单击 Run 按钮，开始完全重启动分析。

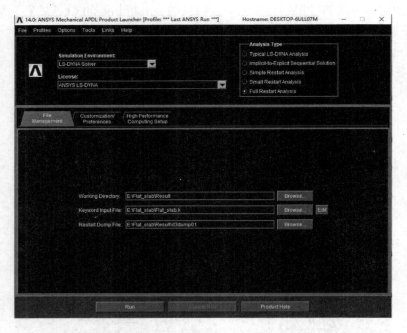

图 5-7　使用 ANSYS Mechanical APDL Product Launcher
界面进行完全重启动分析

第6章

LS-PREPOST后处理

LS-PREPOST 是 LSTC 开发的专门用于 LS-DYNA 后处理的软件，具备强大的用户交互界面，且界面排版合理、直观易用。经过多年的发展，LS-PREPOST 不仅能够用于后处理，还可用于前处理建模、修改关键字文件等。本章主要介绍 LS-PREPOST 的后处理功能，使用的版本为 LS-PREPOST V4.6。

6.1 LS-PREPOST 界面及功能简介

LS-PREPOST V4.6 程序的图形界面分为新界面和经典界面，可以通过 F11 热键快速切换，此处仅介绍经典界面。如图 6-1 所示，经典界面分为七个区域：下拉菜单、主菜单、主控制栏、图形显示区、命令控制区、动画控制区和显示控制区。以下就各区域功能做简要介绍。

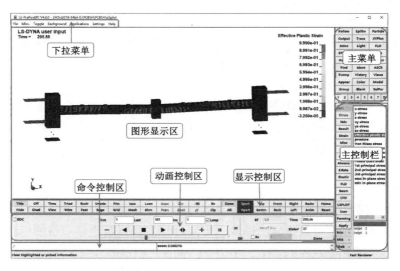

图 6-1　LS-PREPOST 经典界面

6.1.1　下拉菜单

下拉菜单包括 File、Misc.、Toggle、Background、Applications、Settings 和 Help 七个部

分。此处介绍最常用的 File 部分，其主要用于文件（包括图片文件、动画文件、K 文件、d3plot 文件、模型文件等）的输入和输出，详见表 6-1。

表 6-1　File 菜单主要操作的名称及功能简述

名称	功能简述
New	新建 LS-PREPOST 工作环境
Open	打开文件，包括结果文件、关键字文件、模型文件等
Import	导入文件，可以导入关键字文件、模型文件等
Recent	快速打开最近打开过的文件
Save	保存文件
Save As	将文件另存为
Update	更新后处理结果
Run LS-DYNA	运行 LS-DYNA 求解器
Print	输出 jpg、bmp 等格式的图片文件
Movie	输出 avi、mpeg 等格式的动画文件
Exit	退出程序
Save and Exit	保存并退出程序

选择 File > Open 是 File 菜单中最常用的命令，通过该命令可以将需要的数据导入到 LS-PREPOST 中进行处理：

1）选择 File > Open > LS-DYNA Binary plot 命令：用于打开二进制文件 d3plot，即计算结果文件。该文件包含了所有模型的信息以及计算结果的信息，但不包含关键字信息。

2）选择 File > Open > LS-DYNA Keyword File 命令：用于打开关键字文件，该文件包含了模型所有的信息，但不包含计算结果信息。打开关键字文件后，可直接在 LS-PREPOST 程序中修改模型或修改关键字。

6.1.2　图形显示区

LS-PREPOST 图形显示区主要用于显示结果动画，以及显示所有对图形操作的结果。其主要分为四大区域，左上角主要显示标题、当前时间步，以及绘制项目的标题、极值和极值出现的位置（单元号或节点号）；右上角主要显示绘制项目的颜色-数值对比卡；左下角为坐标系；中部主要显示相应操作下模型的结果，如图 6-2 所示。

6.1.3　显示控制区

显示控制区由两排按键组成，其中集成了用来控制已有图形显示的常用功能按钮，用户可通过这些按钮来实施具体的图形显示控制。各按钮的功能见表 6-2。

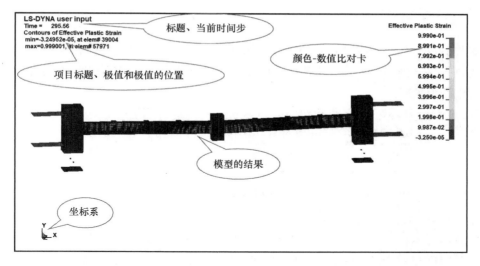

图 6-2　图形显示区

表 6-2　显示控制区的按钮功能

按钮	功能概述	按钮	功能概述
Title	显示或隐藏文件标题	Hide	仅见可见部分网格
Off	Off/Shift/Ctrl 转换键	Shad	让物体以实体形式显示
Tims	显示或隐藏时间标识	View	显示无光照效果
Triad	显示或隐藏坐标轴	Wire	显示模型的单元网格
Bcolr	将背景进行黑白转换	Feat	显示模型的特征线
Unode	打开或关闭非引用节点	Edge	显示模型的边缘
Frin	显示云图	Grid	显示所有节点网格
Isos	显示或隐藏等值面	Mesh	显示或隐藏网格边界
Lcon	显示或隐藏等值线	Shrn	显示或收缩实体图
Acen	进行中心 FIT 操作	Zin	对一个区域进行放大操作
Pcen	对图形中心重新定位	Zout	恢复到放大前的状态
+/−10	旋转角度方向	// Pres	平行、透视显示
Rx	绕 X 轴旋转模型	Clp	清除高亮显示
Deon	激活选择部件界面	All	显式所有图形
Spart	打开动画控制界面	Rpart	还原最后删除的部分
Top	显示图形的俯视图	Bottm	显示图形的仰视图
Front	显示图形的前视图	Back	显示图形的后视图
Right	显示图形的右视图	Left	显示图形的左视图
Redw	刷新图形显示区	Anim	开始或停止动画
Home	重置图像到默认位置	Reset	回到初始设置

101

6.1.4 动画控制区

动画控制区主要用于控制动画的播放，如播放的速度等，也可用于控制图形显示的子步时间。动画控制区由一系列控件组成，如图 6-3 所示。如在界面中找不到动画控制区，可通过 Spart 热键激活。

First
1
Last
101
Inc
1
Loop
30
SF
1.0
No.of Div
Time
147.78
State#
19
Ev
1
Done

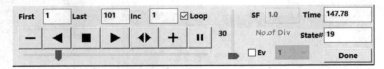

图 6-3 动画控制区

其中，First、Last 和 Inc 文本框分别为初始时间步编号、终止时间步编号和步长，用户可通过在这些文本框中输入相应的数值控制结果动画播放的范围和步长；Time 文本框中显示的是当前时间步对应的时间；State#文本框中显示的是当前时间步的编号。－按钮的功能是显示上一时间步；◀ 按钮的功能是按时间逆序播放动画；■ 按钮的功能是暂停动画播放；▶ 按钮的功能是按时间顺序显示动画；◀▶ 按钮的功能是动画按时间顺序/逆序循环播放；ıı 按钮的功能是控制拖动动画控制条时图像是否跟随变化；＋ 按钮的功能是显示下一时间步；底部横向的滑动条为动画控制条，可以使用鼠标拖拉使动画到达相应的时间步；右侧竖向的滑动条为控制动画播放速度的控制条，速度范围为 0～30。

6.1.5 主控制栏

在主菜单中选择相应的功能按钮后，对应的操作命令都集成在主控制栏中，用户可以通过主控制栏的操作命令进行相应的操作，以达成某个目的。

6.1.6 主菜单

主菜单位于 LS-PREPOST 经典图形界面的右上侧，其通过页面折叠的方式存储了多种功能按钮。单击不同的功能按钮，相应的操作控制将会显示在主菜单下面的主控制栏中。主菜单共有 8 页功能按钮，每一页的主要功能为：第 1 页包含了大部分模型的显示操作和后处理的功能按钮；第 2 页包含了部分后处理和前处理的功能按钮；第 3 和 4 页为关键字编辑的功能按钮，可以支持 LS-DYNA 所有关键字的添加和修改；第 5～7 页为前处理的功能按钮，可以实现如约束、荷载、边界条件、速度、加速度等的施加，以及简单的网格划分功能；第 D 页为关键字的显示，可以显示关键字文件中存在的所有关键字。值得注意的是，需要将结果二进制文件（d3plot）导入到 LS-PREPOST 程序中，才能够使用其后处理功能。同样地，需要将关键字文件或模型文件导入到 LS-PREPOST 程序中才能使用其对应的前处理功能。

Follow
Splitw
Particle
Output
Trace
XYPlot
Anno
Light
FLD
SPlane
Setting
State
Range
Vector
Measur
Find
Ident
ASCII
Fcomp
History
Views
Appear
Color
Model
Group
Blank
SelPar
1
2
3
4
5
6
7
D

图 6-4 主菜单第 1 页

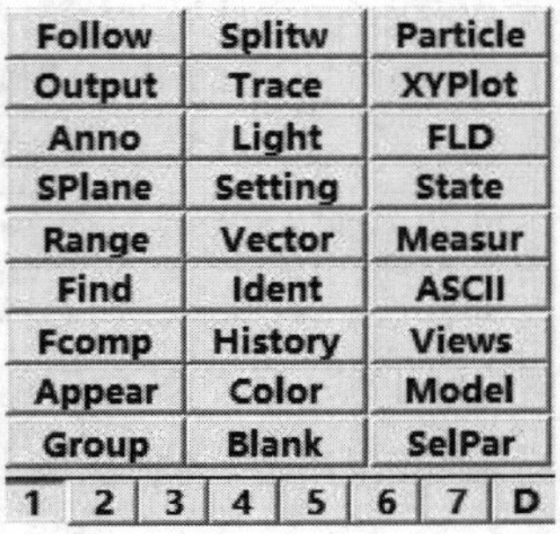

主菜单第 1 页中存储了很多后处理常用的功能按钮，如图 6-4 所示，可以实现如绘制云图、对模型进行切片显示、绘制相关历史变量、读取 ASCII 文件（由“ *DATABASE_OPTION”

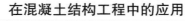
关键字控制输出的文件类型)、进行相关输出、改变模型显示部分和颜色等功能。由于本章主要介绍的是使用 LS-PREPOST 进行后处理，因此此处仅介绍第 1 页中常用的功能按钮。

1) Splitw 功能按钮：用于将图形显示区分割成多个窗口，可以是 1×1 个窗口、1×2 个窗口、2×1 个窗口和 2×2 个窗口。激活某个窗口的方法是在 Draw to Subwindow 栏目下选择对应位置的窗口，或者直接在图形显示区双击想要激活的窗口即可。

2) Fcomp 功能按钮：用于绘制相应的结果云图，如应力、应变、位移和压力等。该功能按钮下有多个子按钮，如图 6-5 所示。其中，Stress 按钮主要用来绘制各种应力或压力等结果的云图；Ndv 按钮主要用来绘制位移、速度、加速度等结果的云图；Strain 按钮主要用来绘制各种应变结果的云图；Misc 按钮为其他项，可以绘制压力、内能、沙漏能、体积分数等结果的云图；Beam 按钮主要用来绘制梁单元的结果云图，包括轴力、应力、应变等。用户只需在图 6-5 的控制栏中选择相应的项目，然后再单击 Apply 按钮，即可在图形显示区内显示相应的云图。

3) SelPar 功能按钮：用于控制模型显示的部分，便于用户观察模型各个部分的结果。可以通过该按钮选择显示/隐藏相应的 PART，以到达显示模型某一部分的需求。单击该按钮后，主控制栏处显示为 Part Selection 面板，如图 6-6 所示。该面板左侧为过滤选项，可以通过单元类型过滤相对应的 PART。在 Part Selection 面板的右侧可以选择在图形显示区显示的 PART，通过〈Ctrl + 左键〉或〈Shift + 左键〉在此处选择相应的 PART 号后，再单击底部的 Apply 按钮，即可将所选的 PART 显示在图形显示区中。

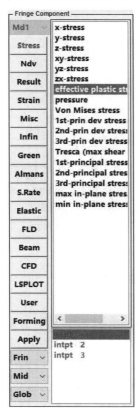

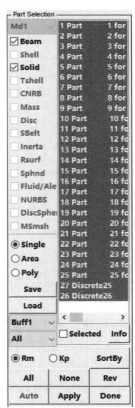

图 6-5　Fcomp 功能按钮的控制栏　　图 6-6　SelPar 功能按钮的控制栏

4）Ident 功能按钮：用于选择单元/节点/PART 等，使其成为当前活跃状态，以便用于后续的绘图。单击该按钮后，对应的控制栏如图 6-7 所示。在如图 6-7a 所示的控制栏中可以选择对象的类型，且在 Key in xyz coord 文本框中可以输入坐标值，该坐标值将会以高亮的形式在图形显示区中显示，便于用户定位相应的位置，并通过鼠标点选该位置。如图 6-7b 所示的控制栏为拾取控制栏，在该区域可以选择鼠标拾取的方式，也可直接在文本框中输入节点或单元的编号，然后按回车键，此时该编号的节点或单元即可成为活跃状态，同时在图形显示区中高亮显示该节点或单元的位置以及编号。

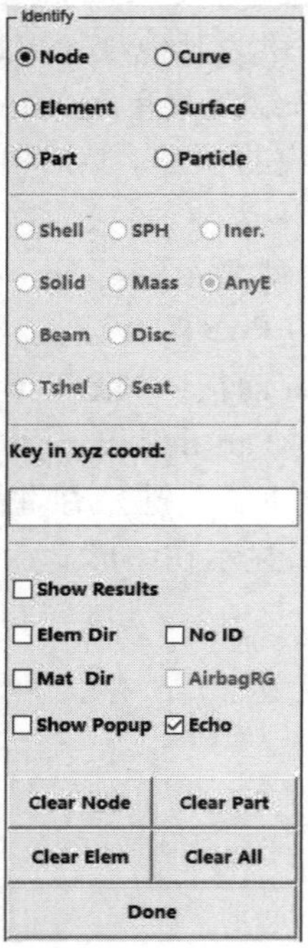

a)

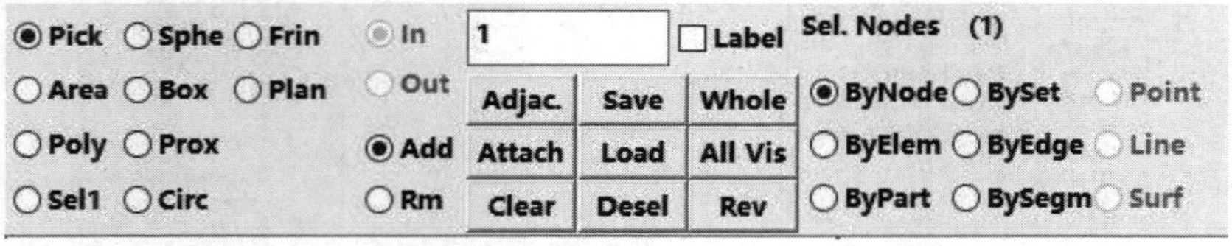

b)

图 6-7　Ident 功能按钮的控制栏

a）类别控制栏　b）拾取控制栏

5）History 功能按钮：用于绘制当前活跃单元/节点/PART 等对应计算结果的时程曲线。单击该按钮后，主控制栏将会变为 Time History Results 面板，如图 6-8a 所示。在该面板内可以选择不同的计算结果数据（如应力、应变、位移等），最后单击 Plot 按钮，程序将会弹出一个 PlotWindow 窗口用于绘制所选项目的时程曲线。如图 6-8b 所示为系统总内能的时程曲线。PlotWindow 窗口上还提供多种对曲线操作功能，如截图输出（Print 按钮）、以数据文件形式保存曲线（Save 按钮）、滤波操作（Filter 按钮）等。

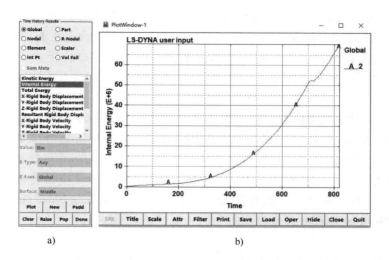

图 6-8　绘制系统内能时程曲线

a）History 功能面板　b）系统内能时程曲线

6）ASCII 功能按钮：用于导入 ASCII 格式的结果文件（由 "＊DATABASE_OPTION" 关键字控制输出的文件类型），并利用文件中的数据绘制相应的时程曲线，分析各种结果数据。单击该功能按钮，主控制栏会转变为 Ascii File Operation 面板，如图 6-9a 所示。已经定义输出的 ASCII 文件类型将会在末尾以符号 "＊" 标记 [如图 6-9a 所示 "glstat ＊"、"nodout ＊" 等]，选择这些有标记的 ASCII 文件，单击 Load 按钮即可将选择的 ASCII 文件导入到LS–PREPOST 程序中，如图 6-9a 所示导入的是 nodout 文件。此时下方会出现 Nodout Data 面板，在该面板中选择相应的选项，并单击 Plot 按钮，即可绘制被选中的数据的时程曲线。如图 6-9b 所示为 44225 号节点在 Y 方向上的位移时程曲线。

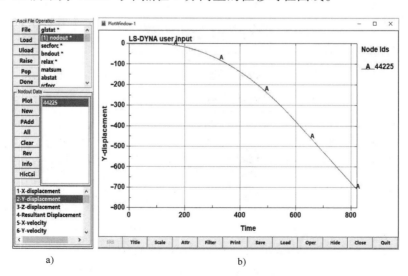

图 6-9　绘制 nodout 文件内数据的时程曲线

a）ASCII 功能面板　b）节点位移时程曲线

7）Color 功能按钮：用于改变所有图形显示的颜色，包括背景颜色、模型各部分的颜色、文字颜色等。该功能按钮有两个控制面板，如图 6-10 所示。在如图 6-10a 所示的面板中可以选择颜色操作的对象类别，且预设了多种颜色供用户选择。如图 6-10b 所示的面板提供了对背景、文字、网格等进行颜色操作的按钮，还提供了提取颜色和调色的功能。

在如图 6-10b 所示的面板中，Set 选项为赋予颜色操作，Show 选项为提取颜色操作。若选择 Show 选项，则可通过鼠标操作在模型上提取颜色，提取的颜色可被用于改变其他对象的颜色。若选择 Set 选项，则可以将当前选择的颜色赋予相应的对象，如背景、模型、文字等。Backg 按钮是将当前选择的颜色用于图形显示区的背景，Text 按钮是将当前选择的颜色用于文字。当前选择的颜色可以从预设颜色面板中选择，也可通过 Show 选项在模型上提取，还可以通过调整 R/G/B 获得。

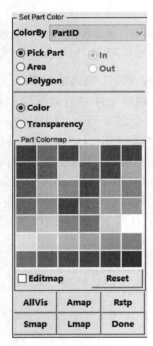

a)

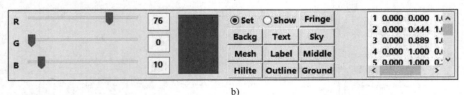

b)

图 6-10　Color 功能按钮的控制面板

a）类型选择及预设颜色面板　b）提取颜色及调色面板

8）SPlane 功能按钮：用于获取模型的剖面，以便用户观察模型内部的计算结果。通过该功能可以实现对模型进行任意角度与坐标的解剖，还可以显示模型初始的轮廓，以便用户对比。

9）XYPlot 功能按钮：用于构造曲线和绘制 XY 图。显示动力分析的结果都是与时间有关的量，但很多情况下，仅仅获取时间关系曲线并不能反应结果的本质机理。此时，可以通过 XYPlot 操作将两条曲线的纵坐标数据构造成一条新的曲线，如可以构造位移与力的关系曲线，以便观察不同结果间的关系。单击 XYPlot 按钮后，相应的控制面板为如图 6-11 所示的 Curve 面板和 Cross Plotting 面板。在 Cross Plotting 面板中可以选择数据的来源，可以是来源于文件（File 选项），也可以是来源于 PlotWindow 窗口（Window 选项）。若选择 File 选项，则在其他操作保存的曲线文件名会显示在面板中，如图 6-11b 的 D 和 F（笔者保存的位移时程曲线和力时程曲线）。通过 Add 和 Remove 按钮分别可以增加和移除文件。以下以一个小例子介绍如何将 D 和 F 文件内的时程曲线组合成新的曲线。

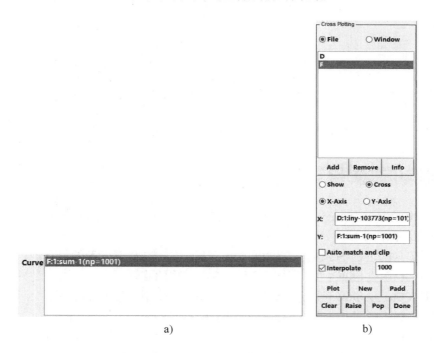

a)　　　　　　　　　　　　b)

图 6-11　XYplot 功能按钮的控制面板

a）Curve 面板　b）Cross plotting 面板

将已经保存 D 和 F 文件中的数据组合成新曲线的步骤为：选择 Cross Plotting 面板中的 Cross 和 X-Axis 选项，然后选择 Cross Plotting 面板中的 D 文件，此时在 Curve 面板中会出现该文件内存储的所有曲线，选择其中需要的那一条，这时在 Cross Plotting 面板中的 X 文本框中显示选取的曲线，并自动转变为 Y-Axis 选项。同样地，选择 F 文件，再在 Curve 面板中选择相应的曲线，最后单击 Plot 按钮，弹出 PlotWindow 窗口，该窗口上即为构建的新曲线，如图 6-12 所示。同样地，也可通过 PlotWindow 窗口上的按钮对该曲线进行操作。

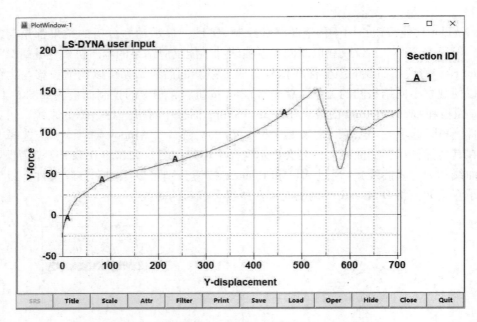

图 6-12   通过 XYPlot 功能按钮获得的力-位移曲线

6.2 **鼠标和键盘操作**

LS-PREPOST 还提供了一些鼠标和键盘的操作，以便用户可以对图形界面进行快速操作，如以下常用操作。

1）使用键盘的上、下、左、右键可以上、下、左、右微调模型的位置。

2）使用〈Ctrl 或 Shift + 鼠标左键〉可以控制模型的旋转。

3）使用〈Ctrl 或 Shift + 鼠标中键〉滚动可以控制模型的放大缩小。

4）使用〈Ctrl 或 Shift + 鼠标中键〉可以平移模型。

5）使用〈Ctrl 或 Shift + 鼠标右键〉可以控制模型的放大缩小。

Ctrl 或 Shift 键的激活可以是在键盘中按下相应的按键，也可以通过显示控制区的按键激活。

第7章
钢筋混凝土梁-柱结构抗连续倒塌拟静力数值分析

7.1 问题概述

连续倒塌是指结构在遭受意外荷载后最终破坏与初始破坏不成比例的倒塌。现有的抗连续倒塌设计方法可分为两大类：间接法和直接法。间接法是指通过考虑结构的延性、整体性和冗余度等来实现抗连续倒塌；直接法又可以分为局部加强法和替代荷载路径法，局部加强法是指对特定的构件进行抗连续倒塌设计；而替代荷载路径法则通过人为地将结构的某些构件拆除，对剩余结构施加荷载以评估其通过替代传荷路径实现荷载重分布的能力。抗连续倒塌现今已发展成为土木工程的一大热门研究方向，国内外众多学者开展了抗连续倒塌的研究工作。本章以一个抗连续倒塌拟静力实验为例，介绍使用 LS-DYNA 模拟此类问题的方法。

由于 LS-DYNA 为显示动力计算软件，因此在使用 LS-DYNA 显示求解器进行拟静力分析时，应尽可能地消除动力效应的影响，如忽略材料的应变率影响、使用相对较小的加载速率等。

7.1.1 问题简介

如图 7-1 所示为一个 1/2 缩尺的半跨梁-柱子结构配筋图（由于是对称结构，故仅展示半跨），将中柱拆除以模拟中柱失效，通过放大边柱以模拟固支边界。边柱尺寸为 400mm × 400mm，中柱尺寸为 250mm × 250mm，梁尺寸为 150mm × 250mm，保护层厚度为 25mm。边柱纵筋采用 4T25，中柱纵筋采用 4T16，梁上下纵筋均采用 2T12，梁上部钢筋伸入边柱的直线段长度为 300mm，弯折段长度为 200mm，箍筋均采用 R6（T 表示带肋钢筋，R 表示光圆钢筋，T 和 R 后面的数字代表钢筋直径）。混凝土圆柱体抗压强度为 40MPa，抗拉强度为 4MPa；钢筋的弹性模量均为 200GPa，屈服强度为 500MPa，极限强度为 600MPa，极限伸长率为 0.15。试对梁-柱子结构进行拟静力 push-down 加载，以获取其中柱竖向荷载-位移曲线。

7.1.2 求解规划

使用耦合法建立钢筋混凝土分离式模型（详见附录 B），混凝土和钢板使用 Solid 164 单元，钢筋使用 BEAM 161 单元，混凝土材料模型使用连续帽盖模型（关键字为"*MAT_

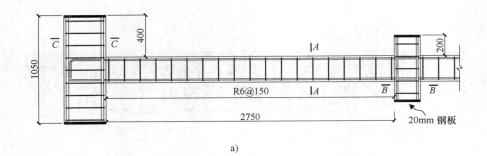

a)

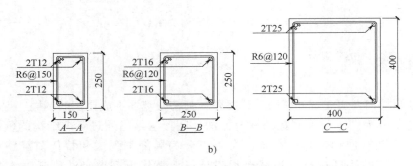

b)

图7-1　钢筋混凝土梁－柱子结构配筋详图（单位：mm）

a）整体配筋图　b）截面配筋详图

CSCM_CONCRETE"），钢筋材料模型使用各向同性弹塑性模型（关键字为"＊MAT_PLAS-TIC_KINEMATIC"），将钢板视为各向同性线弹性体（"＊MAT_ELASTIC"）。由于为拟静力分析，因此混凝土的材料模型和钢筋的材料模型都不考虑应变率的影响。

　　本例采用位移控制进行加载，在中柱顶部钢板施加竖向的位移。边界条件为两侧柱子固结。

　　为了使得加载速率相对较小，但又不至于使得求解时间过长，此处将求解终止时间取为1000ms。整个模型使用 mm－g－ms 单位制，请读者注意单位的协调统一，详见附录A。

110

7.2　模型建立

　　以下将详细介绍建模及求解过程。由于 ANSYS 前处理器不提供撤销命令（Undo），笔者建议读者养成良好的操作习惯，即在保证自己上一步操作正确时，单击保存命令及时保存模型文件，必要时使用另存为命令。使得在操作失误后能够通过读取命令获得前一步或前几步的模型。

1. 打开 ANSYS/LS-DYNA 前处理器

　　（1）选择工作模块　打开 Mechanical APDL Product Launcher 程序，然后在左上角的 Simulation Environment 中选择 ANSYS，在 License 中选择相应的授权，如图7-2所示。

　　（2）选择工作目录及输入工作名称　如图7-3所示，在 Mechanical APDL Product Launcher 界面中的 Working Directory 栏目中选择创建好的工作路径，如 E：\Sub，并在 Job Name 栏目中输入工作名，如 Sub，最后单击 Run 按钮，打开前处理器。

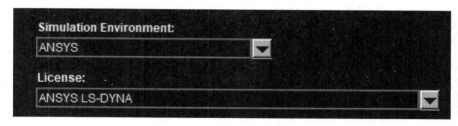

图 7-2　选择工作模块

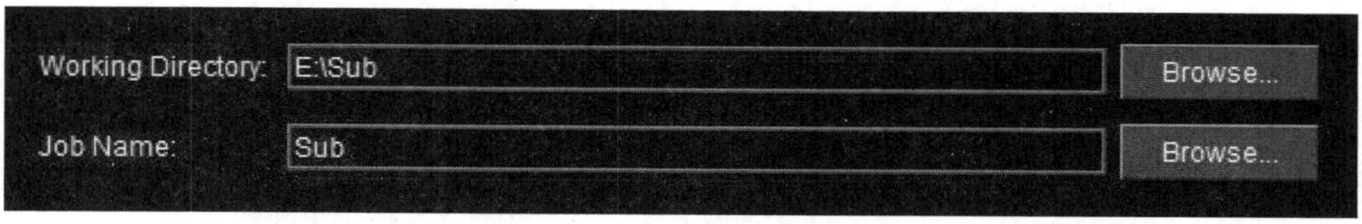

图 7-3　选择工作目录及输入工作名称

2. 图形界面过滤

为了便于后续选择单元，可以过滤图形界面。在菜单 Main Menu 中选择 Preferences 命令，在弹出对话框中的 Discipline options 栏目内选择 LS−DYNA Explicit，如图 7-4 所示，最后单击 OK 按钮，退出对话框。

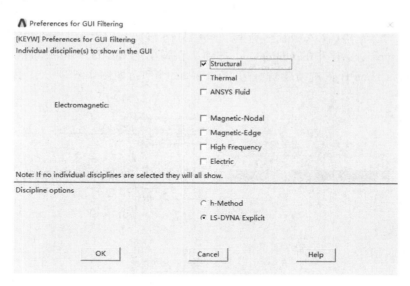

图 7-4　图形界面过滤

3. 定义单元类型

本例中，混凝土、钢板均采用 SOLID 164 单元，钢筋采用 BEAM 161 单元，因此此处需定义两种单元。

（1）定义单元类型　在菜单 Main Menu 中选择 Preprocessor > Element Type > Add/Edit/Delete 命令，在弹出对话框中单击 Add... 按钮，在弹出的 Library of Element Types 对话框中选择 SOLID 164 单元，在 Element type reference number 框中输入数字 1，单击 Apply 按钮，即能完成 SOLID 164 单元的定义。重复操作，在 Library of Element Types 对话框中选择

BEAM 161 单元，在 Element type reference number 框中输入数字 2，单击 Apply 按钮，完成 BEAM 161 单元定义，如图 7-5 所示。

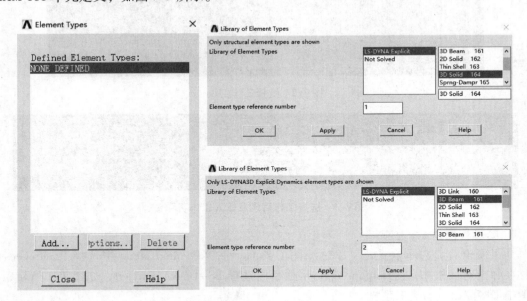

图7-5　选择单元

（2）设置 BEAM 161 单元属性　在 Element Types 对话框中单击 Type 2 BEAM 161，然后单击 Element Types 对话框中的 Options... 按钮，在弹出的 BEAM 161 element type options 对话框中的 Cross section type 选项中选择管状 Tubular 类型，如图 7-6 所示，最后单击 OK 按钮，退出对话框。

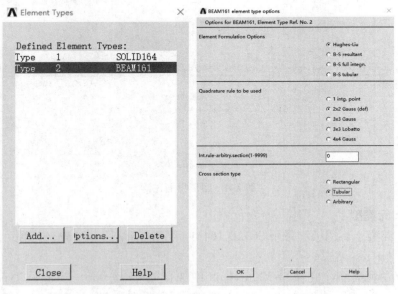

图7-6　BEAM 161 单元属性选择

4. 定义实常数

本算例中只有 BEAM 161 单元需要定义实常数。试件总共有 4 种不同直径的钢筋（R6，T12，T16 和 T25），所以需要定义 4 种不同的实常数。

在菜单 Main Menu 中选择 Preprocessor > Real Constants 命令，在弹出的 Real Constants 对话框中单击 Add... 按钮，然后在弹出的 Element Type for Real Constants 对话框中选择 Type 2 BEAM 161，并单击 OK 按钮，弹出新的对话框 Real Constant Set Number 1，for BEAM 161，在该对话框中的 Real Constant Set No. 栏目中输入 1，单击 OK 按钮，再在新弹出的 Real Constant Set Number 1，for BEAM161 对话框中的 DS1 和 DS2 框中均输入 6，最后单击 OK 按钮，完成直径为 6mm 的箍筋的实常数定义，如图 7-7 所示。重复前面步骤，定义直径为 12mm、16mm 和 25mm 的钢筋的实常数。

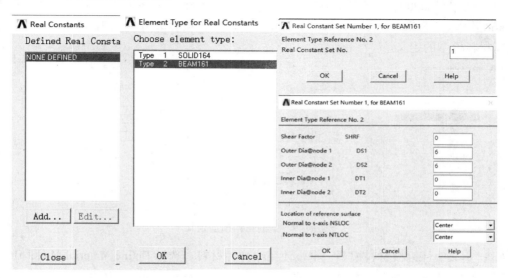

图 7-7　BEAM 161 的实常数定义

5. 定义材料模型

本算例共包含 3 种材料：混凝土、钢筋和钢板。由于 ANSYS 前处理的材料库中没有包含混凝土连续帽盖模型，因此将其暂时用各向同性线弹性材料代替，待形成关键字文件后再进行相应的修改。

（1）定义混凝土的材料模型　混凝土暂时使用线弹性材料来代替。在菜单 Main Menu 中选择 Preprocessor > Material Props > Material Models 命令，在弹出的 Define Material Model Behavior 窗口右侧 Material Models Available 树形目录中依次选择 LS-DYNA > Linear > Elastic > Isotropic，在弹出的 Linear Isotropic Properties for Material Number 1 对话框中的 DENS、EX 和 NUXY 栏目内都输入 1，最后单击 OK 按钮，退出对话框，完成线弹性材料模型的定义，如图 7-8 所示。

（2）定义钢筋的材料模型　钢筋采用各向同性弹塑性材料。选择 Define Material Model Behavior 窗口左上侧的 Material > New Model... 命令，在弹出的 Define Material ID 对话框中输入 2，单击 OK 按钮。然后在 Material Models Available 树形目录中依次选择 LS-DYNA > Nonlinear > Inelastic > Kinematic Hardening > Plastic Kinematic，弹出 Plastic Kinematic Material

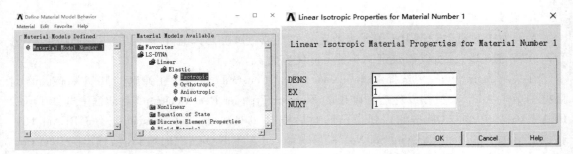

图7-8　线弹性材料模型定义

Properties for Material Number 2 对话框，在该对话框中输入钢筋相应的材料性质，DENS 为 0.0078，EX 为 200000，NUXY 为 0.3，Yield Stress 为 500，Tangent Modulus 为 780，Hardening Parm 为 1.0，Failure Strain 为 0.15，如图 7-9 所示，最后单击 OK 按钮，退出对话框，完成钢筋材料模型的定义。

图7-9　钢筋材料模型定义

（3）定义中柱钢板材料模型　钢板使用线弹性材料。选择 Define Material Model Behavior 窗口左上侧的 Material > New Model... 命令，在弹出的 Define Material ID 对话框中输入 3，单击 OK 按钮。然后在 Material Models Available 树形目录中依次选择 LS-DYNA > Linear > Elastic > Isotropic，在弹出的 Linear Isotropic Properties for Material Number 3 对话框中的 DENS、EX 和 NUXY 栏目内分别输入 0.0078、200000 和 0.3，如图 7-10 所示，最后单击 OK 按钮，退出对话框，完成钢板材料模型的定义。

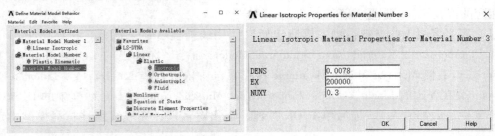

图7-10　钢板材料模型定义

定义完所有材料模型后，关闭 Define Material Model Behavior 窗口。

6. 建立几何模型

为了便于操作，建模过程采用工作平面坐系，因此需要将活跃的坐标系改变为工作平面坐标系，由功能菜单栏中 WorkPlane > Change Active CS to > Working Plane 命令实现。将工作平面坐标系显示，由 WorkPlane > Display Working Plane 命令实现。

（1）建立中柱混凝土及钢板　在菜单 Main Menu 中选择 Preprocessor > Modeling > Create > Volumes > Block > By Dimensions 命令，在弹出的 Create Block by Dimensions 对话框中输入三维尺寸，图 7-11a、b 和 c 所示分别为中柱混凝土及上下钢板的三维尺寸，输入完成后单击 OK 按钮，即可生成实体模型。

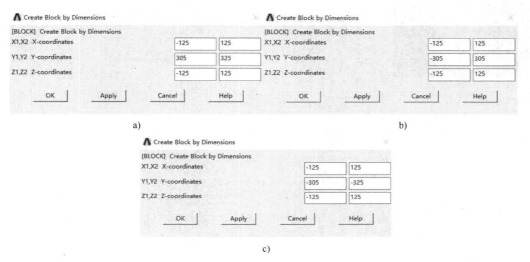

图 7-11　建立中柱

a）建立中柱混凝土　b）建立中柱上钢板　c）建立中柱下钢板

（2）建立梁混凝土实体　首先将工作坐标沿 X 轴方向平移至中柱混凝土右表面：选择 WorkPlane > Offset WP by Increments，并在 X，Y，Z Offsets 内输入 125，0，0（注意应在英文状态下输入），此时工作坐标系被平移至混凝土表面，如图 7-12a 所示。随后在菜单 Main Menu 中选择 Preprocessor > Modeling > Create > Volumes > Block > By Dimensions 命令，在弹出的 Create Block by Dimensions 对话框中输入梁的三维尺寸，如图 7-12b 所示，单击 OK 按钮，此时右侧梁混凝土已建立。接着通过复制操作建立左侧梁混凝土，在菜单 Main Menu 中选择 Preprocessor > Modeling > Copy > Volumes 命令，在弹出 Copy Volumes 对话框后选中右侧混凝土梁实体，然后单击对象选择对话框 Copy Volumes 中的 OK 按钮，在新弹出的对话框中输入复制的数量、沿着活跃坐标系各个轴向平移的距离以及复制的项目类别，如图 7-12c 所示，最后单击 OK 按钮，完成复制操作。

（3）建立边柱混凝土实体　与上一步类似，首先将工作坐标平移至右侧梁右边缘：在功能菜单栏上选择 WorkPlane > Offset WP by Increments，并在 X，Y，Z Offsets 内输入 2750，0，0。随后在菜单 Main Menu 中选择 Preprocessor > Modeling > Create > Volumes > Block > By Dimensions 命令，在弹出的 Create Block by Dimensions 对话框中输入梁的三维尺寸，如图 7-13a 所示，单击 Apply 按钮，此时右边柱混凝土已建立。同样的方法建立右边柱上下钢板，如图 7-13b 和 c 所示。接着通过复制操作建立左边柱混凝土及钢板，在菜单 Main Menu 中选择 Preprocessor > Modeling > Copy > Volumes 命令，在弹出 Copy Volumes 对话框后选中右侧混凝土梁及钢板，单击对象选择对话框 Copy Volumes 中的 OK 按钮，在新弹出的对话框中输入复制的数量、沿着活

跃坐标系各个轴向平移的距离以及复制的项目类别，如图 7-13d 所示，最后单击 OK 按钮，
完成复制操作。

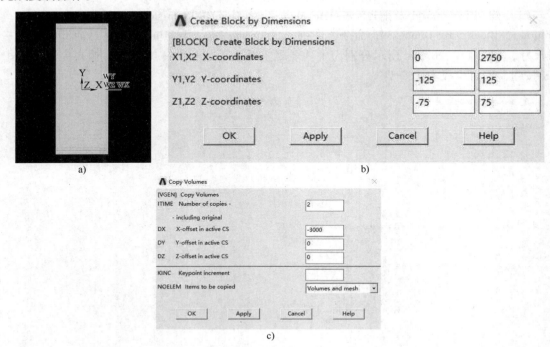

图 7-12 建立梁混凝土实体

a）平移工作坐标 b）建立右侧梁混凝土 c）复制左侧梁的对话框

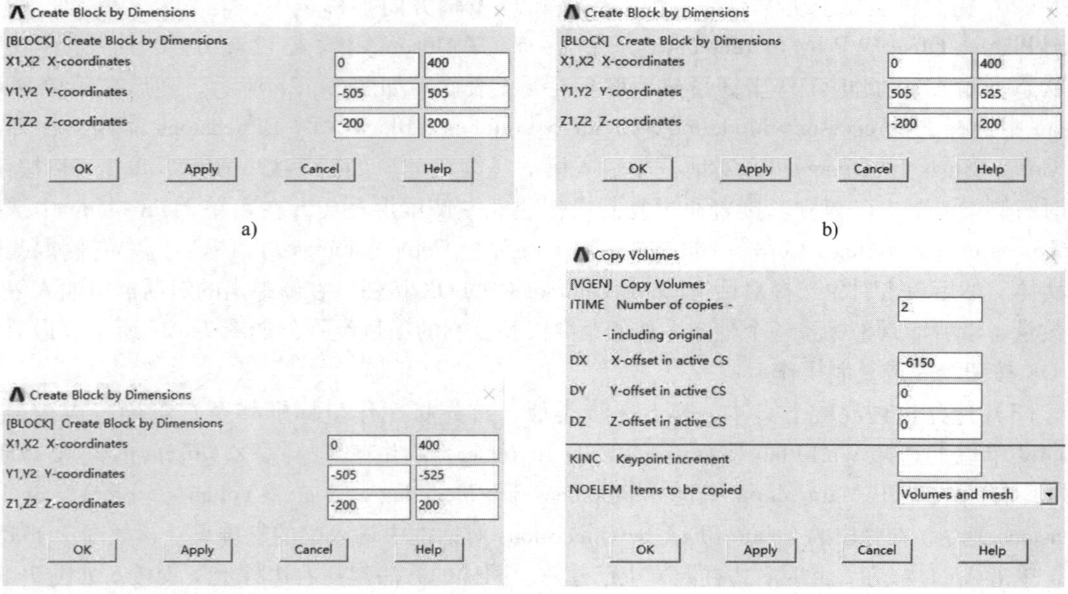

图 7-13 建立边柱混凝土实体

a）建立右边柱混凝土 b）建立右边柱上部钢板 c）建立右边柱下部钢板 d）通过复制建立左边柱

（4）创建柱子纵筋和箍筋的几何模型　在开始创建钢筋几何模型前，先将工作坐标系初始化，由 WorkPlane > Align WP with > Global Cartesian 命令实现。为了区分新创建的关键点，需隐藏所有关键点和线，在功能菜单栏中选择 Select > Entities...，在弹出的 Select Entities 对话框中的第一个下拉菜单选择 Lines 并单击 Sele None 按钮隐藏所有线，同样地，在下拉菜单选择 Keypoints，并单击 Sele None 按钮，隐藏所有关键点，最后再单击 Plot 按钮，将界面切换到显示关键点，如图 7-14 所示。

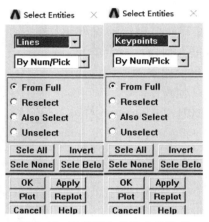

图 7-14　隐藏线和关键点的选项

在建立线几何模型前，先创建线上的关键点，这些关键点的编号和坐标见表 7-1。

表 7-1　用于创建中柱纵筋和箍筋的关键点编号和坐标（以中柱几何中心为原点）

关键点编号　　坐标	X	Y	Z
700	90	−305	90
701	90	305	90
702	100	0	100
703	−100	0	100
704	−100	0	−100
705	100	0	−100

在菜单 Main Menu 中选择 Preprocessor > Modeling > Create > Keypoints > In Active CS 命令，在弹出的对话框中的 Keypoint number 栏目中输入 700，在 X，Y，Z Location in active CS 栏目中分别输入 90、−305 和 90，如图 7-15 所示，单击 OK 按钮，完成第一个关键点的创建。重复上述操作，完成表 7-1 所列 701～705 号关键点的创建。

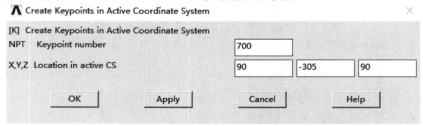

图 7-15　创建 700 号关键点

在菜单 Main Menu 中选择 Preprocessor > Modeling > Create > Lines > Lines > Straight Line 命令，在弹出对象拾取对话框后，依次单击上一步创建的 700 和 701 关键点，并单击 Apply 按钮，完成纵筋创建。同样地，依次单击上述创建的关键点 702 和 703、703 和 704、704 和 705、705 和 702 关键点，然后单击 OK 按钮，完成箍筋创建，创建好的中柱纵筋和箍筋如图 7-16 所示。

（5）使用复制操作将剩余的柱子纵筋和箍筋建立完成　考虑到钢筋数量较多，布置较为复杂，为了后面可以快速地将各个类型的钢筋模型单独选取出来，可以先将已经创建好的钢筋几何模型指定单元类型、实常数和材料模型，然后再使用复制或镜像功能创建剩余的柱子纵筋和箍筋的几何模型。

在菜单 Main Menu 中依次选择 Preprocessor > Meshing > Mesh Attributes > Picked Lines 命令，弹出 Line Attributes 对象选择对话框后，选择图形显示区域内的箍筋几何模型，单击 OK 按钮，弹出新的 Line Attributes 对话框，在该对话框内的下拉菜单 Material number 中选 2，Real constant set number 中选 1，Element type number 中选 2 BEAM161，如图 7-17a 所示。用同样的操作给中柱纵筋指定单元类型和材料模型，中柱纵筋的 Material number 为 2，Real constant set number 为 3，Element type number 为 2 BEAM161，如图 7-17b 所示。

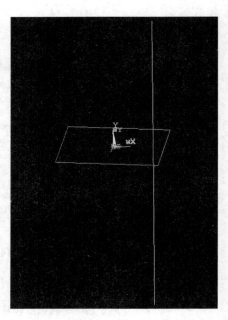

图 7-16　创建好的中柱纵筋和箍筋

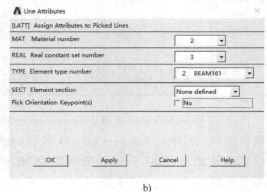

a)　　　　　　　　　　　　　　b)

图 7-17　指定纵筋和箍筋的单元类型和材料模型
a）选择中柱箍筋的单元类型和材料模型　b）选择中柱纵筋的单元类型和材料模型

在菜单 Main Menu 选择 Preprocessor > Modeling > Copy > Lines 命令，弹出对象选择对话框 Copy Lines 后，在图形显示区域内选择箍筋，如图 7-18a 所示，单击 Copy Lines 对话框上的 Apply 按钮，在新弹出的对话框中的 Number of copies 栏目中输入 2，DY 中输入 120，如图 7-18b 所示，单击 Apply 按钮，复制一个中柱上的箍筋，不断重复，直至建立完中柱箍筋。同理，选择纵筋，在 Number of copies 中输入 2，DY 中输入 –180，单击 Apply 按钮，继续复制纵筋，直至完成一个中柱钢筋几何模型的创建，如图 7-18c 所示。

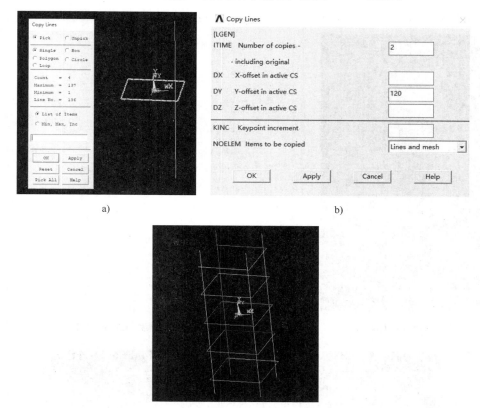

a)　　　　　　　　　　　　　　b)

c)

图 7-18　中柱钢筋几何模型的复制操作
a）选择复制的箍筋　b）输入复制的间距　c）中柱的钢筋几何模型

　　（6）创建边柱钢筋的几何模型　将工作坐标移动到左边柱几何中心，按照建立中柱钢筋几何模型的方法创建边柱钢筋的几何模型，此处不再详细地描述每一个步骤，仅给出关键步骤和输入的坐标参数。首先将已经创建完的线和点隐藏，然后创建如表 7-2 所示的关键点，再由关键点建立线模型，最后通过复制操作完成左边柱钢筋的建立，建立完成的左边柱钢筋如图 7-19 所示。

表 7-2　用于创建左边柱钢筋的关键点编号和坐标（以边柱几何中心为原点）

关键点编号	坐标 X	Y	Z
1000	160	505	160
1001	160	– 505	160
1002	175	0	175
1003	– 175	0	175
1004	– 175	0	– 175
1005	175	0	– 175

接着在菜单 Main Menu 选择 Preprocessor > Modeling > Copy > Lines 命令，将左边柱钢筋全部选中，将其沿 X 轴方向复制至右侧相应位置，填入如图 7-20 所示的复制参数，即可得到右边柱钢筋模型，如图 7-21 所示。

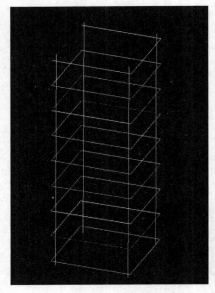

图 7-19 左边柱钢筋模型

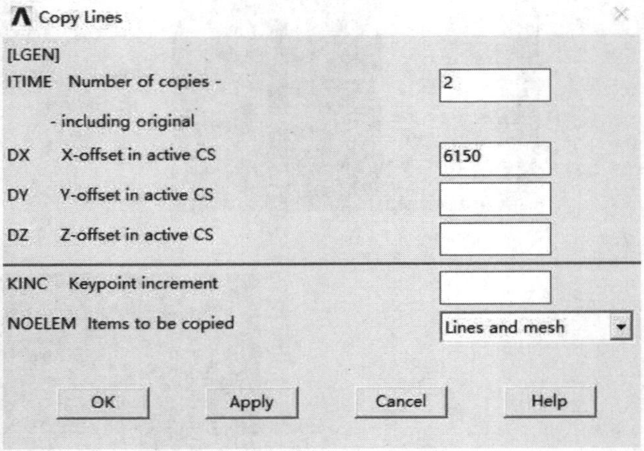

图 7-20 通过复制操作建立右边柱钢筋的几何模型

图 7-21 边柱钢筋模型

（7）创建梁钢筋的几何模型 操作与上述类似，在此不再赘述。建立完成的全部钢筋模型如图 7-22 所示。

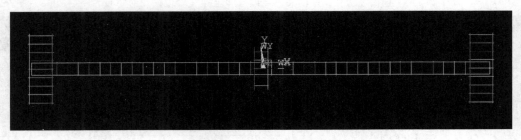

图 7-22 试件钢筋模型

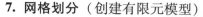

7. 网格划分（创建有限元模型）

将已经建立好的几何模型赋予相应的材料模型、单元类型和实常数，然后再划分网格，最后形成有限元模型。先将所有的几何模型都选择出来，通过选择功能菜单栏的 Select > Everything 功能实现，然后通过选择 WorkPlane > Align WP with > Global Cartesian 命令进行工作平面初始化。

（1）实体模型的网格划分　为了使得划分网格后在梁柱交界面处有重合的节点，需要使用 Divide 命令将实体模型划分为一个个小的六面体。在功能菜单栏中选择 WorkPlane > Offset WP to > Keypoints ＋命令，在弹出对象选择对话框 Offset WP to Keypoints 后单击相应的关键点（如梁的端点），再单击对话框 Offset WP to Keypoints 中的 OK 按钮，将工作平面平移到相应的切割位置（注意，切割的平面为 X 轴和 Y 轴组成的平面）。然后在菜单 Main Menu 中选择 Modeling > Operate > Booleans > Divide > Volu by WrkPlane 命令，最后在弹出的对话框 Divide Vol by Wrkplane 中单击 Pick All，完成一次切割操作，重复操作，直至切割完成。切割完成的实体模型如图 7-23 所示。

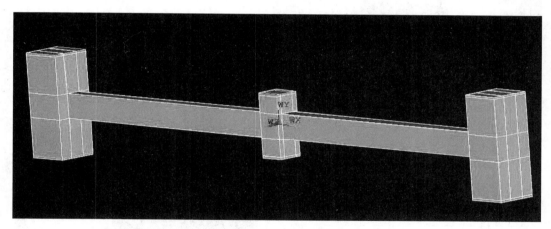

图 7-23　切割完成的实体模型

选择功能菜单栏的 Plot > Volumes 命令，使得图形显示区域显示的是实体元素。在菜单 Main Menu 中依次选择 Preprocessor > Meshing > Mesh Attributes > Picked Volumes 命令，弹出的 Volume Attributes 对象拾取框后，选择该对话框中的 Box 选项，然后使用左键选择混凝土几何模型（见图 7-24a），单击 OK 按钮，弹出 Volume Attributes 对话框，在该对话框内的下拉菜单 Material number 中选 1，Real constant set number 中选 1，Element type number 中选 1 SOLID164，如图 7-24a 所示，单击 OK 按钮完成。同样的操作，赋予柱钢板的几何模型属性，其中 Material number 为 3，Real constant set number 为 1，Element type number 为 1，如图 7-24b 所示。

划分网格前，需要设置网格尺寸。选择菜单 Main Menu 中的 Preprocessor > Meshing > Size Cntrls > ManualSize > Lines > All Lines 命令，在弹出的对话框的 Element edge length 栏目中输入 25（见图 7-25a），控制实体单元的边界长度不大于 25。然后选择菜单 Main Menu 中的 Preprocessor > Meshing > Mesh > Volumes > Mapped > 4 to 6 sided 命令，单击弹出的对话框中的 Pick All 按钮，完成实体部分的网格划分（见图 7-25b）。

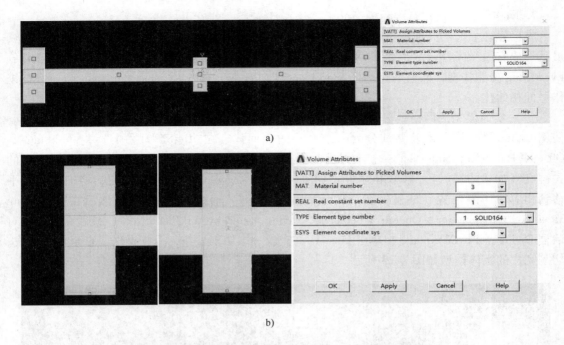

图 7-24　赋予实体几何模型材料模型、单元类型和实常数

a）赋予混凝土材料模型属性　b）赋予钢板材料模型属性

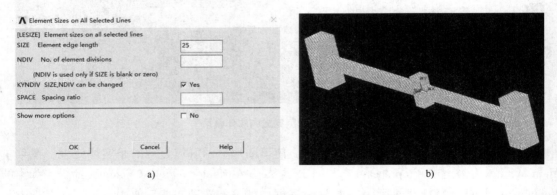

图 7-25　实体部分划分网格

a）实体模型网格尺寸控制　b）实体部分有限元模型

（2）线几何模型的网格划分　BEAM161 单元需要定义一个初始方向，由于本例使用的 BEAM161 单元是 Tubular 管状类型的，横截面为圆对称，因此该初始方向可以任意定义。首先创建用于定义 BEAM161 单元初始方向的关键点［编号为 10000，坐标为（5000，5000，5000），如图 7-26 所示］。然后选择菜单 Main Menu 中的 Preprocessor > Meshing > Size Cntrls > ManualSize > Lines > All Lines 命令，在弹出的对话框的 Element edge length 栏目内输入 40，控制线单元的长度不大于 40。

首先进行直径为 6mm 的钢筋的网格划分。在功能菜单栏中选择 Select > Entities...，在弹出的 Select Entities 对话框中的第一个下拉菜单选择 Lines，第二个下拉菜单选择 By Attrib-

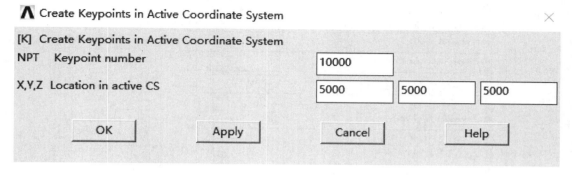

图7-26　创建用于定义 BEAM161 单元初始方向的关键点

utes，点选 Real set num（实常数），在 Min，Max，Inc 栏目内输入 1（对应直径为 6mm），再点选 From Full，如图 7-27a 所示，单击 Apply 按钮，完成 6mm 钢筋几何模型的选择，然后再单击 Plot 按钮，使图形显示区域显示选择出来的线，如图 7-27b 所示。

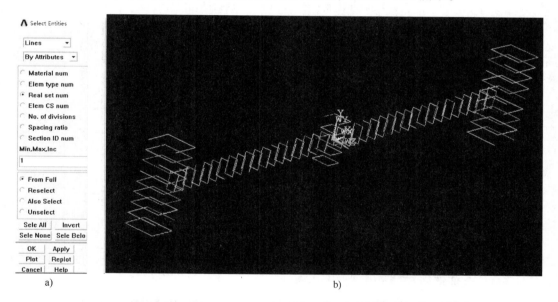

图7-27　选择直径为 6mm 的钢筋几何模型

a）输入 6mm 钢筋实常数编号　b）选出的 6mm 直径钢筋几何模型

　　选出钢筋几何模型后，定义相应的材料模型、单元类型、实常数以及初始方向。选择菜单 Main Menu 中 Preprocessor > Meshing > Mesh Attributes > All Lines 命令，在弹出的 Line Attributes 对话框内的前三个下拉菜单 Material number、Real constant set number 和 Element type number 分别选为 2、1 和 2 BEAM161，把 Pick Orientation Keypoint(s) 选项点选为 Yes，如图 7-28a 所示，然后单击 OK 按钮，弹出对象拾取框，在对象拾取框中输入 10000（见图 7-28b），单击 OK 按钮，完成直径 6mm 的钢筋的属性赋予。

　　选择菜单 Main Menu 中的 Preprocessor > Meshing > Mesh > Lines 命令，弹出对象选择对话框后，单击 Pick All 按钮完成 6mm 直径钢筋的网格划分，相应的有限元模型如图 7-29 所示。

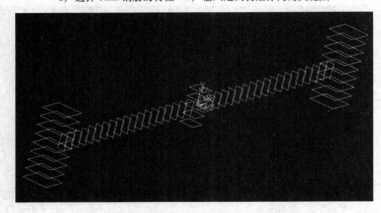

图7-28　直径6mm钢筋的属性赋予

a）选择6mm钢筋的材性　b）输入定义初始方向的关键点

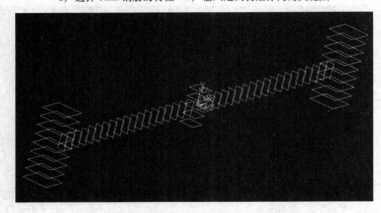

图7-29　直径为6mm的钢筋的有限元模型

按照相同的方法对直径为12mm、16mm和25mm的钢筋的几何模型进行网格划分，此处不再赘述。全部钢筋有限元模型如图7-30所示。

图7-30　全部钢筋的有限元模型

8. 合并节点

由于此模型梁、柱和钢板的几何模型是分开创建的，划分网格时每一个部件都是独立的，因此需要使用节点合并命令，使得各部件连接处共用相同的节点，让各部件形成一个整体。首先将体上所有的节点选择出来。在功能菜单栏中选择 Select > Entities... 命令，在弹出的 Select Entities 对话框中的第一个下拉菜单选择 Nodes，第二个下拉菜单选择 Attached to，然后点选 Volumes，all，再点选 From Full，最后单击 Apply 按钮，完成节点的选择。

选择菜单 Main Menu 中的 Preprocessor > Numbering Ctrls > Merge Items 命令，弹出 Merge Coincident or Equivalently Defined Items 对话框，在该对话框的 Type of item to be merge 栏目内选择 Nodes，单击 OK 按钮，完成节点合并。

9. 创建 Part

选择功能菜单栏的 Select > Everything 命令，然后选择菜单 Main Menu 中 Preprocessor > LS-DYNA Options > Parts Options 命令，在弹出的对话框中点选 Create all parts（见图7-31a），单击 OK 按钮，得出创建完成的所有 Part 的信息文本（见图7-31b），关闭该文本。

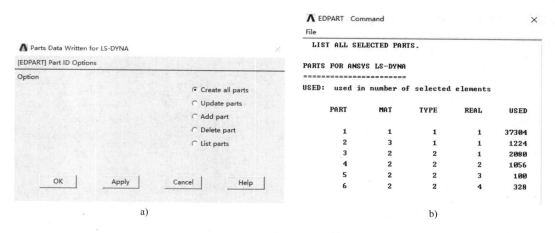

a)　　　　　　　　　　　　　　　　b)

图 7-31　创建 Part

a）选择创建 Part　b）Part 信息文本

由文本信息可以发现程序自动生成的 Part 编号 1~6 分别代表计算模型的混凝土、钢板、箍筋、梁纵筋、中柱纵筋和边柱纵筋。

10. 施加中柱位移

（1）定义施加中柱位移的节点组　在此之前，需要把中柱上部钢板顶面上的节点选取出来。在功能菜单栏中选择 Select > Entities... 命令，在弹出的 Select Entities 对话框中的第一个下拉菜单选择 Nodes，第二个下拉菜单选择为 By Location，点选 Y coordinates，再点选 From Full，在 Min，Max 栏目内输入 325，单击 Apply 按钮，完成节点的选取，然后再单击 Plot 按钮，使图形显示区域显示已经选取的节点。

施加中柱位移的节点选取出来后，需要定义成一个节点组。在功能菜单栏中选择 Select > Comp/Assembly > Create Component... 命令，弹出 Create Component 对话框。在该对话框的 Component name 栏目内输入 DISP，下拉菜单 Component is made of 中选 Nodes，如图7-32 所示，单击 OK 按钮，完成组的定义。

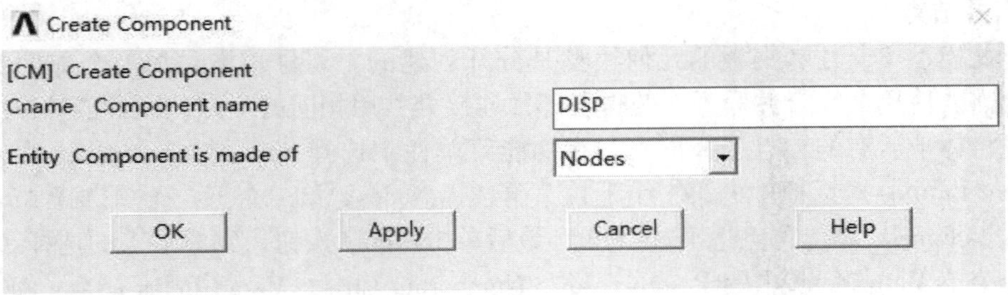

图7-32　定义施加位移的节点组

（2）定义时间数组和位移数组　在功能菜单栏中选择 Parameters > Array Parameters > Define/Edit... 命令，弹出 Array Parameters 对话框，单击该对话框内的 Add... 按钮，弹出新的 Add New Array Parameter 对话框。在 Add New Array Parameter 对话框中的 Parameter name 栏目内输入 TIME，在 Parameter type 选项内点选 Array，在 No. of rows, cols, planes 栏目内分别输入 12、1 和 1，其余不填，如图 7-33a 所示，单击 OK 按钮，完成时间数组创建。同样的方式创建位移数组，命名为 DISP，如图 7-33b 所示。

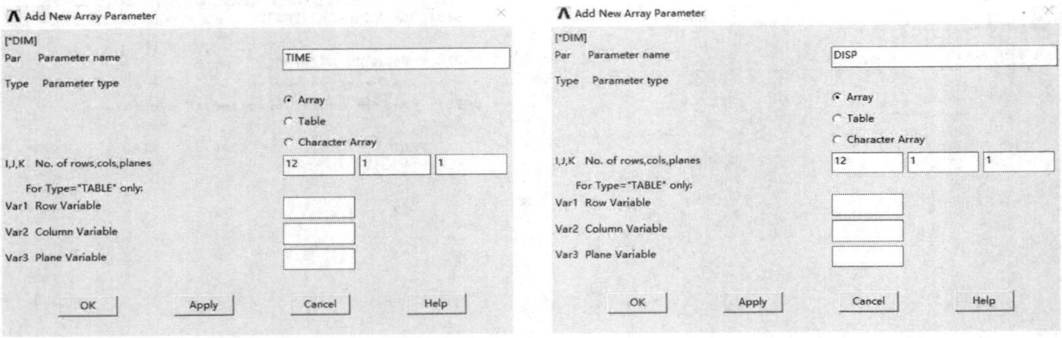

a)　　　　　　　　　　　　　　　　　　　　b)

图7-33　创建时间数组和荷载数组

a）创建时间数组　b）创建位移数组

创建完数组后，回到 Array Parameters 对话框，点选 TIME，并单击 Edit 按钮，弹出用于编辑数值的 Array Parameter TIME 对话窗口，输入表 7-3 的数值。输入完成后，选择菜单 File > Apply/Quit 命令完成数值输入。同样的方法输入 DISP 数组的数值。

表7-3　时间数组及荷载数组的数值

数组下标 ＼ 数组名	TIME	DISP
1	0	0
2	10	0.345
3	20	1.38
4	30	3.105
5	40	5.52
6	50	8.625
7	60	12.42

（续）

数组下标 / 数组名	TIME	DISP
8	70	16.905
9	80	22.08
10	90	27.945
11	100	34.5
12	1001	656.19

（3）施加中柱竖向位移　在菜单 Main Menu 中选择 Preprocessor > LS-DYNA Options > Loading Options > Specify Loads 命令，弹出 Specify Loads for LS-DYNA Explicit 对话框，在该对话框内的第 1 个下拉菜单 Load Options 选 Add Loads，在 Load Labels 中选 UY（沿 Y 方向的位移），在 Coordinate system/Surface Key 栏目中填 0，然后在第 2～4 个下拉菜单中依次选 DISP、TIME、DISP，再在 Analysis type for load curves 一栏中点选 Transient only，在 Scale factor for load curve 一栏中输入 −1（表示沿 Y 轴负方向，即向下），如图 7-34a 所示，单击 OK 按钮，完成竖向位移的施加。施加的中柱竖向位移如图 7-34b 所示，需注意的是，UY 默认的箭头方向向上，不会随着施加位移的方向改变而改变。

> **注：**施加位移完成后，可通过选择菜单栏 PlotCtrls > Symbols 命令，弹出 Symbols 对话框，在该对话框内的 Show pres and convect as 选择 Arrows，单击 OK 按钮，完成位移的显示。

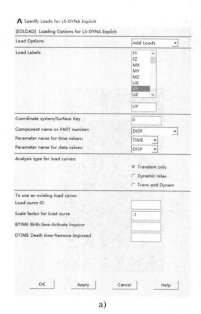

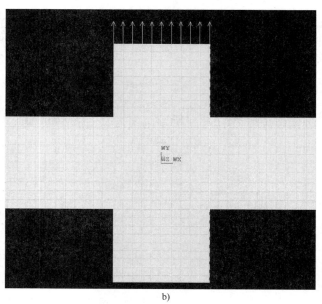

a)　　　　　　　　　　　　　　　b)

图 7-34　施加中柱竖向位移
a）中柱竖向位移施加选项　b）中柱竖向位移显示

11. 边界条件施加

本例需对边柱钢板上下边缘施加固定约束。首先选择功能菜单栏的 Select > Everything 命令，将所有节点选择出来。然后在功能菜单栏中选择 Select > Entities... 命令，在弹出的 Select Entities 对话框中的第 1 个下拉菜单选择 Nodes，第 2 个下拉菜单选择为 By Location，点选 Y coordinates，再点选 From Full，在 Min, Max 栏目内输入 525，单击 Apply 按钮。随后再点选 Also Select，在 Min, Max 栏目内输入 –525，单击 Apply 按钮，完成节点的选择。然后再单击 Plot 按钮，使图形显示区域显示已经选取的节点，如图 7-35 所示。

图 7-35　选出的需要施加约束的节点

在菜单 Main Menu 中选择 Preprocessor > LS–DYNA Options > Constraints > Apply > On Nodes 命令，在弹出的对象选择框对话框内单击 Pick All，弹出 Apply U，ROT on Nodes 对话框。在该对话框内的 DOFs to be constrained 栏目内单选 All DOF，将下拉菜单 Apply as 选择为 Constant value，在 Displacement value 栏目内输入 0，如图 7-36 所示，最后单击 OK 按钮，完成约束定义。

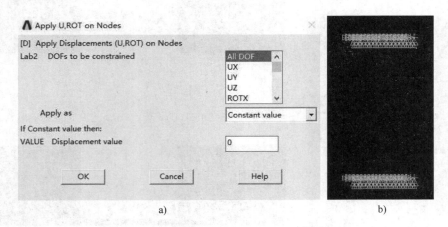

a)　　　　　　　　　　　　　b)

图 7-36　施加边柱上下边缘固定约束
a) 施加约束　b) 施加的约束图

12. 求解控制设置

（1）设置能量选项 选择菜单 Main Menu 中的 Solution > Analysis Options > Energy Options 命令，将弹出的 Energy Options 对话框内的所有能量控制开关打开，如图 7-37 所示。

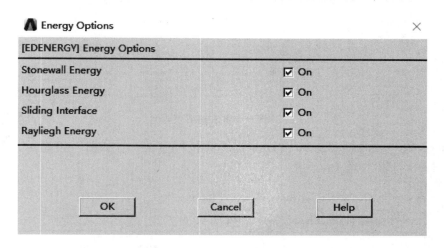

图 7-37 打开所有能量控制开关

（2）定义沙漏控制 选择菜单 Main Menu 中的 Solution > Analysis Options > Hourglass Ctrls > Local 命令，在弹出的 Define Hourglass Material Properties 对话框内的 Material Reference number 栏目输入 1，Hourglass control type 栏目内输入 5，Hourglass coefficient 栏目内输入 0.003，其余参数保持默认，如图 7-38 所示，单击 OK 按钮，关闭该对话框，完成沙漏控制的定义。

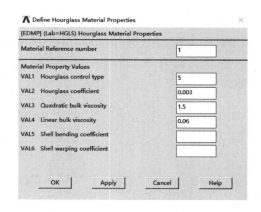

图 7-38 沙漏控制定义

（3）设置求解结束时间 选择菜单 Main Menu 中的 Solution > Time Controls > Solution Time 命令，在弹出的 Solution Time for LS-DYNA Explicit 对话框内的 Terminate at Time 栏目内填入 1000，即将结束时间控制在 1000ms，如图 7-39 所示。

（4）设置结果文件输出类型 选择菜单 Main Menu 中的 Solution > Output Controls > Output File Types 命令，在弹出的 Specify Output File Type for LS-DYNA Solver 对话框内的下拉菜

Solution Time for LS-DYNA Explicit

Solution Termination Time

[TIME] Terminate at Time: |1000|

| OK | Apply | Cancel | Help |

图 7-39   设置求解结束时间

单 File options 和 Produce output for... 分别选 Add 和 LS-DYNA，如图 7-40 所示，单击 OK 按钮，完成结果文件输出类型的设置。

Specify Output File Types for LS-DYNA Solver

[EDOPT] Specify output type for LS-DYNA

File options |Add ▾|

Produce output for... |LS-DYNA ▾|

| OK | Apply | Cancel | Help |

图 7-40   设置结果输出文件类型

（5）设置结果文件输出步数　选择菜单 Main Menu 中的 Solution > Output Controls > File Output Freq > Number of Steps 命令，修改弹出的 Specify File Output Frequency 对话框内的 [EDHTIME] 为 500，其余参数保持默认不变，如图 7-41 所示，单击 OK 按钮，退出该对话框。

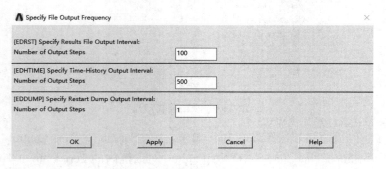

Specify File Output Frequency

[EDRST] Specify Results File Output Interval:
Number of Output Steps |100|

[EDHTIME] Specify Time-History Output Interval:
Number of Output Steps |500|

[EDDUMP] Specify Restart Dump Output Interval:
Number of Output Steps |1|

| OK | Apply | Cancel | Help |

图 7-41   设置结果文件输出步数

（6）设置 ASCII 文件输出　选择菜单 Main Menu 中的 Solution > Output Controls > ASCII Output 命令，弹出 ASCII Output 对话框，选择该对话框内 Write Out Files for 栏目内的 SPC

Reaction（输出约束反力）和 Nodal data（节点信息），如图 7-42 所示，单击 OK 按钮，退出该对话框。

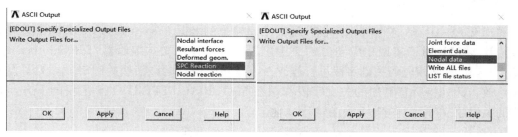

图 7-42　设置 ASCII 文件输出（一）

（7）定义节点信息输出　选择菜单 Main Menu 中的 Solution > Output Controls > Select Component 命令，弹出 Select Component for Time-History Output 对话框，将第一个下拉菜单选为 DISP，如图 7-43 所示，单击 OK 按钮，退出该对话框。

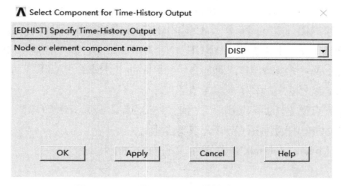

图 7-43　设置 ASCII 文件输出（二）

13. 输出关键字文件

选择功能菜单栏的 Select > Everying 命令。然后选择菜单 Main Menu 中的 Solution > Write Jobname. k 命令，在弹出的 Input files to be Written for LS-DYNA 对话框中的第一个下拉菜单选择 LS-DYNA，第二个 Write input files to... 栏目中输入关键字文件名称 Sub_beam_column. k，如图 7-44 所示。最后单击 OK 按钮，完成关键字文件的输出。

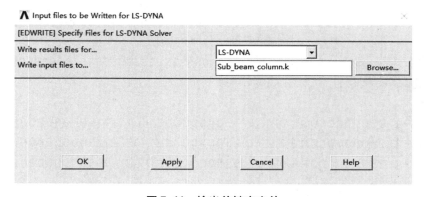

图 7-44　输出关键字文件

7.3 关键字文件修改

在递交 LS-DYNA 求解器求解前，还需要对输出的 Sub_beam_column. k 关键字文件进行修改或增添一些用于实现相应功能的关键字段。首先使用文本编辑器打开 Sub_beam_column. k，然后找到相应的关键字段进行修改，或在相应位置增添某些关键字段。为了方便查错、修改，此处将所有增加的关键字段都填在 MATERIAL DEFINITIONS 区块的下方。修改完成的关键字文件（有省略）附在本节末尾。

注： 本例使用的材料模型参数的取值仅供参考之用。

下列为本例需要修改或增添关键字：

（1）修改混凝土的材料模型　将材料类型 1 修改为混凝土连续帽盖模型，相应的关键字为 " *MAT_CSCM_CONCRETE"，并输入相应的抗压强度、密度、单位制等参数。

（2）增加钢筋和混凝土耦合算法　本例的钢筋和混凝土间假定为完全固结，对应使用的关键字为 " *CONSTRAINED_LAGRANGE_IN_SOLID"，并填入相应参数，末尾留空两行。同时还需将钢筋定义成一个 Part 组，对应的关键字为 " *SET_PART"，设置 SID 号为 1，并填入钢筋对应的 Part 编号，这里为 3、4、5 和 6。

（3）修改输出节点数据的节点组　找到 " *DATABASE_HISTORY_NODE" 关键字段，只需保留该关键字段内的任意一个节点，其余删除。

修改完成的 Sub_beam_column. k 关键字文件如下所示：

```
*KEYWORD
*TITLE

$
*DATABASE_FORMAT
        0
$
$
$$$$$$$$$$$$$$$$$$$$$$$$$$$$$$$$$$$$$$$$$$$$$$$$$$$$$$$$$$$$$$$$$$$$$$$$$$$$$$$
$                         NODE DEFINITIONS                                  $
$$$$$$$$$$$$$$$$$$$$$$$$$$$$$$$$$$$$$$$$$$$$$$$$$$$$$$$$$$$$$$$$$$$$$$$$$$$$$$$
$节点定义(有省略)
*NODE
     1 -1.250000000E +02 -3.050000000E +02 -7.500000000E +01   0  0
     2 -1.250000000E +02 -1.250000000E +02 -7.500000000E +01   0  0
     3 -1.250000000E +02 -2.825000000E +02 -7.500000000E +01   0  0
..........................................................................
 55151 2.986796382E +03 -4.926829268E +02 1.768313171E +01   0  0
```

```
$
$
$$$$$$$$$$$$$$$$$$$$$$$$$$$$$$$$$$$$$$$$$$$$$$$$$$$$$$$$$$$$$$$$$$$$$$$$$$
$                      SECTION DEFINITIONS                            $
$$$$$$$$$$$$$$$$$$$$$$$$$$$$$$$$$$$$$$$$$$$$$$$$$$$$$$$$$$$$$$$$$$$$$$$$$$
$
*SECTION_SOLID
         1         1
*SECTION_BEAM
         2         1    1.0000       2.0        1.0
  6.00      6.00      0.00          0.00        0.00        0.00
*SECTION_BEAM
         3         1    1.0000       2.0        1.0
  12.0      12.0      0.00          0.00        0.00        0.00
*SECTION_BEAM
         4         1    1.0000       2.0        1.0
  16.0      16.0      0.00          0.00        0.00        0.00
*SECTION_BEAM
         5         1    1.0000       2.0        1.0
  25.0      25.0      0.00          0.00        0.00        0.00
$
$
$$$$$$$$$$$$$$$$$$$$$$$$$$$$$$$$$$$$$$$$$$$$$$$$$$$$$$$$$$$$$$$$$$$$$$$$$$
$                      MATERIAL DEFINITIONS                           $
$$$$$$$$$$$$$$$$$$$$$$$$$$$$$$$$$$$$$$$$$$$$$$$$$$$$$$$$$$$$$$$$$$$$$$$$$$
$
$-------------------------------增添部分开始-------------------------------
*SET_PART
$定义钢筋的 Part 组,第一行为 ID 号,第二行为钢筋的 Part 编号
1
3,4,5,6
*CONSTRAINED_LAGRANGE_IN_SOLID
$钢筋混凝土耦合算法,填入第一行参数,第二、三行留空使用默认值
1,1,0,1,0,2,1,0



$-------------------------------增添部分结束-------------------------------
*MAT_CSCM_CONCRETE
$此处为修改后的混凝土材料模型
```

```
1,0.0024,1,0,0,1.10,10,0
0
40.0,10.0,1
*MAT_PLASTIC_KINEMATIC
        2 0.780E-02 0.200E+06  0.300000 500.        780.        1.00
   0.00        0.00      0.150
*MAT_ELASTIC
        3 0.780E-02 0.200E+06  0.300000      0.0        0.0        0.0
$
*HOURGLASS
        1        5 0.300E-02        0   1.50    0.600E-01  0.00
0.00
$
$
$$$$$$$$$$$$$$$$$$$$$$$$$$$$$$$$$$$$$$$$$$$$$$$$$$$$$$$$$$$$$$$$$$$$$$$$$$
$                       PARTS DEFINITIONS                              $
$$$$$$$$$$$$$$$$$$$$$$$$$$$$$$$$$$$$$$$$$$$$$$$$$$$$$$$$$$$$$$$$$$$$$$$$$$
$
$
*PART
Part        1 for Mat        1 and Elem Type        1
        1        1        1        0        1        0        0
$
*PART
Part        2 for Mat        3 and Elem Type        1
        2        1        3        0        0        0        0
$
*PART
Part        3 for Mat        2 and Elem Type        2
        3        2        2        0        0        0        0
$
*PART
Part        4 for Mat        2 and Elem Type        2
        4        3        2        0        0        0        0
$
*PART
Part        5 for Mat        2 and Elem Type        2
        5        4        2        0        0        0        0
$
```

```
*PART
Part          6 for Mat          2 and Elem Type          2
          6         5         2         0         0         0         0
$
$
$$$$$$$$$$$$$$$$$$$$$$$$$$$$$$$$$$$$$$$$$$$$$$$$$$$$$$$$$$$$$$$$$$$$$$$$$$$$
$                    ELEMENT DEFINITIONS                                $
$$$$$$$$$$$$$$$$$$$$$$$$$$$$$$$$$$$$$$$$$$$$$$$$$$$$$$$$$$$$$$$$$$$$$$$$$$$$
$单元定义(有省略)
*ELEMENT_SOLID
          1         1         1         3        37        28       123       171       235       135
          2         1         3         4        46        37       171       170       244       235
          3         1         4         5        55        46       170       169       253       244
      ........................................................
      38528         1     48011     47332     45078     45146     39108     39028     35372     35373
*ELEMENT_BEAM
      38529         3     48012     48014     48021
      38530         3     48014     48015     48022
      38531         3     48015     48016     48023
      ..............................................
      42092         6     55110     55070     55151
$
$
$$$$$$$$$$$$$$$$$$$$$$$$$$$$$$$$$$$$$$$$$$$$$$$$$$$$$$$$$$$$$$$$$$$$$$$$$$$$
$                    LOAD DEFINITIONS                                   $
$$$$$$$$$$$$$$$$$$$$$$$$$$$$$$$$$$$$$$$$$$$$$$$$$$$$$$$$$$$$$$$$$$$$$$$$$$$$
$施加位移(有省略)
*DEFINE_CURVE
              1         0     1.000     1.000     0.000     0.000
    0.000000000000E+00    0.000000000000E+00
    1.000000000000E+01    3.450000000000E-01
    2.000000000000E+01    1.380000000000E+00
    3.000000000000E+01    3.105000000000E+00
    4.000000000000E+01    5.520000000000E+00
    5.000000000000E+01    8.625000000000E+00
    6.000000000000E+01    1.242000000000E+01
    7.000000000000E+01    1.690500000000E+01
    8.000000000000E+01    2.208000000000E+01
    9.000000000000E+01    2.794500000000E+01
```

```
    1.000000000000E+02   3.450000000000E+01
    1.001000000000E+03   6.561900000000E+02
*SET_NODE_LIST
        1     0.000     0.000     0.000     0.000
      298       300       301       302       303       304       305       306
      307       308       309       342       343       344       345       346
      347       348       349       350       351       352       353       354
    ------------------------------------------------------------------------
    30165     30166     30167     30168     30169     30170     30171     30172
    30173
*BOUNDARY_PRESCRIBED_MOTION_SET
        1         2         2         1    -1.000        0 0.000     0.000
$
$
$$$$$$$$$$$$$$$$$$$$$$$$$$$$$$$$$$$$$$$$$$$$$$$$$$$$$$$$$$$$$$$$$$$$$$$$$$$$$$$$
$                   BOUNDARY DEFINITIONS                                    $
$$$$$$$$$$$$$$$$$$$$$$$$$$$$$$$$$$$$$$$$$$$$$$$$$$$$$$$$$$$$$$$$$$$$$$$$$$$$$$$$
$ 施加约束(有省略)
*SET_NODE_LIST
        2     0.000     0.000     0.000     0.000
    19259     19276     19277     19278     19279     19280     19281     19282
    19283     19284     19285     19286     19287     19288     19289     19290
    19291     19292     19293     19294     19295     19296     19297     19298
    ------------------------------------------------------------------------
    49723     49724     49725     49726     49727     49728     49729     49730
    49731     49732
*BOUNDARY_SPC_SET
        2         0         1         1         1         1         1         1
$
$
$$$$$$$$$$$$$$$$$$$$$$$$$$$$$$$$$$$$$$$$$$$$$$$$$$$$$$$$$$$$$$$$$$$$$$$$$$$$$$$$
$                     CONTROL OPTIONS                                       $
$$$$$$$$$$$$$$$$$$$$$$$$$$$$$$$$$$$$$$$$$$$$$$$$$$$$$$$$$$$$$$$$$$$$$$$$$$$$$$$$
$
*CONTROL_ENERGY
        2         2         2         2
*CONTROL_SHELL
   20.0         1        -1         1         2         2         1
*CONTROL_TIMESTEP
```

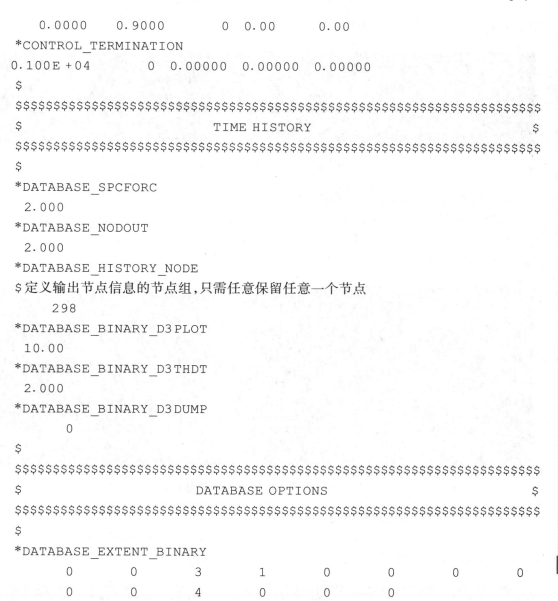

```
      0.0000    0.9000        0  0.00        0.00
*CONTROL_TERMINATION
0.100E+04          0  0.00000  0.00000  0.00000
$
$$$$$$$$$$$$$$$$$$$$$$$$$$$$$$$$$$$$$$$$$$$$$$$$$$$$$$$$$$$$$$$$$$$$$$$$$$$$
$                              TIME HISTORY                             $
$$$$$$$$$$$$$$$$$$$$$$$$$$$$$$$$$$$$$$$$$$$$$$$$$$$$$$$$$$$$$$$$$$$$$$$$$$$$
$
*DATABASE_SPCFORC
 2.000
*DATABASE_NODOUT
 2.000
*DATABASE_HISTORY_NODE
$定义输出节点信息的节点组,只需任意保留任意一个节点
     298
*DATABASE_BINARY_D3PLOT
 10.00
*DATABASE_BINARY_D3THDT
 2.000
*DATABASE_BINARY_D3DUMP
     0
$
$$$$$$$$$$$$$$$$$$$$$$$$$$$$$$$$$$$$$$$$$$$$$$$$$$$$$$$$$$$$$$$$$$$$$$$$$$$$
$                            DATABASE OPTIONS                           $
$$$$$$$$$$$$$$$$$$$$$$$$$$$$$$$$$$$$$$$$$$$$$$$$$$$$$$$$$$$$$$$$$$$$$$$$$$$$
$
*DATABASE_EXTENT_BINARY
       0        0        3        1        0        0        0        0
       0        0        4        0        0        0
*END
```

7.4 递交求解及后处理

7.4.1 递交求解

本节讲述如何将已经修改好的关键字文件递交到 LS-DYNA 求解程序中求解。

1. 选择求解类型

打开 Mechanical APDL Product Launcher 程序，在左上角的 Simulation Environment 栏目中选择 LS-DYNA Solver，在授权 License 栏目中选择 ANSYS LS-DYNA，在 Analysis Type 栏目

中点选 Typical LS-DYNA Analysis，如图 7-45 所示。

图 7-45　选择求解类型

2. 选择求解关键字文件及结果存储的路径

如图 7-46 所示，在 Mechanical APDL Product Launcher 中的 Working Directory 中选择结果存储的路径，如 E：\Sub\Results，并在 Keyword Input File 中选择工作目录下的关键字文件 sub_beam_column.k。

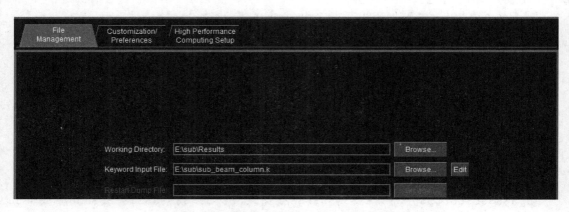

图 7-46　选择工作路径及输入工作名称

3. 设置分析内存和处理器数量，并递交求解

如图 7-47 所示，将选项卡转到 Customization/Preferences，在 Number of CPUs 栏目中选择用于求解的 CPU 核数，最后单击 Run 按钮，开始求解。

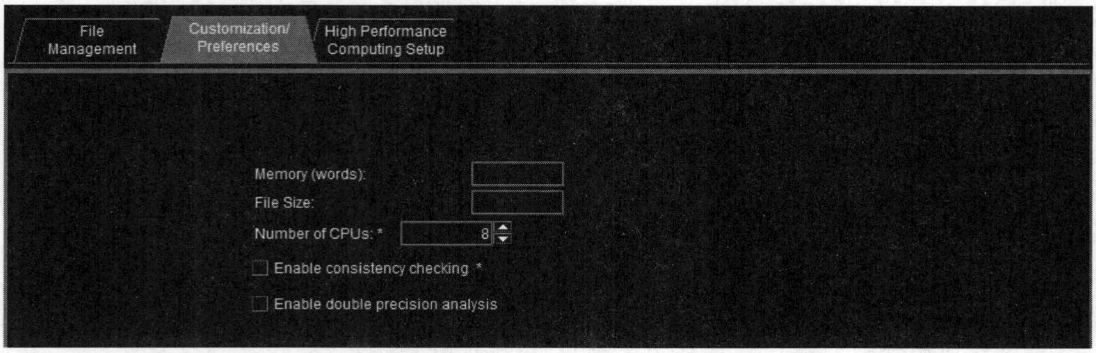

图 7-47　设置计算使用的 CPU 核数

7.4.2 后处理

LS-DYNA 程序求解完成后，将程序输出的文件导入 LS-PREPOST 软件进行后处理。

> 注：本节使用 LS-PREPOST V4.6 版本的经典用户界面（可使用 F11 切换用户界面）进行后处理操作。

1. 导入结果文件

打开 LS-PREPOST 程序，选择菜单栏的 File > Open > LS-DYNA Binary Plot 命令，在弹出的 Open File 对话框中选择结果储存目录内的二进制结果文件 d3plot，即可将结果信息导入到 LS-PREPOST 后处理器，同时计算模型出现在 LS-PREPOST 的图形显示区内。

2. 观察模型变形及混凝土裂缝开展过程

通过鼠标或图形显示控制按钮，调整到合适视角。单击主菜单功能按钮组第一页的 Fcomp 按钮，并选择 Effective Plastic Strain。单击动画播放控制台的▶按钮，程序将会在图形显示区中展示结构的变形以及混凝土裂缝开展过程，图 7-48 给出了几个不同变形的结构形态。

> 注：由于混凝土使用的是连续帽盖模型，此处选择的 Effective Plastic Strain 并不是指代混凝土的有效塑性应变，而是指代混凝土的损伤指数，一定程度上能够反映混凝土的开裂情况。

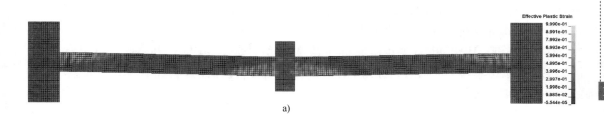

a)

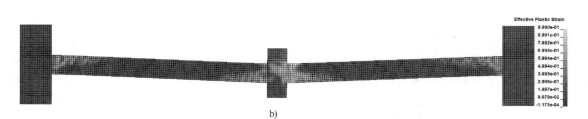

b)

图 7-48　结构在不同中柱位移下的混凝土损伤情况

a) $D = 50$mm　b) $D = 100$mm

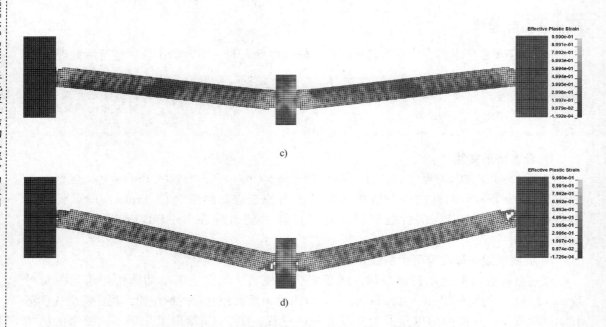

c)

d)

图 7-48 结构在不同中柱位移下的混凝土损伤情况（续）

c）$D = 300\text{mm}$ d）$D = 600\text{mm}$

3. 获取结构中柱竖向抗力 – 位移曲线

由于输出文件都是时间历程曲线，想要获得力 – 位移曲线就需要将时间 – 力曲线和时间 – 位移曲线分别输出，然后将两者正交化方可得到力 – 位移曲线。单击主菜单功能按钮组第一页的 ASCII 按钮，可以发现在 Ascii File Operation 面板的右侧 nodout 和 spcforc 选项后面带有*号，这两个文件分别写入了节点信息和边界反力。首先选择 nodout *，单击左侧 Load 按钮导入 nodout 文件信息，选择 NODOUTData 中的点 298（该点为中柱上某一节点的编号，在 *DATABASE_HISTORY_NODE 关键字段中保留的节点编号）和 Y- displacement，如图 7-49a 所示，单击 Plot 按钮，弹出 PlotWindow-1 窗口，该窗口显示的即为中柱位移时程曲线，如图 7-49b 所示。

在 PlotWindow-1 窗口上操作将该曲线保存。首先单击 Oper 按钮，选择 Oper 中的 inverty 选项，单击 Appy 按钮，将曲线沿 Y 轴镜像。然后单击 Save 按钮，切换到保存选项，在 Filename 栏目中输入文件名 D 后单击下方的 Save 按钮，完成中柱位移时程曲线的保存。保存完成后关闭 PlotWindow-1 窗口。

回到 Ascii File Operation 面板，选择 spcforc *，单击左侧 Load 按钮导入 spcforc 文件信息。然后单击 Spcforc Data 面板的 All 按钮和选择底部的 Y- force 选项，如图 7-50a 所示，单击 Plot 按钮，弹出 PlotWindow-1 窗口，该窗口显示的即为各边界上的节点的反力时程曲线，然后通过 PlotWindow-1 窗口的 Oper 按钮中的 sum_curves 选项，将所有节点的曲线相加，得到如图 7-50b 所示的抗力时程曲线。使用与保存中柱位移时程曲线相同的方法保存该抗力时程曲线，命名为 F。保存完成后关闭 PlotWindow-1 窗口。

最后将 D 曲线和 F 曲线正交获得竖向抗力 – 位移曲线。单击主菜单功能按钮组第一页

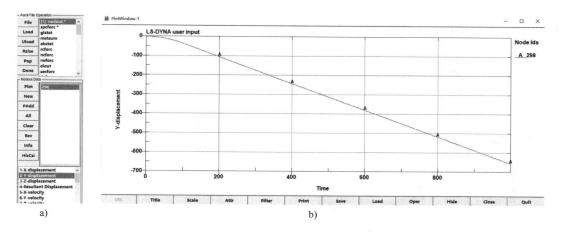

图 7-49 提取中柱位移时程曲线

a）绘图选项 b）中柱位移时程曲线

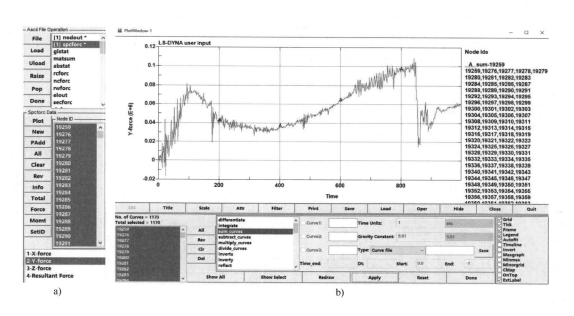

图 7-50 提取抗力时程曲线

a）绘图选项 b）抗力时程曲线

的 XYPlot 按钮，并选择 Cross Plotting 面板内的 File 选项，即可以在 Cross Plotting 面板内看到刚刚保存的文件名称。选择 Cross Plotting 面板中的 Cross 选项和 X- Axis 选项，然后在 Cross Plotting 面板内选择刚刚保存的 D 曲线，然后找到 LS-PREPOST 界面左下角的 Curve Names 面板，单击该面板内的 D：iny-298（np = 501）。此时，程序自动将 X- Axis 自动切换成 Y- Axis。然后选择 Cross Plotting 面板内刚刚保存的 F 曲线，同样地，选择 LS-PREPOST 界面左下角 Curve Names 面板内的 F：1：sum-19259（np = 500），最后单击 Cross Plotting 面板底部的 Plot 按钮，弹出 PlotWindow- 1 窗口，该窗口内显示的即为竖向抗力 – 位移曲线，如

图 7-51 所示。由于是显示动力求解的结果，曲线不可避免地产生一定的振荡，可通过 PlotWindow 窗口的 Filter 选项进行合理的滤波操作。

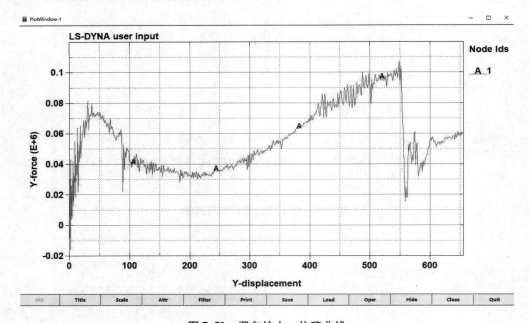

图 7-51　竖向抗力－位移曲线

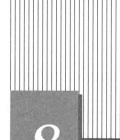

第8章

钢筋混凝土板-柱结构瞬间
拆除中柱的仿真模拟

8.1　问题概述

替代荷载路径法是研究结构抗连续倒塌的一种有效的方法。此方法将结构的构件拆除，并直接评估剩余结构的性能，而不必考虑结构损伤产生的原因。本书第7章介绍了抗连续倒塌拟静力 Push-down 加载的模拟方法，然而实际的建筑倒塌都是动力过程，结构构件的破坏往往发生在一瞬之间。与第7章不同，本章介绍的是瞬间拆除构件的模拟方法。

实际中拆除构件对应于数值模拟中即为删除相应的单元或者 PART。LS-DYAN 软件提供了两种方法删除单元或者 PART。第一种方法是使用附加的破坏准则（"*MAT_ADD_E-ROSION"），并设置相应的条件，在计算过程中删除满足该条件的单元。另一种方法是使用小型重启动，在重启动文件中加入关键字"*DELETE_PART"设置删除相应的 PART，在开始重启动分析时程序自动删除设置的 PART。本章使用附加破坏准则的方法，以一个钢筋混凝土板-柱结构瞬间拆除中柱的试验为例，介绍使用 ANSYS/LS-DYNA 模拟此类问题的方法。

8.1.1　问题简介

如图 8-1 所示，一块 3750mm × 3750mm × 55mm 的钢筋混凝土平板安装在 9 个钢柱上，其中中间的钢柱是可以瞬间去除的特殊装置，钢柱底部通过螺杆固定在地板上。柱子尺寸为 200mm × 200mm，每个柱子顶部都有一个柱帽，尺寸为 450mm × 450mm × 35mm。柱和

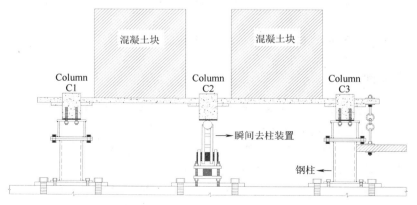

图 8-1　钢筋混凝土板-柱结构瞬间去除中柱试验示意图

板的保护层厚度分别为 10mm 和 7mm。板上放置有 4 块边长为 1000mm 的立方体混凝土块，用于模拟施加在板上的荷载，施加的总压力为 100kN。配筋详图如图 8-2 所示，其中混凝土抗压强度为 24MPa；R6 钢筋的弹性模量为 200GPa，屈服强度为 500MPa，极限强度为 617MPa，极限伸长率为 15.0%；T13 钢筋弹性模量为 200GPa，屈服强度为 529MPa，极限强度为 646MPa，极限伸长率为 15.0%。试分析中间柱子瞬间去除后该结构的动力响应。

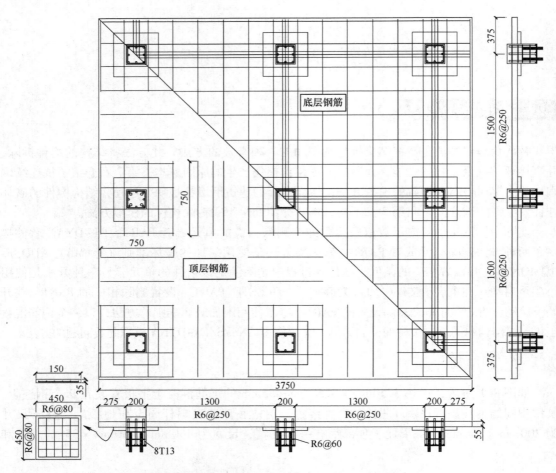

图 8-2 钢筋混凝土板－柱结构配筋详图（单位：mm）

8.1.2 求解规划

使用耦合法建立钢筋混凝土分离式模型（详见附录 B），混凝土和钢柱使用 SOLID 164 实体单元，钢筋使用 BEAM 161 单元。板上混凝土块施加的荷载简化为压力，大小为 22.7kPa。中柱的去除使用附加破坏准则实现（关键字为 "*MAT_ADD_EROSION"），设定在 200ms 时删除中柱的单元。约束设置为钢柱底面的全约束。

混凝土材料模型使用连续帽盖模型（关键字为 "*MAT_CSCM_CONCRETE"），钢筋材料模型使用各向同性弹塑性模型（关键字为 "*MAT_PLASTIC_KINEMATIC"）。由于求解是动力过程，混凝土和钢筋的材料模型还需要考虑应变率的影响。混凝土连续帽盖模型需要将参数 IRATE 设为 1，即可开启应变率的影响，而钢筋材料模型的需要设置应变率参数 SRC 和 SRP。

根据试验的数据，该结构在去除中柱之后会持续震动 0.6s 后趋于稳定，因此将结束时间设置为 1.2s，以便观察整个动力响应过程。整个建模过程使用 mm－g－ms 单位制，请读者注意单位的协调统一，单位制的统一详见附录 A。

8.2　模型建立

以下为该问题的建模过程，读者可对照进行练习。由于此模型的建模过程较为复杂，而 ANSYS 前处理器不提供撤销命令，建议读者多使用保存命令，以便操作失误时能够通过读取命令获得失误操作前的模型。

1. 打开 ANSYS/LS-DYNA 前处理器

（1）选择工作模块　打开 Mechanical APDL Product Launcher，在左上角的 Simulation Environment 中选择 ANSYS，在授权 License 中选择相应的授权，如图 8-3 所示。

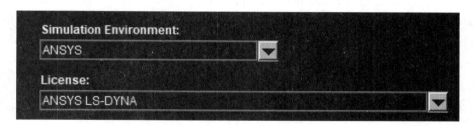

图 8-3　选择工作模块

（2）选择工作目录及输入工作名称　如图 8-4 所示，在 Mechanical APDL Product Launcher 界面中的 Working Directory 栏目中选择创建好的工作路径，如 E:\Flat_slab，并在 Job Name 中输入工作名，如 Flat_slab，最后单击 Run 按钮，打开前处理器。

图 8-4　选择工作目录及输入工作名称

2. 图形界面过滤

为了便于在后续操作中选择单元，首先过滤图形界面。在菜单 Main Menu 中选择 Preferences，在弹出对话框中的 Discipline options 栏目中选择 LS-DYNA Explicit，最后单击 OK 按钮，退出对话框，如图 8-5 所示。

3. 定义单元类型

本算例中，混凝土、钢板和钢柱均采用 SOLID164 单元，钢筋采用 BEAM161 单元，因此此处需定义两种单元。

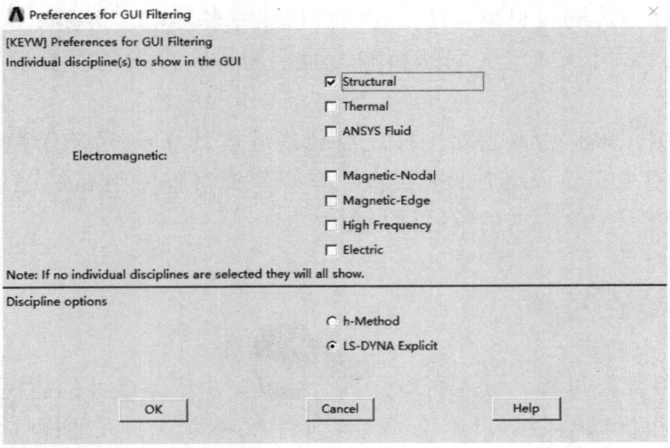

图 8-5   图形界面过滤

（1）定义单元类型   在菜单 Main Menu 中选择 Preprocessor > Element Type > Add/Edit/ Delete 命令，在弹出对话框中单击 Add... 按钮，在弹出的 Library of Element Types 对话框中选择 3D Solid 164，在 Element type reference number 框中输入数字 1，单击 Apply 按钮，即完成 SOLID 164 单元的定义。重复操作，在 Library of Element Types 对话框中选择 3D Beam 161 单元，在 Element type reference number 框中输入数字 2，单击 OK 按钮，完成 BEAM 161 单元定义，如图 8-6 所示。

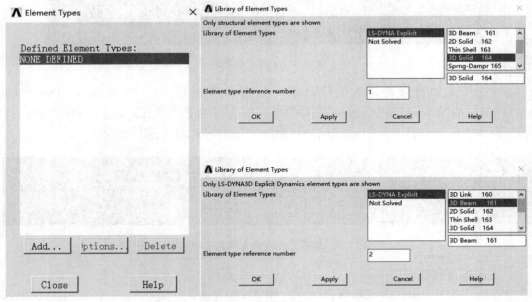

图 8-6   单元选择

（2）设置 BEAM 161 单元属性   在 Element Types 对话框中单击 Type 2 BEAM 161，然后单击 Element Types 对话框中的 Options... 按钮，在弹出的 BEAM161 element type options 对话框中的 Cross section type 选项中选择管状 Tubular 类型，如图 8-7 所示，最后单击 OK 按钮，退出对话框。

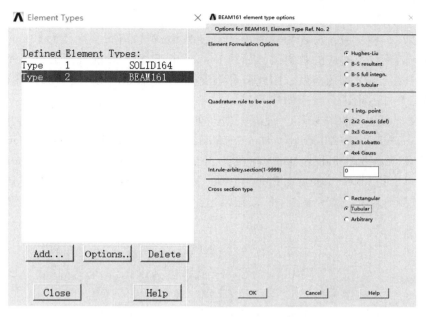

图 8-7　BEAM161 单元属性选择

4. 定义实常数

本算例中只有 BEAM161 单元需要定义实常数。此处共有两种不同半径的钢筋，所以需要定义两种不同的实常数。

在菜单 Main Menu 中选择 Preprocessor > Real Constants 命令，在弹出的 Real Constants 对话框中单击 Add... 按钮，然后在弹出的 Element Type for Real Constants 对话框中选择 Type 2 BEAM 161，并单击 OK 按钮，弹出新的对话框 Real Constant Set Number 1, for BEAM161，在该对话框中的 Real Constant Set No. 栏目中输入 1，单击 OK 按钮，再在新弹出的 Real Constant Set Number 1, for BEAM161 对话框中的 DS1 和 DS2 框中输入 6，最后单击 OK 按钮，完成直径为 6mm 的板钢筋的实常数定义，如图 8-8 所示。重复前面步骤，定义直径为 13mm 的柱钢筋的实常数。

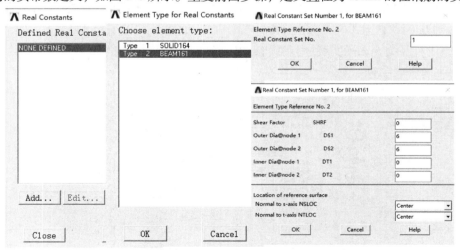

图 8-8　BEAM 161 的实常数定义

147

5. 定义材料模型

本算例涉及 5 种材料,分别为混凝土、直径为 6mm 的钢筋、直径为 13mm 的钢筋、钢柱和瞬间去除的钢柱,对应的材料编号分别 1~5。由于 ANSYS 前处理的材料库中没有包含这里使用的混凝土连续帽盖模型,因此需要将混凝土材料模型暂时使用线弹性材料来代替,待形成关键字文件后再进行相应的修改。

(1) 定义混凝土的材料模型 混凝土暂时使用线弹性材料来代替。在菜单 Main Menu 中选择 Preprocessor > Material Props > Material Models 命令,在弹出的 Define Material Model Behavior 窗口右侧 Material Models Available 树形目录中依次选择 LS−DYNA > Linear > Elastic > Isotropic,在弹出的 Linear Isotropic Properties for Material Number 1 对话框中的 DENS、EX 和 NUXY 栏目内都输入 1,最后单击 OK 按钮,退出对话框,完成线弹性材料模型的定义,如图 8-9 所示。

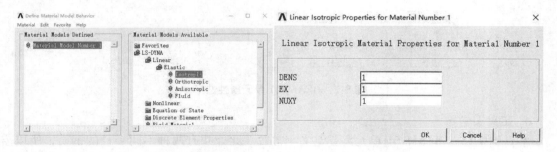

图 8-9 线弹性材料模型定义

(2) 定义钢筋的材料模型 钢筋采用各向同性弹塑性材料。选择 Define Material Model Behavior 窗口左上侧的 Material > New Model... 命令,在弹出的 Define Material ID 对话框中输入 2,并单击 OK 按钮。然后在 Material Models Available 树形目录中依次选择 LS−DYNA > Nonlinear > Inelastic > Kinematic Hardening > Plastic Kinematic,弹出 Plastic Kinematic Properties for Material Number 2 对话框,在该对话框中输入钢筋相应的材料性质,DENS 为 0.0078、EX 为 200000、NUXY 为 0.3、Yield Stress 为 500、Tangent Modulus 为 780、Hardening Parm 为 1.0、C 为 0.04、P 为 5 和 Failure Strain 为 0.15,如图 8-10 所示,最后单击 OK 按钮退出对话框,完成直径为 6mm 的钢筋材料模型的定义。

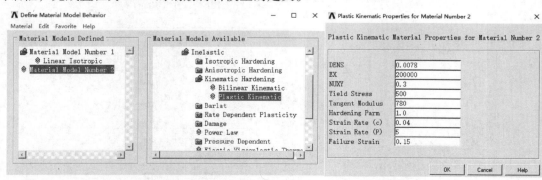

图 8-10 直径为 6mm 的钢筋的材料模型定义

直径为 13mm 的钢筋的材料模型通过复制直径为 6mm 的钢筋材料模型获得，选择 Define Material Model Behavior 窗口左上侧菜单的 Edit > Copy... 命令，弹出 Copy Material Model 对话框，在该对话框的 from Material number 下拉菜单中选择 2，在该对话框的 to Material number 栏目中输入 3，单击 OK 按钮完成复制操作，然后选择刚刚复制完成的材料目录 Material Model Number 3 > Plastic Kinematic，弹出 Plastic Kinematic Properties for Material Number 3 窗口，在该窗口中 Yield Stress 为 529，单击 OK 按钮，即可完成直径为 13mm 的钢筋材料模型的定义。

（3）定义钢柱的材料模型　两种钢柱的材料模型均采用各向同性线弹性材料。选择 Define Material Model Behavior 窗口左上侧的 Material > New Model... 命令，在弹出的 Define Material ID 对话框中输入 4，单击 OK 按钮。在右侧 Material Models Available 树形目录中依次选择 LS-DYNA > Linear > Elastic > Isotropic，在弹出的 Linear Isotropic Properties for Material Number 4 对话框中的 DENS 栏目内输入 0.0078、EX 栏目内输入 200000 和 NUXY 栏目内输入 0.3，如图 8-11 所示，单击 OK 按钮，完成普通钢柱材料模型的定义。

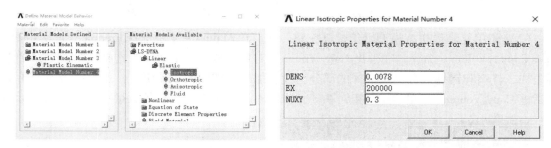

图 8-11　钢柱材料模型定义

瞬间去除的钢柱通过复制操作获得，选择 Define Material Model Behavior 窗口左上侧的 Edit > Copy... 命令，弹出 Copy Material Model 对话框，在该对话框的 from Material number 下拉菜单中选择 4，在该对话框的 Material number 栏目中输入 5，单击 OK 按钮，完成复制操作。

定义完所有材料模型后，关闭 Define Material Model Behavior 窗口。

6. 建立几何模型

本算例的模型相对复杂，为了便于操作，建模过程采用工作平面坐标系，因此需要将工作平面坐标系设置为活跃的坐标系，由功能菜单栏中 WorkPlane > Change Active CS to > Working Plane 命令实现。开启工作平面控制工具，由 WorkPlane > Offset WP by Increments... 命令实现。最后将工作平面坐标系显示，由 WorkPlane > Display Working Plane 命令实现。

（1）建立混凝土板–柱结构中部的实体部件　在菜单 Main Menu 中选择 Preprocessor > Modeling > Create > Volumes > Block > By Dimensions 命令，在弹出的 Create Block by Dimensions 对话框中输入三维尺寸，如图 8-12a 所示，单击 Apply 按钮。继续在 Create Block by Dimensions 对话框中输入如图 8-12b 所示的三维尺寸，建立 200mm×200mm×300mm 的混凝土柱，单击 Apply 按钮，完成混凝土柱的建立。重复上一步操作，继续完成 450mm×450mm×35mm 的柱帽和 200mm×200mm×700mm 的钢柱建立，输入在 Create Block by Dimensions 对话框中的三维尺寸分别如图 8-12c 和图 8-12d 所示。

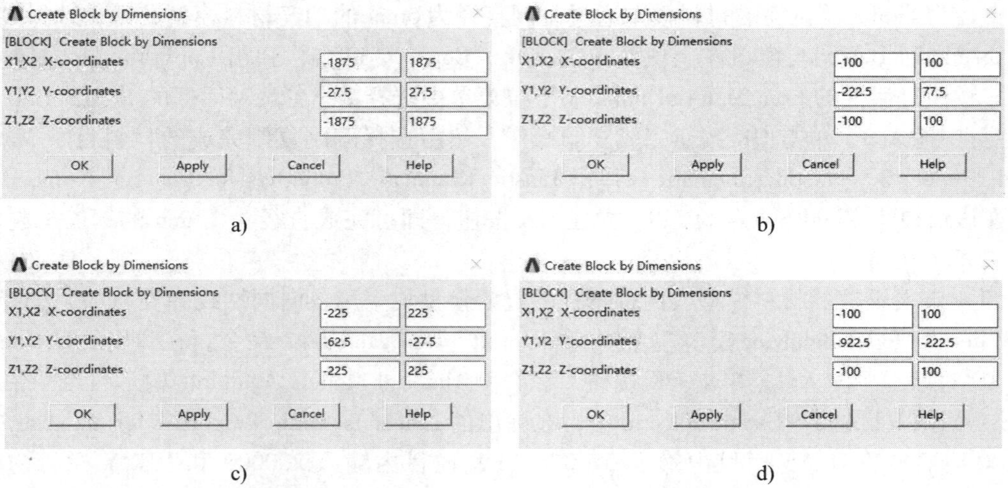

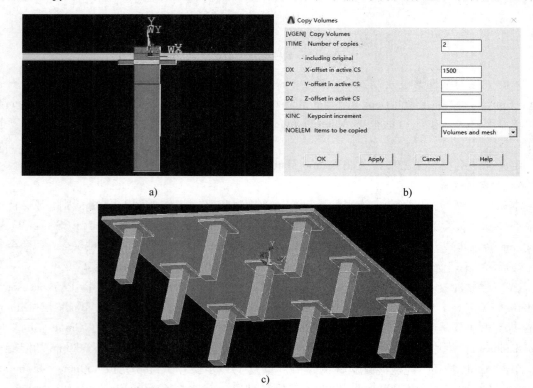

图 8-12 建立混凝土板－柱结构中部的实体部件
a）建立混凝土平板　b）建立混凝土柱　c）建立柱帽　d）建立钢柱

（2）使用复制操作将模型继续建立完整　在菜单 Main Menu 中选择 Preprocessor > Modeling > Copy > Volumes 命令，在弹出 Copy Volumes 对象拾取对话框后单击选择图形显示区的混凝土柱、柱帽和钢柱部分，被选择的部分会颜色加深，如图 8-13a 所示，然后单击对象拾取对话框 Copy Volumes 中的 OK 按钮，在新弹出的对话框中输入复制的数量、沿着活跃坐标系

图 8-13 完成混凝土柱、柱帽和钢柱几何模型的建立
a）选择复制的部位　b）输入复制的参数　c）复制完成的实体几何模型

各个轴向平移的距离以及复制的项目类别，如图 8-13b 所示，最后单击 OK 按钮，完成复制操作。重复上述步骤，将混凝土柱、柱帽和钢柱按照间距 1500 进行复制，完成模型所有的混凝土柱、柱帽和钢柱几何模型的建立，如图 8-13c 所示。

（3）使用布尔运算中的 Add 命令　将所有的部件形成一个整体在菜单 Main Menu 中选择 Preprocessor > Modeling > Booleans > Add > Volumes 命令，在弹出的 Add Volumes 对话框中单击 Pick All 按钮，完成模型相加的操作。

（4）切割实体　为了后续能够使用映射网格来进行网格划分，此处需要使用 Divide 命令将新形成的整体切割为一个个规则的六面体，需要切割的位置如图 8-14 中的虚线所示。

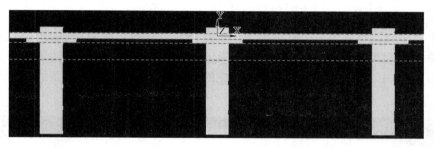

a)

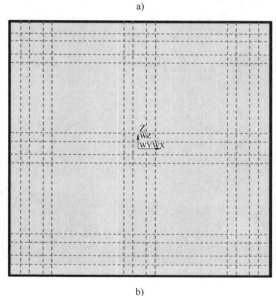

b)

图 8-14　需要使用 Divide 命令切割的位置
a）正视图　b）仰视图

在功能菜单栏中选择 WorkPlane > Offset WP to > Keypoints + 命令，在弹出对象拾取对话框 Offset WP to Keypoints 后单击相应的关键点，如图 8-15a 所示，再单击对话框 Offset WP to Keypoints 中的 OK 按钮，将工作平面平移到相应的切割位置，如图 8-15b 所示。然后在菜单 Main Menu 中选择 Modeling > Operate > Booleans > Divide > Volu by WrkPlane 命令，最后在弹出的对话框 Divide Vol by WrkPlane 中单击 Pick All，完成一次切割操作，如图 8-15c 所示。

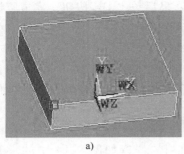
a)

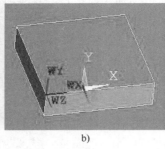
b)

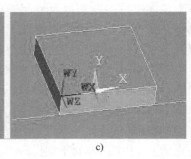
c)

图 8-15 完成一次切割操作的步骤

a）选择坐标平移关键点 b）平移工作平面 c）使用 Divide 命令完成切割

　　重复上述步骤，直至完成所有切割操作，切割完成后的几何模型如图 8-16 所示。需要注意的是分割面为 $X-Y$ 平面，所以除了平移坐标系外，有时候还需旋转坐标系，可以通过在 Offset WP 工具中的 Degrees 栏目内输入相应的角度值，从而实现坐标系的旋转操作，此处不再赘述。

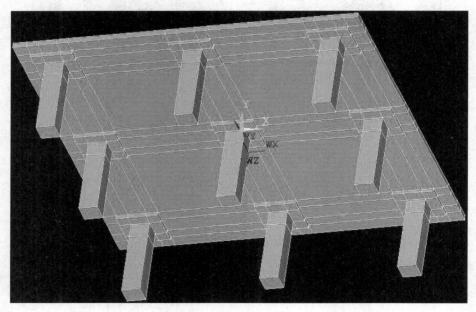

图 8-16 切割完成后的几何模型

　　（5）建立柱子纵筋和箍筋的几何模型　　在开始建立钢筋的几何模型前，先将工作坐标系初始化，由选择 WorkPlane > Align WP with > Global Cartesian 命令实现。为便于区分新建立的关键点和线，需隐藏原本存在的所有关键点和线，在功能菜单栏中选择 Select > Entities...，在弹出的 Select Entities 对话框中的第一个下拉菜单选择 Lines，并单击 Sele None 按钮隐藏所有线，同样地，在下拉菜单选择 Keypoints，并单击 Sele None 按钮隐藏所有关键点，最后再单击 Plot 按钮，将界面切换到显示关键点，如图 8-17 所示。

　　在建立钢筋的几何模型前，先建立钢筋上的关键点，这些关键点的编号和坐标见表 8-1。

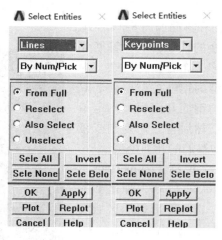

图 8-17 隐藏线和关键点的选项

表 8-1 用于建立第一根柱子纵筋和箍筋的关键点编号和坐标

关键点编号 \ 坐标	X	Y	Z
700	77	−222.5	77
701	77	57.5	77
702	87	27.5	87
703	−87	27.5	87
704	−87	27.5	−87
705	87	27.5	−87

在菜单 Main Menu 中选择 Preprocessor > Modeling > Create > Keypoints > In Active CS 命令，在弹出的对话框中的 Keypoint number 栏目内输入 700，在 X，Y，Z Location in active CS 栏目内分别输入 77、−222.5 和 77，如图 8-18 所示，单击 OK 按钮，完成第一个关键点的建立。重复上述操作，完成表 8-1 所列 701~705 号关键点的建立。

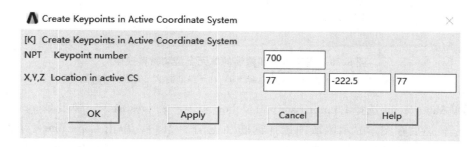

图 8-18 建立 700 号关键点

在菜单 Main Menu 中选择 Preprocessor > Modeling > Create > Lines > Lines > Straight Line 命令，在弹出 Create Straight Line 对象拾取对话框后，在图形显示区域依次单击上一步建立的 700 和 701 关键点，然后单击 Apply 按钮，完成纵筋建立，同样地，依次单击上述建立的关键点 702 和 703、703 和 704、704 和 705、705 和 702 关键点，最后单击 OK 按钮，完成箍筋建立，已经建立好的柱子纵筋和箍筋如图 8-19 所示。

（6）使用复制操作将剩余的柱子纵筋和箍筋建立完成　考虑到钢筋数量较多，布置较为复杂，为了后面可以快速地将各个类型的钢筋模型单独选取出来，可以先为已经建立好的钢筋几何模型指定单元类型、实常数和材料模型，然后再使用复制或镜像功能建立剩余的柱子纵筋和箍筋的几何模型。

在菜单 Main Menu 中依次选择 Preprocessor > Meshing > Mesh Attributes > Picked Lines，弹出 Line Attributes 对象拾取对话框后，选择图形显示区域内的箍筋几何模型，单击 OK 按钮，弹出新的 Line Attributes 对话框，在该对话框内的下拉菜单 Material number 中选 2，Real constant set number 中选 1，Element type number 中选 2 BEAM161，如图 8-20a 所示。用同样的操作给柱子纵筋指定单元类型和材料模型，柱子纵筋的 Material number 为 3，Real constant set number 为 2，Element type number 为 2 BEAM161，如图 8-20b 所示。

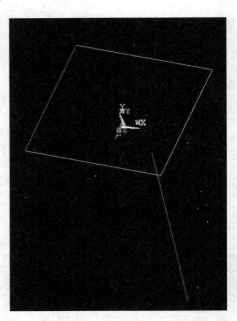

图 8-19　已经建立好的柱子纵筋和箍筋

[LATT] Assign Attributes to Picked Lines		
MAT　Material number		2
REAL　Real constant set number		1
TYPE　Element type number		2　BEAM161
SECT　Element section		None defined
Pick Orientation Keypoint(s)		No

OK　Apply　Cancel　Help

a)

[LATT] Assign Attributes to Picked Lines		
MAT　Material number		3
REAL　Real constant set number		2
TYPE　Element type number		2　BEAM161
SECT　Element section		None defined
Pick Orientation Keypoint(s)		No

OK　Apply　Cancel　Help

b)

图 8-20　指定纵筋和箍筋的单元类型和材料模型

a）柱子箍筋的单元类型和材料模型选择　b）柱子纵筋的单元类型和材料模型选择

在菜单 Main Menu 选择 Preprocessor > Modeling > Copy > Lines 命令，弹出 Copy Lines 对象拾取对话框，然后在图形显示区域内选择箍筋（见图 8-21a），单击 Copy Lines 对话框上的 Apply 按钮，在新弹出的对话框中的 Number of copies 栏目中输入 4，DY 中输入 – 60，如图 8-21b 所示，单击 Apply 按钮，完成一个柱子上的箍筋建立。然后选择纵筋，Number of copies 中输入 3，DY 中输入 – 77，单击 Apply 按钮，继续复制纵筋，直至完成一个柱子钢筋几何模型的建立（见图 8-21c），然后再以整个钢筋笼为整体进行复制，以 1500 的间距沿 X 轴或 Z 轴复制，把 9 个柱子的钢筋几何模型建立完成（见图 8-21d）。

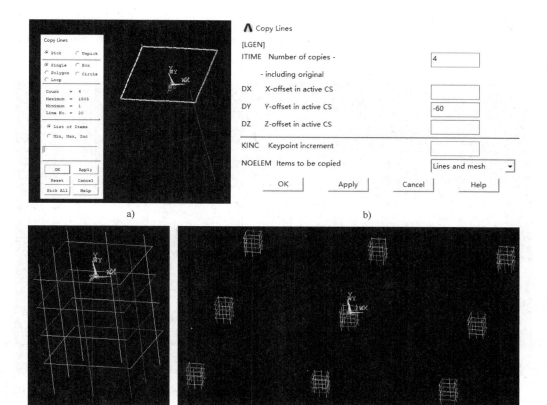

a)   b)

c)   d)

图 8-21   柱钢筋几何模型的复制操作

a）选择复制的箍筋   b）输入复制的间距   c）中柱的钢筋模型   d）9 个柱子的钢筋模型

（7）建立板上和柱帽上钢筋的几何模型   按照建立柱子钢筋的几何模型的方法建立板上和柱帽上钢筋的几何模型，此处不再详细地描述每一个步骤，仅给出关键步骤和输入的坐标参数。首先将已经建立完的线和点隐藏，把工作平面初始为全局坐标，然后建立如表 8-2 的关键点。

表 8-2   用于建立第一根板上纵筋和柱帽纵筋的关键点编号和坐标

关键点编号 \ 坐标	X	Y	Z
1000	200	−52.5	200
1001	−200	−52.5	200
1002	1865	−17.5	1865
1003	−1865	−17.5	1865
1004	375	17.5	1865
1005	−375	17.5	1865

由关键点 1000 和 1001 建立直线，得到柱帽上的一根钢筋模型。沿 Z 轴负方向按 80 的间距复制该直线，总数为 6，然后再将该 6 根直线一起以间距 1500 沿 X 轴或 Z 轴复制成如图 8-22 所示的模型图。

图 8-22　完成柱帽钢筋复制

由关键点 1002 和 1003 建立板底层钢筋模型，然后沿 Z 轴复制该直线，除边缘两根间距为 240 外，其余间距都为 250，如图 8-23 所示。

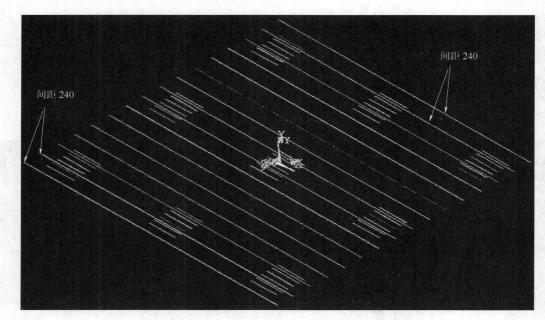

图 8-23　完成板上底层钢筋复制

同样地，由关键点 1004 和 1005 建立板顶层钢筋模型并沿 Z 轴复制，复制的钢筋间距与底层钢筋一样。然后再将这些顶层钢筋整体地沿 X 轴复制，间距为 1500，得到如图 8-24 所示的模型。

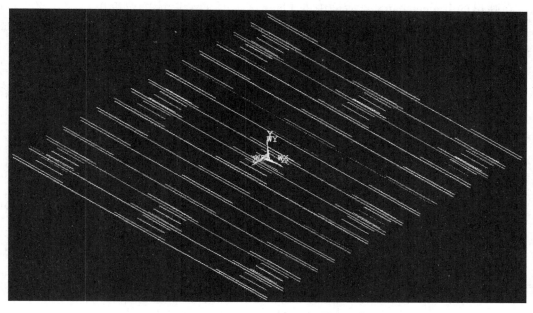

图 8-24 完成板上顶层钢筋复制

然后再通过复制底层钢筋建立穿过柱子的底层钢筋的几何模型，这里先建立平行于 X 轴方向的钢筋，每个柱子区域内有三根钢筋，且两两间距 30，如图 8-25 所示。

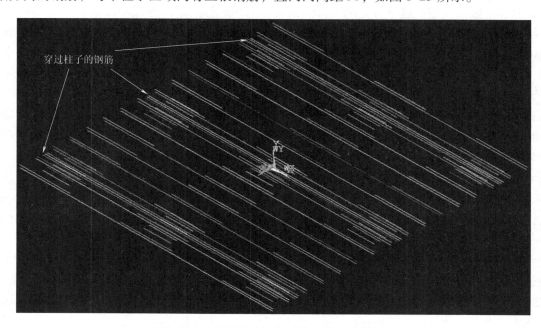

穿过柱子的钢筋

图 8-25 完成板上底层通过柱子的钢筋的建立

最后使用镜像将板钢筋模型建立完。首先把工作平面坐标系沿 Y 轴旋转 45°，在 XY，YZ，ZX Angles 栏目中输入"0，0，45"，单击 Apply 按钮，完成旋转。然后在菜单 Main Menu 中选择 Preprocessor > Modeling > Reflect > Lines 命令，在弹出的对话框中单击 Pick All，在弹出的 Reflect Lines 对话框中的 Plane of symmetry 单选按钮组中选择 Y-Z Plane，在下拉菜单 Existing lines will be 内选择 Copied，如图 8-26a 所示，单击 OK 按钮完成，得到图 8-26b 所示的模型。然后指定图 8-26b 所示的所有钢筋的单元类型为 2、实常数为 1 和材料模型为 2。

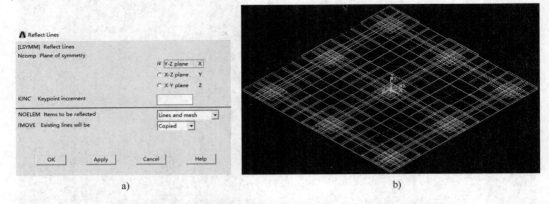

a)   b)

图 8-26   通过镜像建立完成板上钢筋的几何模型

a）镜像选项   b）镜像完成后的钢筋的几何模型

7. 网格划分（建立有限元模型）

将已经建立好的几何模型赋予相应的材料模型、单元类型和实常数，然后再划分网格，最后形成有限元模型。这里首先把所有的几何模型都选择出来，通过功能菜单栏的 Select > Everything 功能实现，然后通过 WorkPlane > Align WP with > Global Cartesian 进行工作平面初始化。

（1）实体几何模型的网格划分   选择功能菜单栏的 Plot > Volumes 命令，使得图形显示区域显示的是实体元素。在菜单 Main Menu 中依次选择 Preprocessor > Meshing > Mesh Attributes > Picked Volumes，在弹出的 Volume Attributes 对象拾取框中单击 Box，然后框选出混凝土的几何模型（见图 8-27a），单击 OK 按钮，弹出 Volume Attributes 对话框，在该对话框内的下拉菜单 Material number 中选 1，Real constant set number 中选 1，Element type number 中选 1 SOLID164，如图 8-27a 所示，单击 OK 按钮完成。同样的操作，赋予钢柱 Material number 为 4，Real constant set number 为 1，Element type number 为 1 SOLID164，如图 8-27b 所示；赋予瞬间去除的钢柱 Material number 为 5，Real constant set number 为 1，Element type number 为 1 SOLID164，如图 8-27c 所示。

划分网格前，需要设置网格尺寸。选择菜单 Main Menu 中的 Preprocessor > Meshing > Size Cntrls > Lines > All Lines 命令，在弹出的对话框的 Element edge length 栏目中输入 30（见图 8-28a），控制实体单元的边界长度不大于 30。然后选择菜单 Main Menu 中的 Preprocessor > Meshing > Mesh > Volumes > Mapped > 4 to 6 sided 命令，单击弹出的对话框中的 Pick All 按钮，完成实体部分的网格划分（见图 8-28b）。

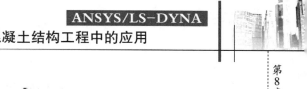

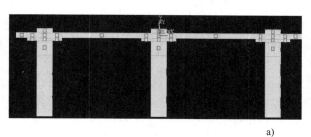
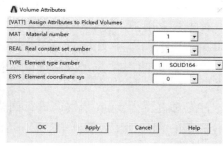

a)

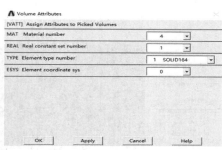

b)

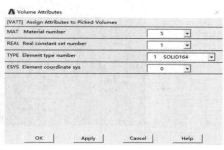

c)

图 8-27 赋予实体几何模型材料模型、单元类型和实常数

a）赋予混凝土几何模型属性 b）赋予钢柱几何模型属性 c）赋予瞬间去除的钢柱几何模型属性

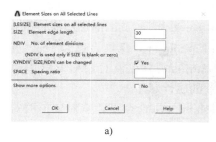
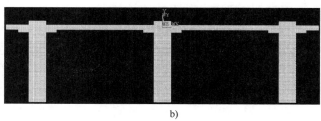

a)   b)

图 8-28 实体部分划分网格

a）实体模型网格尺寸控制 b）实体部分有限元模型

（2）线几何模型的网格划分 BEAM161 单元需要定义一个初始方向，但由于本算例使用的 BEAM161 单元是 Tubular 管状类型的，横截面为圆对称，因此该初始方向可以任意定义。首先建立用于定义 BEAM161 单元初始方向的关键点编号为 10000，坐标为 5000，5000，5000。然后选择菜单 Main Menu 中的 Preprocessor > Meshing > Size Cntrls > Lines > All Lines 命令，在弹出的对话框的 Element edge length 栏目中输入 35，控制线单元的长度不大于 35。

首先对直径为 6mm 的钢筋进行网格划分。在功能菜单栏中选择 Select > Entities...，在弹出的 Select Entities 对话框中的第一个下拉菜单选择 Lines，第二个下拉菜单选择 By Attributes，点选 Material num，在 Min，Max，Inc 栏目中输入前文已经赋予好的材料编号 2，再点选 From Full，如图 8-29a 所示，单击 Apply 按钮，完成 6mm 钢筋几何模型的选择，再单击 Plot 按钮，使图形显示区域显示选择出来的线，如图 8-29b 所示。

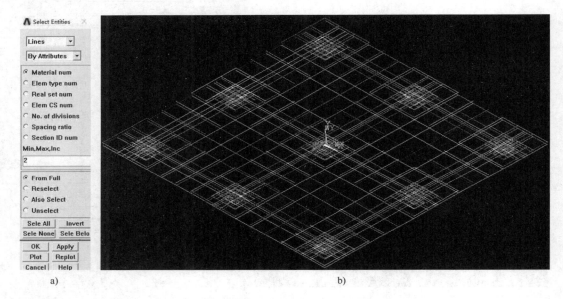

图 8-29　选择直径为 6mm 的钢筋几何模型

a）输入 6mm 钢筋材料编号　b）选出的直径为 6mm 的钢筋几何模型

选出钢筋几何模型后，定义相应的材料模型、单元类型、实常数以及初始方向。选择菜单 Main Menu 中 Preprocessor > Meshing > Mesh Attributes > All Lines 命令，在弹出的 Line Attributes 对话框内的前三个下拉菜单 Material number、Real constant set number 和 Element type number 分别选为 2、1 和 2 BEAM161，把 Pick Orientation Keypoint(s) 选项点选为 Yes，如图 8-30a 所示，然后单击 OK 按钮，弹出对象拾取框 Line Attributes。在该对象拾取框中输入 10000（见图 8-30b），单击 OK 按钮，完成直径 6mm 钢筋的属性赋予。

选择菜单 Main Menu 中的 Preprocessor > Meshing > Mesh > Lines 命令，弹出对象拾取对话框后，单击 Pick All 按钮完成 6mm 直径钢筋的网格划分。

按照类似的操作对直径为 13mm 的钢筋的几何模型进行网格划分，这里不再赘述。需要注意的是该操作选择的材料模型 Material number 为 3，实常数 Real constant set number 为 2。划分完成的直径为 13mm 的钢筋的有限元模型如图 8-31 所示。

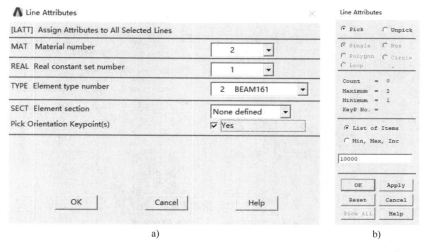

a) b)

图 8-30 直径 6mm 钢筋的属性赋予

a) 选择 6mm 钢筋的材性 b) 输入定义初始方向的关键点

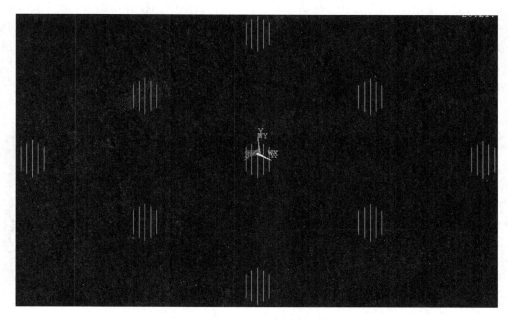

图 8-31 直径为 13mm 的钢筋的有限元模型

8. 创建 Part

选择功能菜单栏的 Select > Everything 命令，然后选择菜单 Main Menu 中 Preprocessor > LS-DYNA Options > Parts Options 命令，在弹出的对话框 Parts Data Written for LS-DYNA 的单选按钮组中选择 Create all parts（见图 8-32a），单击 OK 按钮，完成 PART 的创建，弹出所有 Part 的信息文本，如图 8-32b 所示。关闭该文本对话框。

由文本信息可以发现程序自动生成的 Part 编号 1~5 分别代表计算模型的混凝土、直径为 6mm 的钢筋、直径为 13mm 的钢筋、瞬间去除的钢柱和普通钢柱，与材料编号代表的不一致，因此读者需要注意区别对待，以防使用错误。

ANSYS/LS-DYNA
在混凝土结构工程中的应用

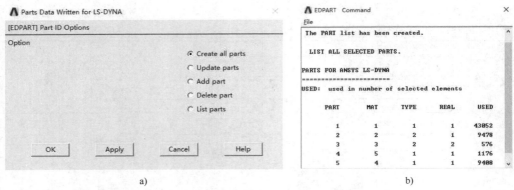

图 8-32　创建 Part

a）选择创建 Part　b）Part 信息文本

9. 施加板上压力荷载

（1）定义施加压力荷载的单元组施加压力荷载前，需要把相应的混凝土单元选取出来并定义单元组　在功能菜单栏中选择 Select > Entities... 命令，在弹出的 Select Entities 对话框中的第一个下拉菜单选择 Element，第二个下拉菜单选择 By Attributes，点选单选按钮组的 Material num，在 Min，Max，Inc 栏目中输入材料编号 1，再点选 From Full，如图 8-33 所示，单击 Apply 按钮，完成混凝土单元的选取，再单击 Plot 按钮，使图形显示区域显示已经选取出来的混凝土单元。

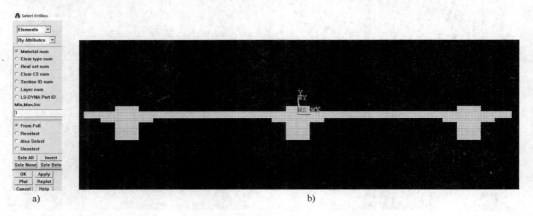

图 8-33　单独选出混凝土单元

a）输入混凝土材料模型编号　b）选出的混凝土单元

将 Select Entities 对话框中的第二个下拉菜单变更为 By Num/Pick，再点选 Reselect，单击 OK 按钮，弹出 Reselect element 对象拾取对话框。点选该对话框的 Box 选项，并通过鼠标操作选出需要施加压力的混凝土单元，单击 OK 按钮，完成混凝土单元选取操作，最终选取施加压力的混凝土单元如图 8-34 所示。

> **注**：这一步鼠标选取操作需要灵活地使用对象拾取对话框的 Pick 和 Unpick 功能，可通过右击进行快速切换。

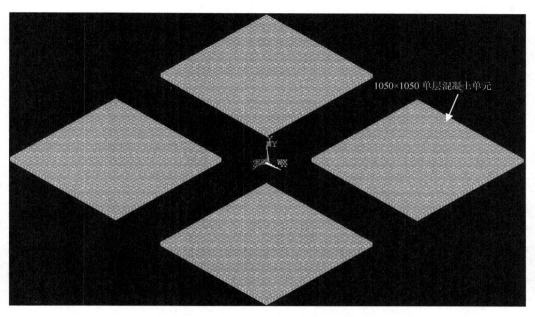

1050×1050 单层混凝土单元

图 8-34 施加压力的混凝土单元

被施加压力的混凝土单元选取出来后，需要将其定义成一个组。在功能菜单栏中选择 Select > Comp/Assembly > Create Component... 命令，弹出 Create Component 对话框。在该对话框的 Component name 栏目内输入 PRE，下拉菜单 Component is made of 中选 Elements，如图 8-35 所示，单击 OK 按钮，完成组的定义。

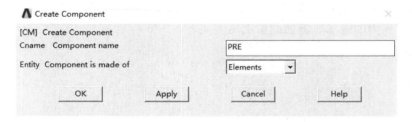

图 8-35 创建施加压力的单元组

（2）定义时间数组和荷载数组 在功能菜单栏中选择 Parameters > Array Parameters > Define/Edit... 命令，弹出 Array Parameters 对话框，单击该对话框内的 Add... 按钮，弹出新的 Add New Array Parameter 对话框。在 Add New Array Parameter 对话框中的 Parameter name 栏目内输入 TIME，在 Parameter type 选项内点选 Array，在 No. of rows，cols，planes 栏目内分别输入 3、1 和 1，其余不填，如图 8-36a 所示，单击 OK 按钮，完成时间数组创建。同样的方式创建荷载数组，命名为 PRESS，如图 8-36b 所示。

创建完数组后，回到 Array Parameters 对话框，点选 TIME，再单击 Edit 按钮，弹出用于编辑数值的 Array Parameter TIME 对话窗口，输入如表 8-3 的数值，最后选择菜单 File > Apply/Quit 命令完成数值输入。同样的操作输入 PRESS 数组的数值。输入完成后关闭 Array Parameters 对话框。

图 8-36　创建时间数组和荷载数组

a）创建时间数组　b）创建荷载数组

表 8-3　时间数组及荷载数组的数值

数组下标 ＼ 数组名	TIME	PRESS
1	0	0
2	1	0.0227
3	10000	0.0227

（3）施加板上压力　选择菜单 Main Menu 中 Preprocessor > LS-DYNA Options > Loading Options > Specify Loads 命令，弹出 Specify Loads for LS-DYNA Explicit 对话框，在该对话框内的第一个下拉菜单 Load Options 选 Add loads，在 Load Labels 中选 PRES，在 Coordinate system/Surface Key 栏目中填 5，并在第二、第三、第四个下拉菜单中分别选 PRE、TIME、PRESS，再在 Analysis type for load curves 一栏中点选 Transient only，如图 8-37a 所示，单击 OK 按钮，完成压力的施加。施加的板上压力如图 8-37b 所示。

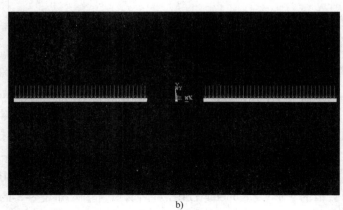

a)　　　　　　　　　　　　　　　　　　b)

图 8-37　板上压力荷载施加

a）施加压力　b）板上压力显示

注： 施加完成后，可通过选择菜单栏 PlotCtrls > Symbols 命令，弹出 Symbols 对话框，在该对话框内的 Show pres and convect as 选择 Arrows，单击 OK 按钮，将显示施加的压力。

10. 定义约束

本例只需施加钢柱底部固定约束。在功能菜单栏中选择 Select > Entities... 命令，在弹出的 Select Entities 对话框中的第一个下拉菜单选择 Nodes，第二个下拉菜单选择 By Location，点选 Y coordinates，在 Min，Max 栏目中输入 −895，再点选 From Full，如图 8-38a 所示，单击Apply 按钮，再单击 Plot 按钮，使图形显示区域显示已经选择的钢柱底部节点，如图 8-38b 所示。

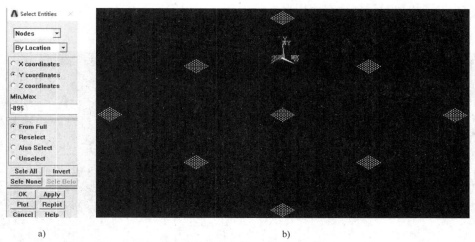

a)   b)

图 8-38 选取钢柱底部节点

a）输入钢柱底部坐标　b）选出的钢柱底部节点

在菜单 Main Menu 中选择 Preprocessor > LS−DYNA Options > Constraints > Apply > On Nodes 命令，在弹出的对象拾取框对话框内单击 Pick All，弹出 Apply U，ROT on Nodes 对话框，在该对话框内的 DOFs to be constrained 栏目内单选 All DOF，将 Apply as 下拉菜单选择为 Constant value，在 Displacement value 栏目内输入 0，如图 8-39 所示，最后单击 OK 按钮，完成约束定义。

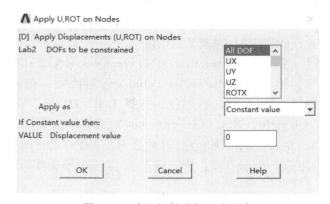

图 8-39 定义钢柱底部固定约束

11. 定义接触

此处定义点面接触，使得柱子的纵筋节点黏在钢柱顶面上，防止混凝土与钢柱交界受拉破坏（中间钢柱单元在计算过程中会被删除，因此无须定义接触）。

（1）定义节点组　在功能菜单栏中选择 Select > Entities...，在弹出的 Select Entities 对话框中的第一个下拉菜单选择 Lines，第二个下拉菜单选择 By Attributes，点选 Material num，在 Min，Max，Inc 栏目中输入 3，再点选 From Full，单击 Apply 按钮，将柱纵筋的几何模型单独选择。将 Select Entities 对话框中的第一和第二个下拉菜单分别改选为 Nodes 和 Attached to，点选 Lines，all，再点选 From Full，单击 Apply 按钮，将线上的节点单独选择出来。将 Select Entities 对话框中的第二个下拉菜单改选为 By Num/Pick，点选 Reselect，单击 OK 按钮，在弹出对象拾取对话框后，使用鼠标将周围柱子纵筋底部的节点选取出来，如图 8-40 所示。

图 8-40　周围柱子纵筋底部的节点

在功能菜单栏中选择 Select > Comp/Assembly > Create Component... 命令，弹出 Create Component 对话框。在该对话框的 Component name 栏目内输入 N，下拉菜单 Component is made of 中选 Nodes，单击 OK 按钮，完成节点组定义。

（2）定义点面接触　选择菜单 Main Menu 中的 Preprocessor > LS-DYNA Options > Contact > Define Contact 命令，弹出 Contact Parameter Definitions 对话框。在该对话框内的 Contact Type 栏目的左框内选择 Nodes to Surface，右框内选择 Tied（TDNS），采用默认的接触参数，如图 8-41a 所示，单击 OK 按钮，弹出 Contact Options 对话框。选择 Contact Options 对话框内的第一个下拉菜单为 N，第二个下拉菜单为 5（此处为周围钢柱的 Part 编号，本算例在创建 Part 步骤时，软件自动生成的编号为 5，读者需根据自己建模的实际情况进行选取），如图 8-41b 所示。

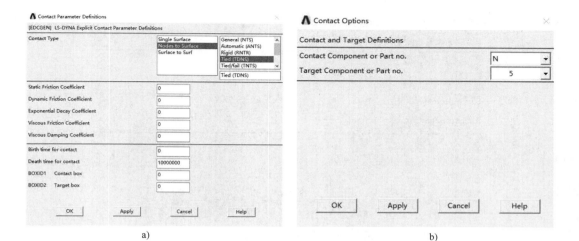

a)   b)

图 8-41　定义点面 Tied（TDNS）接触
a）选择接触类型及输入接触参数　b）选择接触面的节点组和目标面的 PART 号

12. 定义阻尼

选择菜单 Main Menu 中的 Preprocessor > Material Props > Damping 命令，弹出 Damping Options for LS-DYNA Explicit 对话框。将该对话框内的第一个下拉菜单 PART number 选为 ALL parts，并在 System Damping Constant 栏目内输入 0.005，如图 8-42 所示。

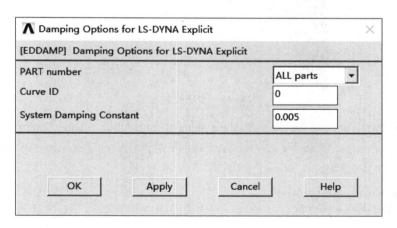

图 8-42　定义阻尼

13. 求解控制设置

（1）设置能量选项　选择菜单 Main Menu 中的 Solution > Analysis Options > Energy Options 命令，将弹出的 Energy Options 对话框内的所有能量控制开关打开，如图 8-43 所示。

（2）定义沙漏控制　选择菜单 Main Menu 中的 Solution > Analysis Options > Hourglass Ctrls > Local 命令，在弹出的 Define Hourglass Material Properties 对话框内的 Material Reference number 栏目输入 1，Hourglass control type 栏目内输入 2，Hourglass coefficient 栏目内输入 0.14，其余参数保持默认，如图 8-44 所示，单击 OK 按钮，关闭该对话框，完成沙漏控制的定义。

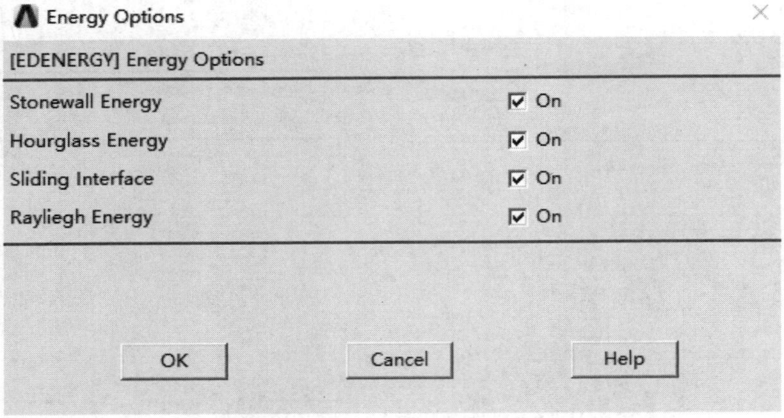

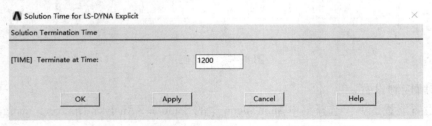

图 8-43　打开所有能量控制开关

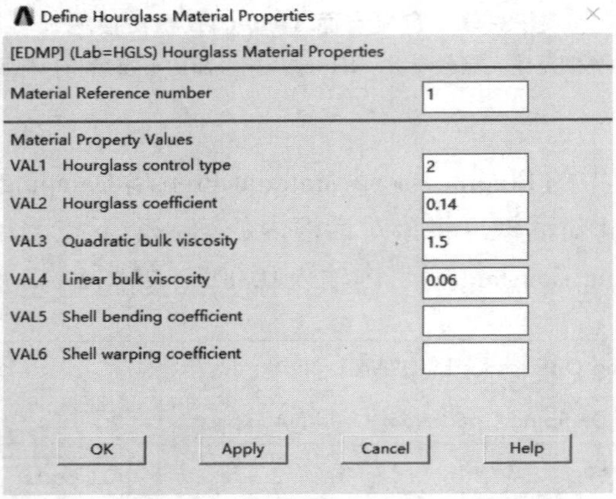

图 8-44　沙漏控制定义

（3）设置求解结束时间　选择菜单 Main Menu 中的 Solution > Time Controls > Solution Time 命令，在弹出的 Solution Time for LS-DYNA Explicit 对话框内的 Terminate at Time 栏目内填入 1200，即将结束时间控制在 1200ms，如图 8-45 所示。

图 8-45　设置求解结束时间

（4）设置结果文件输出类型　选择菜单 Main Menu 中的 Solution > Output Controls > Output File Types 命令，在弹出的 Specify Output File Types for LS-DYNA Solver 对话框内的下拉菜单 File options 和 Produce output for... 分别选 Add 和 LS-DYNA，如图 8-46 所示，单击 OK 按钮，完成结果文件输出类型的设置。

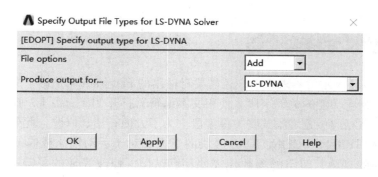

图8-46　设置结果输出文件类型

（5）设置结果文件输出步数　选择菜单 Main Menu 中的 Solution > Output Controls > File Output Freq > Number of Steps 命令，弹出的 Specify File Output Frequency 对话框，在该对话框中的 EDRST 和 EDHTIME 的文本框内输入 200 和 400，其余参数保持默认不变，如图 8-47 所示，单击 OK 按钮，退出该对话框。

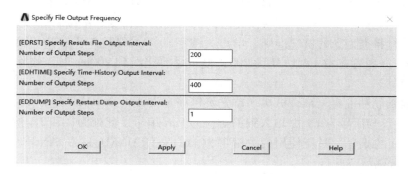

图8-47　设置结果文件输出步数

14. 输出关键字文件

选择功能菜单栏的 Select > Everying 命令。然后选择菜单 Main Menu 中的 Solution > Write Jobname. k 命令，在弹出的 Input files to be Written for LS-DYNA 对话框中的第一个下拉菜单选择 LS-DYNA，第二个 Write input files to... 栏目中输入关键字文件名称 Flat_slab. k，如图 8-48 所示，最后单击 OK 按钮，完成关键字文件的输出。

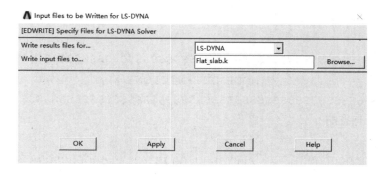

图8-48　输出关键字文件

8.3 关键字文件修改

在递交 LS-DYNA 求解器求解前，还需要对输出的 Flat_slab.k 关键字文件进行修改或增添一些用于实现相应功能的关键字段。使用文本编辑器打开 Flat_slab.k，找到相应的关键字段进行修改，或在相应位置增添某些关键字段。为了方便查错、修改，此处将所有增加的关键字段都填在 MATERIAL DEFINITIONS 区块的下方。对于手动增添或修改的关键字段，本算例仅填入需要的参数，留空的参数代表使用默认值。修改完成的关键字文件（有省略）附在本节末尾，读者可对照该文件练习修改。

> **注**：本算例使用的材料模型参数的取值仅供参考之用。

以下为本算例需要修改或增添关键字段：

（1）修改混凝土的材料模型　将材料类型 1 修改为混凝土连续帽盖模型，相应的关键字为 *MAT_CSCM_CONCRETE，并输入相应的抗压强度、密度、单位制等参数。

（2）增加材料类型 5 的破坏准则　增添关键字段"*MAT_ADD_EROSION"，将其 MID 编号设置为 5，并设置参数 FAILTM 为 200，使得计算进行到 200ms 时，删除 5 号材料对应的所有单元。

（3）增加钢筋和混凝土耦合算法　首先将钢筋定义成一个 PART 组，对应的关键字为 *SET_PART，设置 SID 号为 1，并填入钢筋对应的 Part 编号，此处为 2 和 3。然后定义钢筋和混凝土单元之间的耦合，对应使用的关键字为 *CONSTRAINED_LAGRANGE_IN_SOLID，填入相应参数，末尾留空两行。

修改完成的 Flat_slab.k 关键字文件如下所示：

```
*KEYWORD
*TITLE

$
*DATABASE_FORMAT
     0
$
$
$$$$$$$$$$$$$$$$$$$$$$$$$$$$$$$$$$$$$$$$$$$$$$$$$$$$$$$$$$$$$$$$$$$$$$$$$$$$$$$$
$                           NODE DEFINITIONS                                 $
$$$$$$$$$$$$$$$$$$$$$$$$$$$$$$$$$$$$$$$$$$$$$$$$$$$$$$$$$$$$$$$$$$$$$$$$$$$$$$$$
$节点定义(有省略)
*NODE
     1 -1.000000000E + 02 - 2.750000000E + 01 1.000000000E + 02        0      0
     2  1.000000000E + 02 - 2.750000000E + 01 1.000000000E + 02        0      0
     3 -7.142857143E + 01 - 2.750000000E + 01 1.000000000E + 02        0      0
```

··

```
    110794 - 1.571428571E + 03 - 8.933333333E + 02 1.571428571E + 03     0     0
$
$
$$$$$$$$$$$$$$$$$$$$$$$$$$$$$$$$$$$$$$$$$$$$$$$$$$$$$$$$$$$$$$$$$$$$$$$$$$$$$$$$$$
$                         SECTION DEFINITIONS                              $
$$$$$$$$$$$$$$$$$$$$$$$$$$$$$$$$$$$$$$$$$$$$$$$$$$$$$$$$$$$$$$$$$$$$$$$$$$$$$$$$$$
$
*SECTION_SOLID
        1         1
*SECTION_BEAM
        2         1     1.0000        2.0        1.0
   6.00      6.00      0.00          0.00        0.00        0.00
*SECTION_BEAM
        3         1     1.0000        2.0        1.0
   13.0      13.0      0.00          0.00        0.00        0.00
$
$
$$$$$$$$$$$$$$$$$$$$$$$$$$$$$$$$$$$$$$$$$$$$$$$$$$$$$$$$$$$$$$$$$$$$$$$$$$$$$$$$$$
$                         MATERIAL DEFINITIONS                             $
$$$$$$$$$$$$$$$$$$$$$$$$$$$$$$$$$$$$$$$$$$$$$$$$$$$$$$$$$$$$$$$$$$$$$$$$$$$$$$$$$$
$------------------------------增添部分开始------------------------------
*MAT_ADD_EROSION
$中间钢柱材料的破坏准则,第一行为MID号,第二行第八个参数为FAILTM
5
0,0,0,0,0,0,0,200
$
*SET_PART
$定义钢筋的Part组,第一行为ID号,第二行为钢筋的Part编号
1
2,3
$
*CONSTRAINED_LAGRANGE_IN_SOLID
$钢筋混凝土耦合算法,填入第一行参数,第二、三行留空使用默认值
1,1,0,1,0,2,1,0


$------------------------------增添部分结束------------------------------
*MAT_CSCM_CONCRETE
$此处为修改后的混凝土材料模型
```

```
1,0.00232,1,0,1,1.10,10,0
0
24,10,1
*MAT_PLASTIC_KINEMATIC
       2 0.780E-02 0.200E+06  0.300000   500.      780.       1.00
 0.400E-01  5.00     0.150
*MAT_PLASTIC_KINEMATIC
       3 0.780E-02 0.200E+06  0.300000   529.      780.       1.00
 0.400E-01  5.00     0.150
*MAT_ELASTIC
       4 0.780E-02 0.200E+06  0.300000    0.0      0.0        0.0
*MAT_ELASTIC
       5 0.780E-02 0.200E+06  0.300000    0.0      0.0        0.0
$
*HOURGLASS
       1       2 0.140          0  1.50   0.600E-01  0.00      0.00
$
$
$$$$$$$$$$$$$$$$$$$$$$$$$$$$$$$$$$$$$$$$$$$$$$$$$$$$$$$$$$$$$$$$$$$$$$$$
$                       PARTS DEFINITIONS                         $
$$$$$$$$$$$$$$$$$$$$$$$$$$$$$$$$$$$$$$$$$$$$$$$$$$$$$$$$$$$$$$$$$$$$$$$$
$
*PART
Part           1 for Mat          1 and Elem Type          1
       1       1       1          0       1        0        0
$
*PART
Part           2 for Mat          2 and Elem Type          2
       2       2       2          0       0        0        0
$
*PART
Part           3 for Mat          3 and Elem Type          2
       3       3       3          0       0        0        0
$
*PART
Part           4 for Mat          5 and Elem Type          1
       4       1       5          0       0        0        0
$
*PART
```

```
Part              5 for Mat        4 and Elem Type          1
           5           1          4          0          0          0          0
$
$
$$$$$$$$$$$$$$$$$$$$$$$$$$$$$$$$$$$$$$$$$$$$$$$$$$$$$$$$$$$$$$$$$$$$$$$$$$$$
$                     ELEMENT DEFINITIONS                              $
$$$$$$$$$$$$$$$$$$$$$$$$$$$$$$$$$$$$$$$$$$$$$$$$$$$$$$$$$$$$$$$$$$$$$$$$$$$$
$ 单元定义(有省略)
*ELEMENT_SOLID
       1       1       2       8      29      28      74      94     157      75
       2       1       8       7      35      29      94      93     163     157
       3       1       7       6      41      35      93      92     169     163
    ..........................................................................
   53636       1   76536   71774   55680   55700   73672   69802   12295   12296
*ELEMENT_BEAM
   53637       2   76537   76539   76543
   53638       2   76539   76540   76544
   53639       2   76540   76541   76545
    ...............................................
   63690       3   96962   96955   96970
*ELEMENT_SOLID
   63691       4   20399   20401   20427   20426   96996   97678   97679   97162
   63692       4   20401   20402   20433   20427   97678   97655   97817   97679
   63693       4   20402   20403   20439   20433   97655   97632   97955   97817
    ..........................................................................
   74274       5  110794  109553  109552  109691  109471  109465  109451  109452
$
$
$$$$$$$$$$$$$$$$$$$$$$$$$$$$$$$$$$$$$$$$$$$$$$$$$$$$$$$$$$$$$$$$$$$$$$$$$$$$
$                     LOAD DEFINITIONS                                 $
$$$$$$$$$$$$$$$$$$$$$$$$$$$$$$$$$$$$$$$$$$$$$$$$$$$$$$$$$$$$$$$$$$$$$$$$$$$$
$ 压力荷载定义(省略)
*DEFINE_CURVE
       1               0   1.000   1.000   0.000   0.000
  0.000000000000E+00   0.000000000000E+00
  1.000000000000E+00   2.270000000000E-02
  1.000000000000E+04   2.270000000000E-02
*LOAD_SEGMENT
       1   1.000   0.000   24401       8221       8303      24469
```

```
*LOAD_SEGMENT
     1    1.000    0.000    24402    24401    24469    24470
*LOAD_SEGMENT
     1    1.000    0.000    24403    24402    24470    24471
```
....
```
*LOAD_SEGMENT
     1    1.000    0.000    48605    62089    12486    12451
$
$$$$$$$$$$$$$$$$$$$$$$$$$$$$$$$$$$$$$$$$$$$$$$$$$$$$$$$$$$$$$$$$$$$$$$$$$$$$
$                    BOUNDARY DEFINITIONS                               $
$$$$$$$$$$$$$$$$$$$$$$$$$$$$$$$$$$$$$$$$$$$$$$$$$$$$$$$$$$$$$$$$$$$$$$$$$$$$
$ 约束定义(有省略)
*SET_NODE_LIST
     1    0.000    0.000    0.000    0.000
  96971    96995    97019    97020    97021    97022    97023    97024
  97163    97164    97165    97166    97167    97168    97169    97170
  97171    97172    97173    97174    97175    97176    97177    97178
```
....
```
 109499   109500   109501   109502   109503   109504   109505   109506
*BOUNDARY_SPC_SET
         1        0        1        1        1        1        1        1
$
$$$$$$$$$$$$$$$$$$$$$$$$$$$$$$$$$$$$$$$$$$$$$$$$$$$$$$$$$$$$$$$$$$$$$$$$$$$$
$                      SYSTEM DAMPING                                   $
$$$$$$$$$$$$$$$$$$$$$$$$$$$$$$$$$$$$$$$$$$$$$$$$$$$$$$$$$$$$$$$$$$$$$$$$$$$$
$
*DAMPING_GLOBAL
     00.5000E-02
$
$$$$$$$$$$$$$$$$$$$$$$$$$$$$$$$$$$$$$$$$$$$$$$$$$$$$$$$$$$$$$$$$$$$$$$$$$$$$
$                    CONTACT DEFINITIONS                                $
$$$$$$$$$$$$$$$$$$$$$$$$$$$$$$$$$$$$$$$$$$$$$$$$$$$$$$$$$$$$$$$$$$$$$$$$$$$$
$ 点面接触定义(有省略)
*SET_NODE_LIST
     2    0.000    0.000    0.000    0.000
  95883    95900    95917    95934    95951    95968    95985    96002
  96019    96036    96053    96070    96087    96104    96121    96138
  96155    96172    96189    96206    96223    96240    96257    96274
```
....

```
        96835      96852      96869      96886      96903      96920      96937      96954
*CONTACT_TIED_NODES_TO_SURFACE
            2          5          4          3          0          0          0          0
  0.000      0.000      0.000      0.000      0.000              0 0.000      0.1000E+08
  1.000      1.000      0.000      0.000      1.000      1.000      1.000      1.000
$
$$$$$$$$$$$$$$$$$$$$$$$$$$$$$$$$$$$$$$$$$$$$$$$$$$$$$$$$$$$$$$$$$$$$$$$$$$$
$                           CONTROL OPTIONS                              $
$$$$$$$$$$$$$$$$$$$$$$$$$$$$$$$$$$$$$$$$$$$$$$$$$$$$$$$$$$$$$$$$$$$$$$$$$$$
$
*CONTROL_ENERGY
            2          2          2          2
*CONTROL_SHELL
  20.0                 1         -1          1          2          2          1
*CONTROL_TIMESTEP
    0.0000     0.9000          0    0.00       0.00
*CONTROL_TERMINATION
  0.120E+04             0  0.00000    0.00000    0.00000
$
$$$$$$$$$$$$$$$$$$$$$$$$$$$$$$$$$$$$$$$$$$$$$$$$$$$$$$$$$$$$$$$$$$$$$$$$$$$
$                           TIME HISTORY                                 $
$$$$$$$$$$$$$$$$$$$$$$$$$$$$$$$$$$$$$$$$$$$$$$$$$$$$$$$$$$$$$$$$$$$$$$$$$$$
$
*DATABASE_BINARY_D3PLOT
  6.00
*DATABASE_BINARY_D3THDT
  3.000
*DATABASE_BINARY_D3DUMP
          0
$
$$$$$$$$$$$$$$$$$$$$$$$$$$$$$$$$$$$$$$$$$$$$$$$$$$$$$$$$$$$$$$$$$$$$$$$$$$$
$                           DATABASE OPTIONS                             $
$$$$$$$$$$$$$$$$$$$$$$$$$$$$$$$$$$$$$$$$$$$$$$$$$$$$$$$$$$$$$$$$$$$$$$$$$$$
$
*DATABASE_EXTENT_BINARY
          0          0          3          1          0          0          0          0
          0          0          4          0          0          0
*END
```

8.4 递交求解及后处理

8.4.1 递交求解

本节讲述如何将已经修改好的关键字文件递交到 LS-DYNA 求解程序中求解。

1. 选择求解类型

打开 Mechanical APDL Product Launcher 程序，在左上角的 Simulation Environment 栏目中选择 LS-DYNA Solver，在授权 License 中选择 ANSYS LS-DYNA，在 Analysis Type 栏目中点选 Typical LS-DYNA Analysis，如图 8-49 所示。

图 8-49　选择求解类型

2. 选择求解关键字文件及结果存储的路径

如图 8-50 所示，在 Mechanical APDL Product Launcher 中的 Working Directory 中选择结果存储的路径，如 E:\Flat_slab\Result，并在 Keyword Input File 中选择工作目录下的关键字文件 Flat_slab. k。

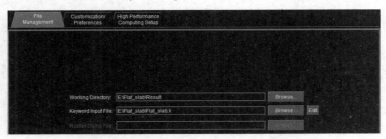

图 8-50　选择工作路径及输入工作名称

3. 设置分析内存和处理器数量，并递交求解

如图 8-51 所示，将选项卡转到 Customization/Preferences，在 Memory（words）栏目中输入 100000000，在 Number of CPUs 栏目中选择用于求解的 CPU 核数，最后单击 Run 按钮，开始求解。

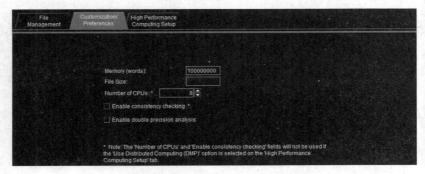

图 8-51　设置计算内存和 CPU 核数

8.4.2 后处理

LS-DYNA 程序求解完成后，将程序输出的文件导入 LS-PREPOST 软件进行后处理。

> **注：** 本节使用 LS-PREPOST V4.6 版本的经典用户界面（可使用 F11 切换用户界面）进行后处理操作。

1. 导入结果文件

打开 LS-PREPOST 程序，选择菜单栏的 File > Open > LS-DYNA Binary Plot 命令，在弹出的 Open File 对话框中选择结果储存目录内的二进制结果文件 d3plot，即可将结果信息导入到 LS-PREPOST 后处理器，同时计算模型出现在 LS-PREPOST 的绘图区域内。

2. 观察动态去除中柱过程及混凝土裂缝的开展过程

通过鼠标操作或图形显示控制按钮，调整到合适视角。单击主菜单功能按钮组中的 Fcomp 按钮，并选择 Effective Plastic Strain。单击动画播放控制台的▶按钮，程序将会在图形显示区中连续动态地显示去除中间柱子后结构的响应过程以及混凝土裂缝开展过程，图 8-52 给出了几个不同时刻的结构形态。

> **注：** 由于混凝土使用的是连续帽盖模型，此处选择的 Effective Plastic Strain 并不是指代混凝土的有效塑性应变，而是指代混凝土的损伤指数，一定程度上能够反映混凝土的开裂情况。

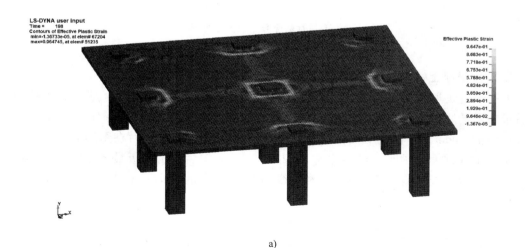

a)

图 8-52 不同时刻混凝土板的变形结果

a）$t = 198\text{ms}$

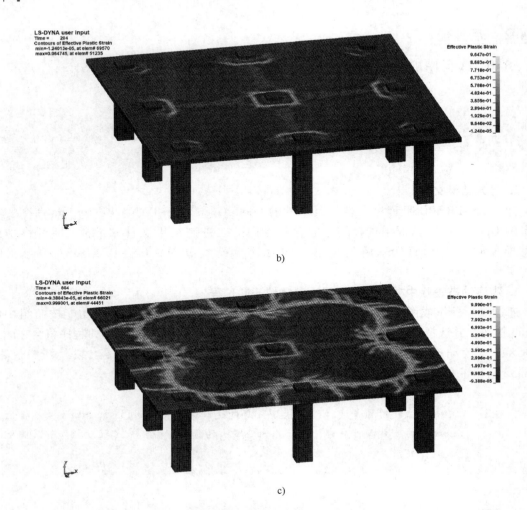

图 8-52   不同时刻混凝土板的变形结果（续）

b）$t = 204\,\mathrm{ms}$ c）$t = 804\,\mathrm{ms}$

3. 观察混凝土板中柱顶部的竖向位移

可以通过提取混凝土板中柱顶部指定的节点的竖向位移时程曲线，观察在中柱瞬间去除后板中部的竖向位移情况。单击主菜单的 History 按钮，在面板 Time History Results 中单击按钮组的 Nodal，并在绘图项目列表中选择 Y-displacement，然后在图形显示区单击选择混凝土板中柱顶面的中间节点，此处为 622 号节点，最后单击面板最下面的 Plot 按钮，弹出 PlotWindow-1 窗口，该窗口显示的曲线即为该节点的竖向位移时程曲线，如图 8-53 所示。

 注：此处也可通过 Ident 功能按钮选择 622 号节点，再使用 History 按钮绘图。

4. 观察混凝土板钢筋的应变

可以通过提取钢筋单元的应变时程曲线，观察该单元所在位置的钢筋应变情况。首先单

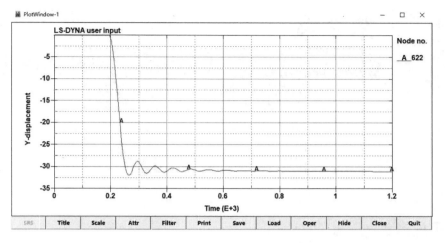

图 8-53　节点 622 的竖向位移时程曲线

击主菜单的 SelPar 按钮，在按钮控制选项中仅选择 2Part，使图形显示区仅显示钢筋的模型。

单击主菜单的 History 按钮，在面板 Time History Results 中点选 Element，在 E-Type 下拉菜单中选择 Beams，并在绘图项目列表中选择 Axial Strain，然后在图形显示区单击选择相应位置的钢筋单元，此处为 57263 号钢筋单元（位于柱帽边缘顶层的钢筋单元），最后单击面板最下面的 Plot 按钮，弹出 PlotWindow-1 窗口，该窗口显示的曲线即该单元的应变时程曲线，如图 8-54 所示。

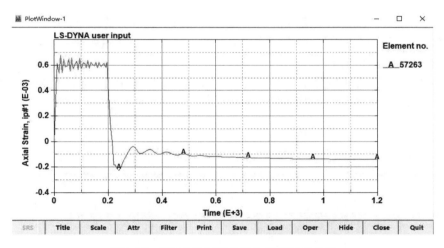

图 8-54　57263 号钢筋单元的应变时程曲线

第9章
钢筋混凝土梁遭受冲击荷载作用的仿真模拟

9.1 问题概述

在土木工程领域中，冲击问题是一类重要的研究课题。冲击类问题一般包含两个或两个以上的物体相互作用，因此接触类型的选择及接触参数的控制是模拟冲击类问题的关键之一。此外，冲击类问题还涉及物体的运动，因此如何简化物体的运动也是关键之一。

本章以一个无腹筋钢筋混凝土简支梁遭受冲击荷载作用为例，介绍使用 ANSYS/LS-DY-NA 实现此类冲击问题的模拟方法。

9.1.1 问题简介

如图 9-1 所示，无腹筋钢筋混凝土简支梁，长 1700mm，净跨 1400mm，截面尺寸为 150mm×250mm。梁中配置有 4 根直径为 22mm 的纵筋。一个质量为 100kg 的圆柱体落锤以 4m/s 的速度垂直撞击在梁跨中，接触面直径为 150mm，试分析这一动力过程。

材料参数：纵筋的屈服强度为 371MPa，极限强度为 488MPa，弹性模量为 200GPa，极限伸长率为 15.0%。混凝土抗压强度为 40MPa。

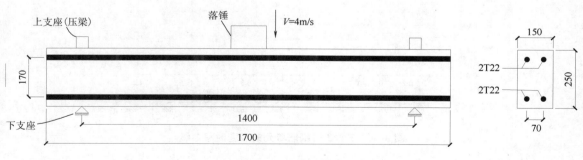

图 9-1 问题示意图

9.1.2 求解规划

使用耦合法建立钢筋混凝土分离式模型（详见附录 B），混凝土、支座和落锤均采用 SOLID 164 实体单元，钢筋采用 BEAM 161 梁单元。由于重力远小于冲击力，并且冲击过程持续时间短暂，因此不考虑重力的影响。落锤速度使用关键字 "*INITIAL_VELOCITY_

GENERATION"施加。

混凝土材料模型使用连续帽盖模型（关键字为"*MAT_CSCM_CONCRETE"），钢筋材料模型使用各向同性弹塑性模型（关键字为*MAT_PLASTIC_KINEMATIC）。落锤与支座均假设为刚体"*MAT_RIGID"，并可通过刚体模型的参数实现边界约束的施加，上、下支座均为全约束，落锤仅保留竖向的自由度。由于是动力过程，混凝土和钢筋的材料模型还需要考虑应变率的影响。连续帽盖模型可直接将参数 irate 设为 1 开启应变率的影响。钢筋材料模型需要设置应变率参数 src 和 srp。所有部件间的接触采用自动单面接触算法，关键字为"*CONTACT_AUTOMATIC_SINGLE_SURFACE"。

整个冲击过程大致持续 10ms，因此将计算结束时间设置为 30ms，以便观察整个冲击过程。为了获得支座反力和冲击荷载，需要使用关键字"*CONTACT_FORCE_TRANSDUCER_PENALTY_ID"分别给支座和落锤定义力传感器，并使用 RCFORC 文件输出接触力。但在 ANSYS 前处理器中不能直接定义力传感器，因此需要在关键字文件中手动输入力传感器的关键字段。

整个模型的建立采用单位制 mm－g－ms，读者需要注意单位的协调统一，单位协调详见附录 A。

9.2 模型建立

下面为使用 ANSYS/LS–DYNA 前处理对该问题的建模过程，读者可对照进行练习。

1. 打开 ANSYS/LS–DYNA 前处理器

（1）选择工作模块　打开 Mechanical APDL Product Launcher，在左上角的 Simulation Environment 中选择 ANSYS，在授权 License 中选择相应的授权，如图 9-2 所示。

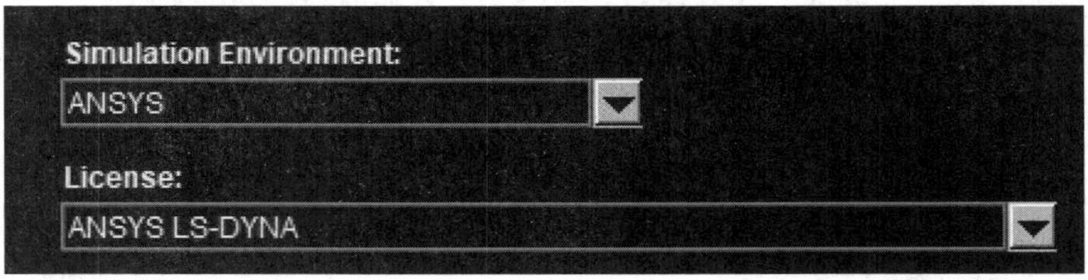

Simulation Environment:

ANSYS

License:

ANSYS LS-DYNA

图 9-2　选择工作模块

（2）选择工作目录及输入工作名称　在 Mechanical APDL Product Launcher 界面中的 Working Directory 栏目中选择创建好的工作路径，如 H：\Impact_beam，并在 Job Name 中输入工作名，如 Impact_beam，如图 9-3 所示。最后单击 Run 按钮，打开 ANSYS/LS–DYNA 前处理器。

Working Directory: H:\Impact_beam　　Browse...

Job Name: Impact_beam　　Browse...

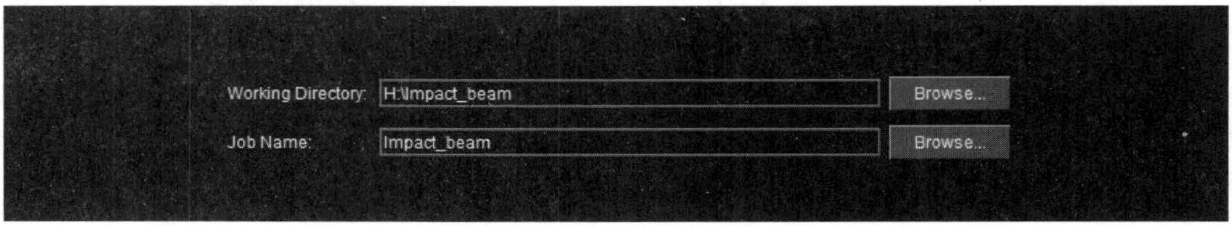

图 9-3　选择工作目录及输入工作名称

2. 图形界面过滤

为了便于后续选择单元，可以选择过滤图形界面。在菜单 Main Menu 中选择 Preferences，在弹出对话框中的界面过滤 Discipline options 中选择 LS-DYNA Explicit，最后单击 OK 按钮，退出对话框，如图 9-4 所示。

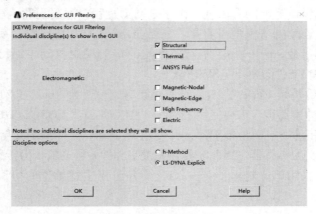

图 9-4　图形界面过滤

3. 定义单元类型

本算例中，混凝土、支座和落锤均采用 SOLID164 单元，钢筋采用 BEAM161 单元，因此此处需定义两种单元。

（1）定义单元类型　在菜单 Main Menu 中选择 Preprocessor > Element Type > Add/Edit/Delete 命令，在弹出的 Element Types 对话框中单击 Add... 按钮，将会弹出 Library of Element Types 对话框。在该对话框中选择 3D Solid 164，并在 Element type reference number 文本框中输入数字 1，单击 Apply 按钮，即可完成 SOLID 164 单元的定义。重复前面操作，在 Library of Element Types 对话框中选择 3D BEAM 161，并在 Element type reference number 框中输入数字 2，单击 OK 按钮，完成 Beam 161 单元的定义并退出窗口，如图 9-5 所示。

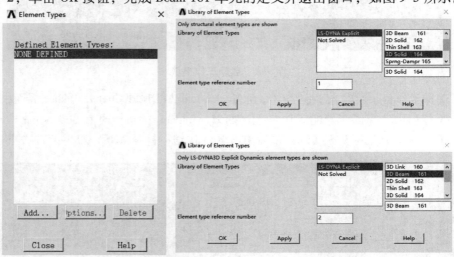

图 9-5　选择单元

（2）设置 BEAM 161 单元属性　在 Element Types 对话框中选择 Type 2 BEAM 161，并单击 Element Types 对话框中的 Options... 按钮，在弹出的 BEAM161 element type options 对话框中的 Cross section type 栏目中选择 Tubular 类型，如图 9-6 所示，最后单击 OK 按钮，退出对话框，并单击 Close 按钮，关闭 Element Types 对话框。

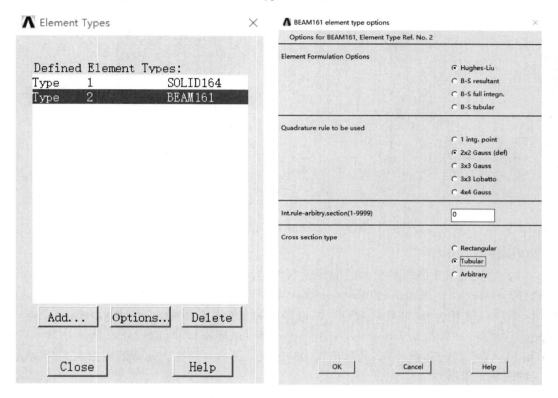

图 9-6　选择 BEAM161 单元属性

4. 定义实常数

本算例中只有 BEAM 161 单元需要定义实常数，且只有一种直径为 22mm 的钢筋，因此此处只需定义一种实常数。

在菜单 Main Menu 中选择 Preprocessor > Real Constants 命令，在弹出的 Real Constants 对话框中单击 Add... 按钮，然后在弹出的 Element Type for Real Constants 对话框中选择 Type 2 BEAM 161，并单击 OK 按钮，将会弹出新的对话框 Real Constant Set Number 1，for BEAM161。在该对话框中的 Real Constant Set No. 栏目中输入 1，并单击 OK 按钮，再在新弹出的 Real Constant Set Number 1，for BEAM161 对话框中的 DS1 和 DS2 框中输入 22，最后单击 OK 按钮，完成直径为 22mm 的钢筋的实常数定义，如图 9-7 所示。实常数定义完成后，单击 Real Constants 对话框中的 Close 按钮，关闭该对话框。

5. 定义材料模型

本算例涉及五种材料，分别为混凝土、落锤、上支座、下支座和梁纵筋，对应的材料编号分别为 1~5。但由于 ANSYS 前处理的材料库中没有包含本例中使用的混凝土连续帽盖模型，因此此处需要将混凝土材料模型暂时使用线弹性材料来代替，待形成关键字文件后再进

183

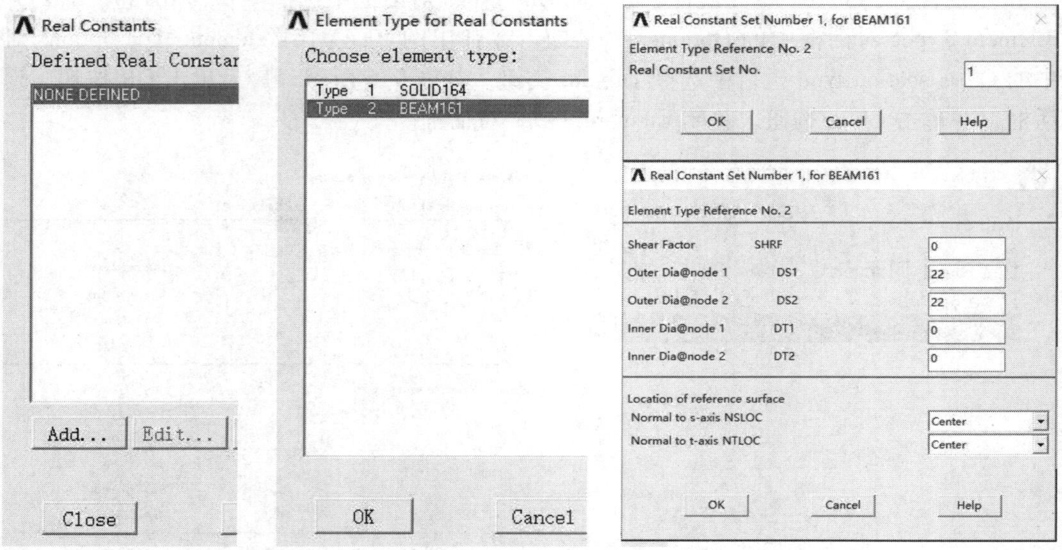

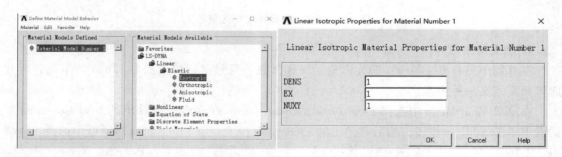

图 9-7　BEAM 161 的实常数定义

行相应的修改。

（1）定义混凝土的材料模型　混凝土暂时使用线弹性材料来代替。在菜单 Main Menu 中选择 Preprocessor > Material Props > Material Models 命令，在弹出的 Define Material Model Behavior 窗口右侧 Material Models Available 树形目录中依次选择 LS-DYNA > Linear > Elastic > Isotropic 命令，在弹出的 Linear Isotropic Properties for Material Number 1 对话框中的 DENS、EX 和 NUXY 栏目内都输入 1，最后单击 OK 按钮，退出对话框，完成线弹性材料模型的定义，如图 9-8 所示。

图 9-8　线弹性材料定义

（2）定义落锤的材料模型　落锤采用仅有竖向平动自由度的刚体材料。选择 Define Material Model Behavior 窗口左上侧的 Material > New Model... 命令，在弹出的 Define Material ID 对话框中输入 2，并单击 OK 按钮。然后在 Material Models Available 树形目录中依次选择 LS-DYNA > Rigid Material，弹出 Rigid Properties for Material Number 2 对话框，在该对话框中的 DENS、EX 和 NUXY 栏目内分别输入 0.056、200000 和 0.3，并将第一个下拉菜单选择为 Z and X disps.，将第二个下拉菜单选择为 All rotations，如图 9-9 所示，最后单击 OK 按钮，退出对话框，完成落锤材料模型的定义。

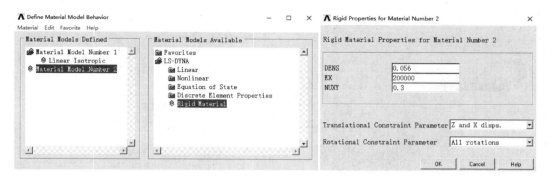

图9-9 落锤材料模型定义

（3）定义上、下支座的材料模型 支座均采用自由度全约束的刚体材料。选择 Define Material Model Behavior 窗口左上侧的 Material > New Model... 命令，在弹出的 Define Material ID 对话框中输入3，并单击 OK 按钮。然后在 Material Models Available 树形目录中依次选择 LS-DYNA > Rigid Material，弹出 Rigid Properties for Material Number 3 对话框，在该对话框中的 DENS、EX 和 NUXY 栏目内分别输入 0.0078、200000 和 0.3，并将第一个下拉菜单选择为 All disps.，将第二个下拉菜单选择为 All rotations，如图 9-10 所示，最后单击 OK 按钮，退出对话框，即可完成上支座材料模型的定义。下支座通过复制上支座材料模型获得，选择 Define Material Model Behavior 窗口左上侧菜单的 Edit > Copy... 命令，弹出 Copy Material Model 对话框，在该对话框的 from Material number 下拉菜单中选择3，在该对话框的 to Material number 栏目中输入4，并单击 OK 按钮，即可完成下支座材料模型的复制操作。

图9-10 上支座材料模型定义

（4）定义钢筋的材料模型 钢筋采用各向同性弹塑性材料。选择 Define Material Model Behavior 窗口左上侧的 Material > New Model... 命令，在弹出的 Define Material ID 对话框中输入5，并单击 OK 按钮。然后在 Material Models Available 树形目录中依次选择 LS-DYNA > Nonlinear > Inelastic > Kinematic Hardening > Plastic Kinematic，将会弹出 Plastic Kinematic Properties for Material Number 5 对话框，在该对话框中输入钢筋相应的材料性质，DENS 为 0.0078、EX 为 200000、NUXY 为 0.3、Yield Stress 为 371、Tangent Modulus 为 780、Hardening Parm 为 1、c 为 0.04、P 为 5 和 Failure Strain 为 0.15，如图 9-11 所示，最后单击 OK 按钮，退出对话框，完成钢筋材料模型的定义。

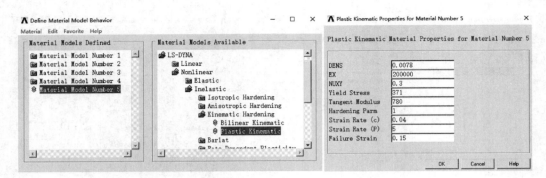

图 9-11 钢筋材料模型定义

定义完所有材料模型后，关闭 Define Material Model Behavior 窗口。

6. 建立几何模型

为了便于操作，建模过程采用工作平面坐标系，因此需要将工作平面设置为活跃的坐标系，由功能菜单栏中选择 WorkPlane > Change Active CS to > Working Plane 命令实现，并打开工作平面控制工具，通过选择 WorkPlane > Offset WP by Increments... 命令实现。最后显示工作平面坐标系，通过选择 WorkPlane > Display Working Plane 命令实现。

（1）建立混凝土的几何模型 在菜单 Main Menu 中选择 Preprocessor > Modeling > Create > Volumes > Block > By Dimensions 命令，在弹出的 Create Block by Dimensions 对话框中输入三维尺寸，如图 9-12 所示，单击 OK 按钮，完成混凝土的几何模型创建。

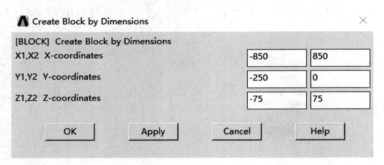

图 9-12 建立混凝土的几何模型

（2）建立落锤的几何模型 首先在上述已经打开的 Offset WP 对话框中的 XY，YZ，ZX Angles 栏目内输入 0，–90，单击 Apply 按钮，将工作平面坐标系绕 X 轴旋转 –90°。然后在菜单 Main Menu 中选择 Preprocessor > Modeling > Create > Cylinder > By Dimensions 命令，弹出 Create Cylinder by Dimensions 对话框，在该对话框内输入圆柱体的半径及高度，如图 9-13 所示，单击 OK 按钮，完成落锤的几何模型创建。

（3）建立上支座的几何模型 首先在 Offset WP 对话框中的 X，Y，Z Offsets 栏目内输入 –700，单击 Apply 按钮，将工作平面坐标系沿 X 轴平移 –700。然后在菜单 Main Menu 中选择 Preprocessor > Modeling > Create > Volumes > Block > By Dimensions 命令，在弹出的 Create Block by Dimensions 对话框中输入三维尺寸，如图 9-14a 所示，单击 OK 按钮，完成左上支座的建立。再在菜单 Main Menu 中选择 Preprocessor > Modeling > Copy > Volumes 命令，弹出

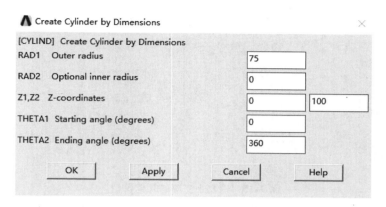

图 9-13　建立落锤的几何模型

Copy Volumes 对象拾取对话框，在图形显示区选择刚刚建立好的左上支座的几何模型，单击 Copy Volumes 对话框内的 OK 按钮，弹出新的 Copy Volumes 对话框，在该对话框的 Number of copies 栏目内输入 2，在 DX 栏目内输入 1400，如图 9-14b 所示，单击 OK 按钮，完成复制操作。

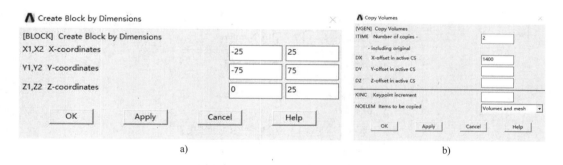

图 9-14　建立上支座的几何模型

a）建立左上支座的几何模型　b）通过复制操作获得右上支座的几何模型

（4）建立下支座的几何模型　首先在 Offset WP 对话框中的 X，Y，Z Offsets 栏目内输入 0，0，-275，单击 Apply 按钮，将工作平面坐标系沿 Z 轴平移 -275。再在 Offset WP 对话框中的 XY，YZ，ZX Angles 栏目内输入 0，-90，单击 Apply 按钮，将工作平面坐标系绕 X 轴旋转 -90°。然后在菜单 Main Menu 中选择 Preprocessor > Modeling > Create > Cylinder > By Dimensions 命令，弹出 Create Cylinder by Dimensions 对话框，在该对话框内输入圆柱体的半径及高度，如图 9-15a 所示，单击 OK 按钮，完成左下支座的几何模型创建。再在菜单 Main Menu 中选择 Preprocessor > Modeling > Copy > Volumes 命令，弹出 Copy Volumes 对象拾取对话框，在图形显示区选择刚刚建立好的左下支座的几何模型，单击 Copy Volumes 对话框内的 OK 按钮，弹出新的 Copy Volumes 对话框，在该对话框的 Number of copies 栏目内输入 2，在 DX 栏目内输入 1400，如图 9-15b 所示，单击 OK 按钮，完成复制操作。

（5）建立钢筋的几何模型　首先将工作平面坐标系移回原处，由功能菜单栏中选择 WorkPlane > Align WP with > Global Cartesian 命令实现。为便于区分新创建的关键点和线，需隐藏原本存在的所有关键点和线，在功能菜单栏中选择 Select > Entities...，在弹出的 Select

187

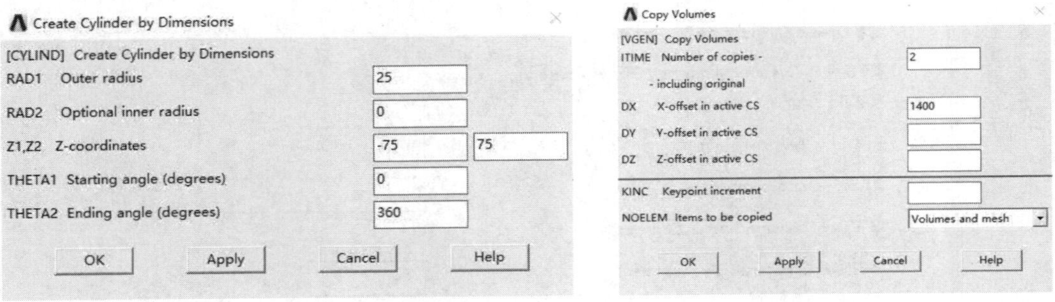

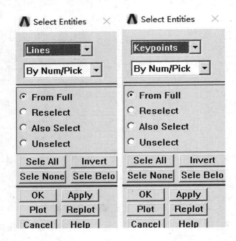

图 9-15   建立上支座的几何模型

a) 建立左下支座的几何模型   b) 通过复制操作获得右下支座的几何模型

Entities 对话框中的第一个下拉菜单选择 Lines 并单击 Sele None 按钮隐藏所有线。同样地，在下拉菜单选择 Keypoints，并单击 Sele None 按钮隐藏所有关键点，最后再单击 Plot 按钮，将图形界面切换到显示关键点，如图 9-16 所示。

图 9-16   隐藏线和关键点的选项

在建立钢筋几何模型前，首先需要建立如表 9-1 的钢筋两端的关键点。

表 9-1   用于建立钢筋几何模型的关键点编号和坐标

关键点编号 \ 坐标	X	Y	Z
50	-850	-40	35
51	850	-40	35
52	-850	-40	-35
53	850	-40	-35
54	-850	-210	35
55	850	-210	35
56	-850	-210	-35
57	850	-210	-35

在菜单 Main Menu 中选择 Preprocessor > Modeling > Create > Keypoints > In Active CS 命令,在弹出的对话框中的 NPT Keypoint number 栏目中输入 50,在 X、Y、Z Location in active CS 栏目中分别输入 –850、–40 和 35,如图 9-17 所示,单击 OK 按钮,完成第一个关键点的创建。重复上述操作,完成表 9-1 所列 51~57 号关键点的创建。

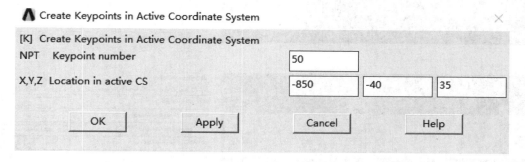

图 9-17 建立 50 号关键点

在菜单 Main Menu 中选择 Preprocessor > Modeling > Create > Lines > Lines > Straight Line 命令,在弹出对象拾取对话框后,在图形显示区域左键依次单击上一步已经建立的关键点 50 和 51、52 和 53、54 和 55、56 和 57,最后单击 OK 按钮,完成四根钢筋几何模型的建立。

7. 网格划分(创建有限元模型)

将已经建立好的几何模型赋予相应的材料模型、单元类型和实常数,然后再划分网格,即可形成有限元模型。进行下一步操作前,需要将所有的几何模型都选择出来,通过功能菜单栏的 Select > Everying 功能实现。

(1)实体模型的网格划分 选择功能菜单栏的 Plot > Volumes 命令,使得图形显示区域显示的是实体几何模型。在菜单 Main Menu 中依次选择 Preprocessor > Meshing > Mesh Attributes > Picked Volumes 命令,弹出 Volume Attributes 对象拾取对话框后,在图像显示区内使用鼠标左键选择混凝土几何模型(见图 9-18a),单击 OK 按钮,弹出 Volume Attributes 对话框,在该对话框内的下拉菜单 Material number 中选 1,Real constant set number 中选 1,Element type number 中选 1 SOLID164,如图 9-18a 所示,单击 OK 按钮,完成混凝土材性的赋予。同样的操作,赋予落锤的属性 Material number 为 2,Real constant set number 为 1,Element type number 为 1 SOLID164,如图 9-18b 所示;赋予上支座的属性 Material number 为 3,Real constant set number 为 1,Element type number 为 1 SOLID164,如图 9-18c 所示;赋予下支座的属性 Material number 为 4,Real constant set number 为 1,Element type number 为 1 SOLID164,如图 9-18d 所示。

划分网格前,需要设置网格尺寸。选择菜单 Main Menu 中的 Preprocessor > Meshing > Size Cntrls > Manual Size > Lines > All Lines 命令,在弹出的对话框的 Element edge length 栏目中输入 15,如图 9-19 所示,单击 OK 按钮,控制实体单元的边界长度不大于 15。

选择菜单 Main Menu 中的 Preprocessor > Meshing > Mesh > Volumes > Mapped > 4 to 6 sided 命令,弹出对象拾取对话框后,在图形显示区内选择混凝土的几何模型和上支座的几何模型,单击 OK 按钮,完成混凝土和上支座的网格划分。选择功能菜单栏的 Plot > Volumes 命

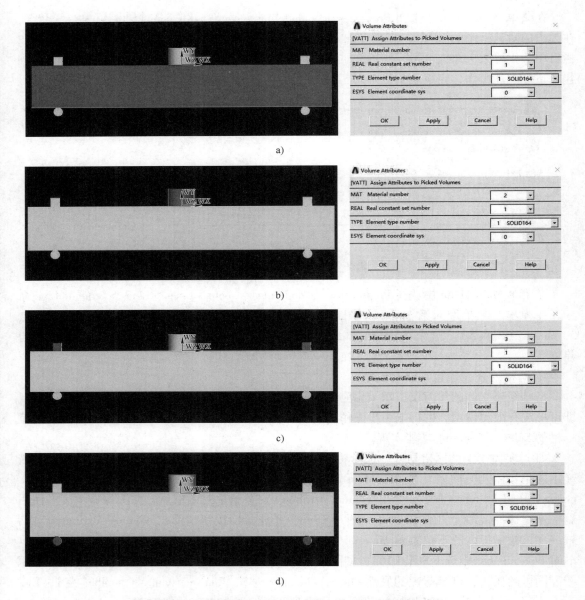

图9-18　赋予实体几何模型材料模型、单元类型和实常数
a）赋予混凝土几何模型属性　b）赋予落锤几何模型属性
c）赋予上支座几何模型属性　d）赋予下支座几何模型属性

令，将图形显示区域切换成显示实体几何模型。然后再选择菜单 Main Menu 中的 Preprocessor > Meshing > Mesh > Volume Sweep > Sweep 命令，弹出对象拾取对话框后，在图形显示区内选择落锤的几何模型和下支座的几何模型，单击 OK 按钮，即可完成落锤和下支座的网格划分。

（2）钢筋几何模型的网格划分　单元类型 BEAM161 需要定义一个初始方向，由于本算例使用的 BEAM161 单元是 Tubular 管状类型的，横截面为圆对称，因此该初始方向可以任意定义。

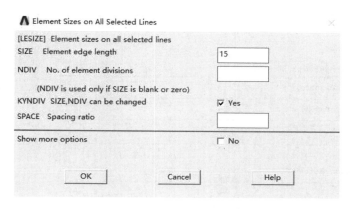

图 9-19 实体模型网格尺寸控制

首先创建用于定义 BEAM161 单元初始方向的关键点编号为 10000，坐标为"3000，3000，3000"。在菜单 Main Menu 中选择 Preprocessor > Modeling > Create > Keypoints > In Active CS 命令，在弹出的对话框中的 Keypoint number 栏目中输入 10000，在 X，Y，Z Location in active CS 栏目中分别输入 3000、3000 和 3000，单击 OK 按钮，完成关键点 10000 的创建。

选出钢筋的几何模型，在功能菜单栏中选择 Select > Entities...，在弹出的 Select Entities 对话框中的第一个下拉菜单选择 Lines，第二个下拉菜单选择 Attached to，再点选 Areas 和 Unselect，如图 9-20a 所示，最后单击 Apply 按钮，完成选取操作。然后再单击 Plot 按钮，使图形显示区域显示选择出来的钢筋几何模型，如图 9-20b 所示。

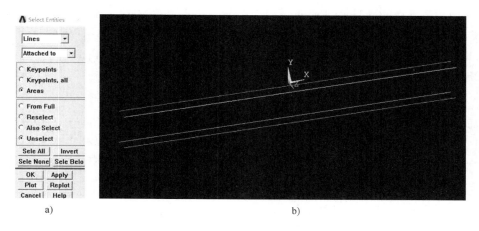

图 9-20 选出钢筋的几何模型
a）隐藏面上的线 b）选出的钢筋几何模型

选出钢筋几何模型后，定义相应的材料模型、单元类型、实常数以及初始方向。选择菜单 Main Menu 中 Preprocessor > Meshing > Mesh Attributes > All Lines 命令，在弹出的 Line Attributes 对话框内的前三个下拉菜单 Material number、Real constant set number 和 Element type number 分别选为 5、1 和 2 BEAM161，把 Pick Orientation Keypoint(s) 选项点选为 Yes，如图 9-21a 所示，然后单击 OK 按钮，弹出对象拾取框 Line Attributes，在对象拾取框中输入 10000（见图 9-21b），单击 OK 按钮，完成钢筋几何模型属性的赋予。

191

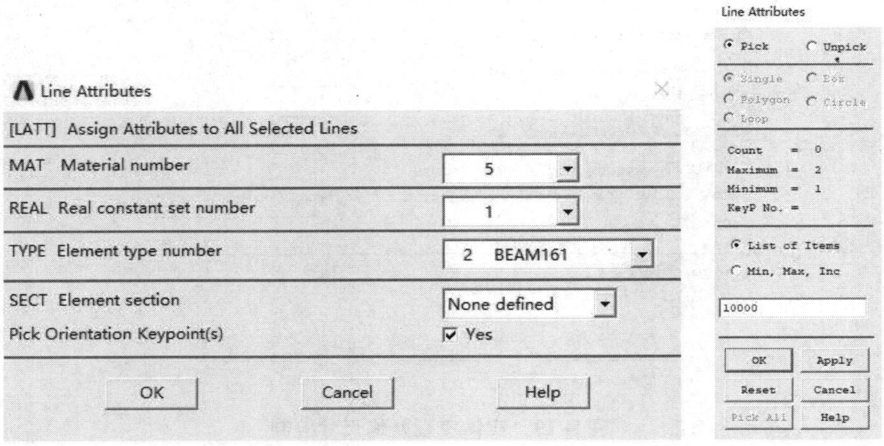

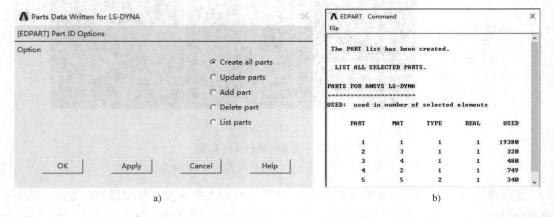

图 9-21　钢筋几何模型属性的赋予

a）选择属性　b）输入定义初始方向的关键点

然后选择菜单 Main Menu 中的 Preprocessor > Meshing > Size Cntrls > Manual Size > Lines > All Lines 命令，在弹出的对话框的 Element edge length 栏目中输入 20，控制钢筋单元的长度不大于 20。选择菜单 Main Menu 中的 Preprocessor > Meshing > Mesh > Lines 命令，弹出对象拾取对话框后，单击 Pick All 按钮，完成钢筋几何模型的网格划分。

8. 创建 Part

选择功能菜单栏的 Select > Everying 命令，然后选择菜单 Main Menu 中 Preprocessor > LS-DYNA Options > Parts Options 命令，在弹出的 Parts Data Written for LS-DYNA 对话框中点选 Create all parts（见图 9-22a），单击 OK 按钮，得出创建完成的所有 PART 的信息文本（见图 9-22b），关闭该文本。

图 9-22　创建 Part

a）选择创建 Part　b）Part 信息文本

由文本信息可以发现程序自动生成的 Part 编号 1~5 分别代表计算模型的混凝土、上支座、下支座、落锤和钢筋，与材料编号代表的不一致，因此读者需要注意区别对待，以防使用错误。

9. 施加落锤的速度

选择菜单 Main Menu 中 Preprocessor > LS-DYNA Options > Initial Velocity > On Parts > w/ Axial Rotate 命令，将会弹出 Generate Velocity 对话框。在该对话框中的第一个下拉菜单选择落锤的 Part 编号，此处为 4，并在 VY Global Y-component 栏目内输入 −4（负号代表速度方向与坐标轴方向相反），如图 9-23 所示，单击 OK 按钮，即可完成落锤速度的施加。

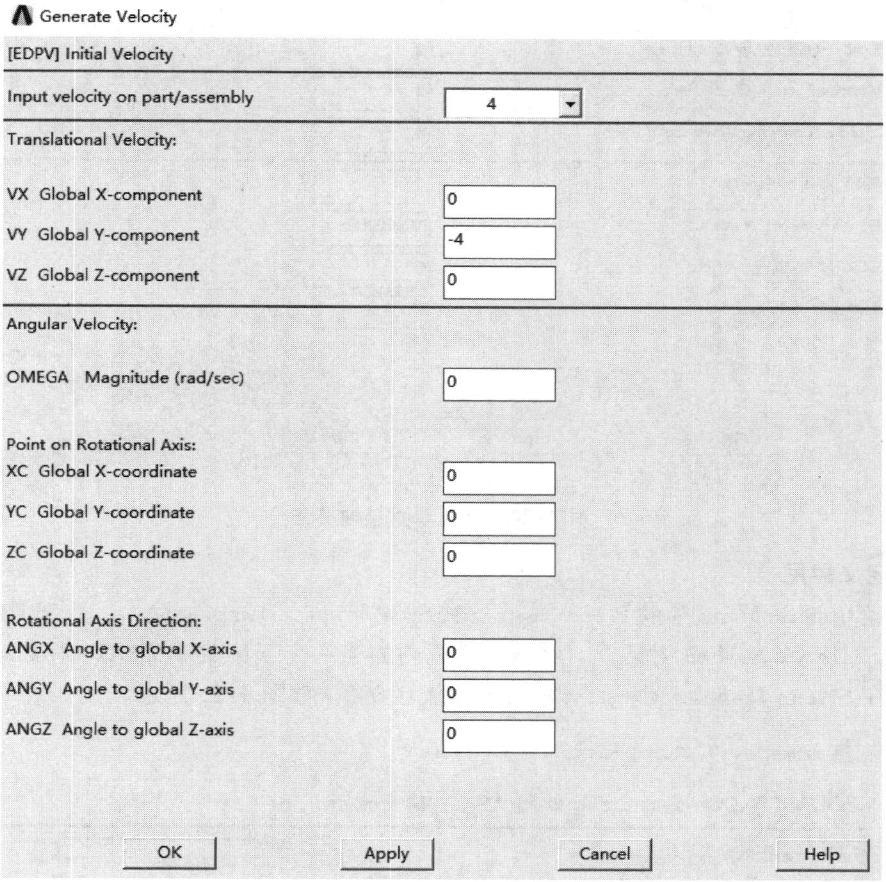

图 9-23　施加速度选项

10. 定义接触

定义所有 PART 间的单面接触算法，选择菜单 Main Menu 中的 Preprocessor > LS-DYNA Options > Contact > Define Contact 命令，弹出 Contact Parameter Definitions 对话框，在该对话框内的 Contact Type 栏目的左框内选择 Single Surface，右框内选择 Automatic（ASSC）。然后在 Static Friction Coefficient 栏目内输入 0.1，在 Dynamic Friction Coefficient 栏目内输入 0.15，其余接触参数保持默认，如图 9-24 所示。最后单击 OK 按钮，完成单面接触算法的定义。

Contact Parameter Definitions ✕

[EDCGEN] LS-DYNA Explicit Contact Parameter Definitions

Contact Type	Single Surface Nodes to Surface Surface to Surf	Auto Gen'l (AG) Automatic (ASSC) Auto 2-D (ASS2D) Single Surf (SS) Eroding (ESS)
		Automatic (ASSC)

Static Friction Coefficient	0.1
Dynamic Friction Coefficient	0.15
Exponential Decay Coefficient	0
Viscous Friction Coefficient	0
Viscous Damping Coefficient	0

Birth time for contact	0
Death time for contact	10000000
BOXID1 Contact box	0
BOXID2 Target box	0

OK	Apply	Cancel	Help

图 9-24　定义单面接触算法

11. 定义阻尼

选择菜单 Main Menu 中的 Preprocessor > Material Props > Damping 命令，弹出 Damping Options for LS-DYNA Explicit 对话框。将该对话框内的第一个下拉菜单 PART number 选为 ALL parts，并在 System Damping Constant 栏目内输入 0.005，如图 9-25 所示。

Damping Options for LS-DYNA Explicit ✕

[EDDAMP] Damping Options for LS-DYNA Explicit

PART number	ALL parts ▼
Curve ID	0
System Damping Constant	0.005

OK	Apply	Cancel	Help

图 9-25　定义阻尼

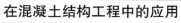
12. 求解控制设置

（1）设置能量选项　选择菜单 Main Menu 中的 Solution > Analysis Options > Energy Options 命令，将弹出的 Energy Options 对话框内的所有能量控制开关打开，如图9-26所示。

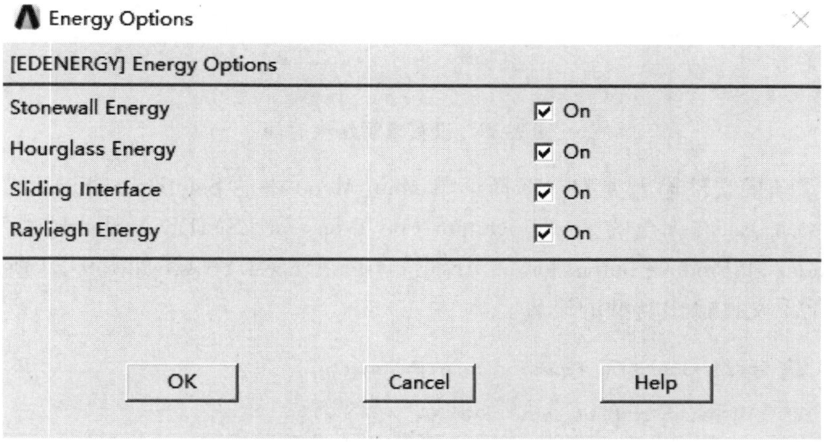

图9-26　打开所有能量控制开关

（2）定义沙漏控制　选择菜单 Main Menu 中的 Solution > Analysis Options > Hourglass Ctrls > Local 命令，在弹出的 Define Hourglass Material Properties 对话框内的 Material Reference number 栏目输入1，Hourglass control type 栏目内输入2，Hourglass coefficient 栏目内输入 0.14，其余参数保持默认，如图9-27所示，单击 OK 按钮，关闭该对话框，完成沙漏控制的定义。

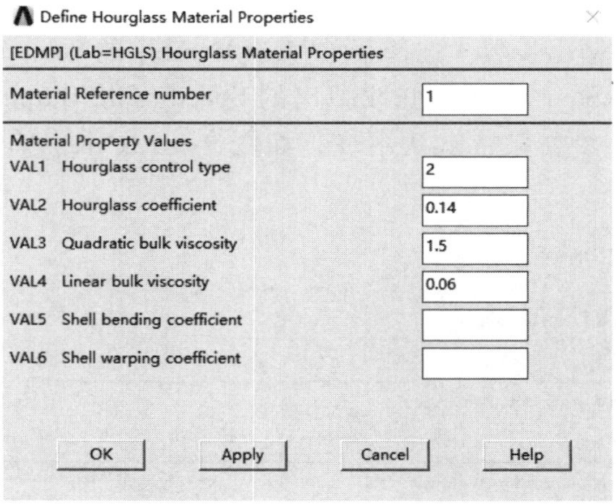

图9-27　定义沙漏控制

（3）设置求解结束时间　选择菜单 Main Menu 中的 Solution > Time Controls > Solution Time 命令，在弹出的 Solution Time for LS-DYNA Explicit 对话框内的 Terminate at Time 栏目内输入 30，即将结束时间控制在30ms，如图9-28所示。

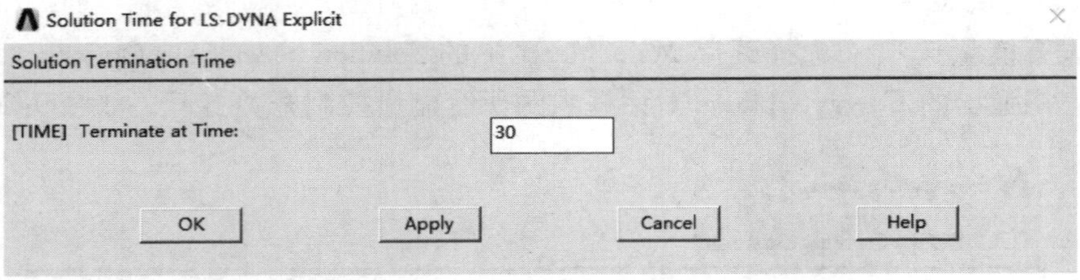

图 9-28　设置求解结束时间

（4）设置结果文件输出类型　选择菜单 Main Menu 中的 Solution > Output Controls > Output File Types 命令，在弹出的 Specify Output File Types for LS−DYNA Slover 对话框内的下拉菜单 File options 和 Produce output for... 分别选 Add 和 LS−DYNA，如图 9-29 所示，单击 OK 按钮，完成结果文件输出类型的设置。

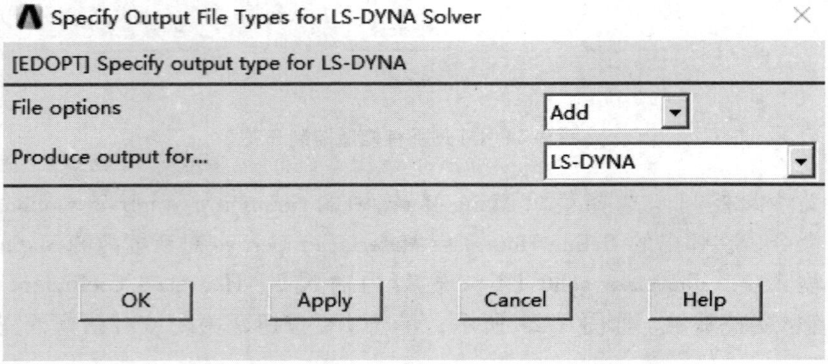

图 9-29　设置结果输出文件类型

（5）设置结果文件输出步数　选择菜单 Main Menu 中的 Solution > Output Controls > File Output Freq > Number of Steps 命令，修改弹出的 Specify File Output Frequency 对话框内的 EDHTIME 为 200，其余参数保持默认不变，如图 9-30 所示，单击 OK 按钮，退出该对话框。

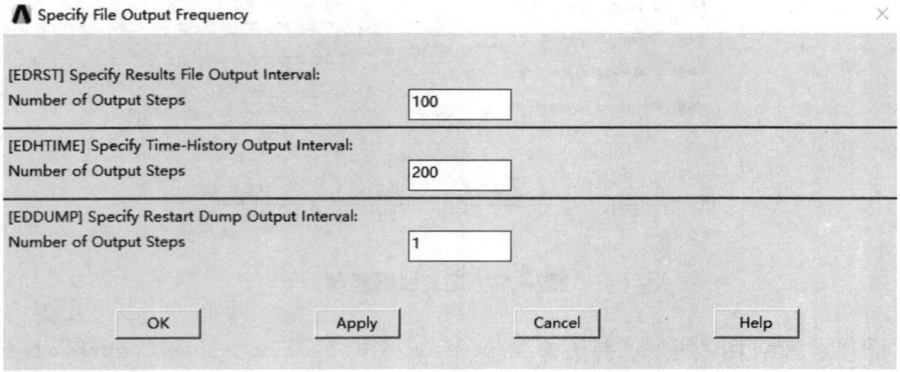

图 9-30　设置结果文件输出步数

（6）设置 ASCII 文件输出　选择菜单 Main Menu 中的 Solution > Output Controls > ASCII Output 命令，弹出 ASCII Output 对话框，选择该对话框内 Write Output Files for... 栏目内的 Resultant forces，如图 9-31 所示，单击 OK 按钮，退出该对话框。

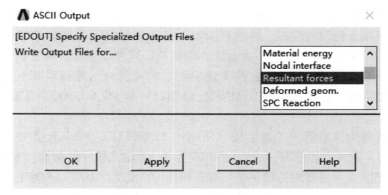

图 9-31　设置 ASCII 文件输出

13. 输出关键字文件

选择功能菜单栏的 Select > Everying 命令。然后选择菜单 Main Menu 中的 Solution > Write Jobname. K 命令，在弹出的 Input files to be Written for LS-DYNA 对话框中的第一个下拉菜单选择 LS-DYNA，在 Write input files to... 栏目中输入关键字文件名称 Impact_beam. k，如图 9-32 所示。最后单击 OK 按钮，完成关键字文件的输出。

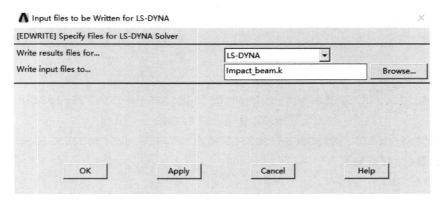

图 9-32　输出关键字文件

9.3　关键字文件修改

在递交 LS-DYNA 求解器求解前，还需要对输出的 Impact_beam. k 关键字文件进行修改或增添一些用于实现相应功能的关键字段。使用文本编辑器打开 Impact_beam. k，找到相应的关键字段进行修改，或在相应位置增添某些关键字段。为了方便查错、修改，这里将所有增加的关键字段都填在 MATERIAL DEFINITIONS 区块的下方。对于手动增添或修改的关键字段，本算例仅填入需要的参数，留空的参数代表使用默认值。修改完成的关键字文件（有省略）附在本节末尾，读者可对照该文件练习修改。

注： 本算例使用的材料模型参数的取值仅供参考之用。

以下为本算例需要修改或增添关键字：

（1）修改混凝土的材料模型　将材料类型 1 修改为混凝土连续帽盖模型，相应的关键字为"*MAT_CSCM_CONCRETE"，并输入相应的抗压强度、密度、单位制等参数。

（2）增加钢筋和混凝土耦合算法的关键字段　本算例的钢筋和混凝土间假定为完全固结，对应使用的关键字为"*CONSTRAINED_LAGRANGE_IN_SOLID"，并输入相应的参数，末尾留空两行。

（3）增加落锤力传感器的关键字段　使用"*CONTACT_FORCE_TRANSDUCER_PEN-ALTY_ID"关键字定义力传感器，设置标识 ID 为 1，并输入相应的参数，末尾留空两行。

（4）增加支座力传感器的关键字段　首先使用"*SET_PART"关键字，将上、下支座定义为一个 Part 组，然后使用"*CONTACT_FORCE_TRANSDUCER_PENALTY_ID"关键字定义力传感器，设置标识 ID 为 2，并输入相应的参数，末尾留空两行。

修改完成的 Impact_beam.k 关键字文件如下所示：

```
*KEYWORD
*TITLE

$
*DATABASE_FORMAT
        0
$
$
$$$$$$$$$$$$$$$$$$$$$$$$$$$$$$$$$$$$$$$$$$$$$$$$$$$$$$$$$$$$$$$$$$$$$$$$$$$
$                      NODE DEFINITIONS                                 $
$$$$$$$$$$$$$$$$$$$$$$$$$$$$$$$$$$$$$$$$$$$$$$$$$$$$$$$$$$$$$$$$$$$$$$$$$$$
$定义节点(有省略)
*NODE
    1 -8.500000000E +02   0.000000000E +00 -7.500000000E +01       0  0
    2 -8.500000000E +02 -2.500000000E +02 -7.500000000E +01       0  0
    3 -8.500000000E +02 -1.470588235E +01 -7.500000000E +01       0  0
.......................................................................
 25766  8.400000000E +02 -1.004408544E +02  6.858629495E +01       0  0
$
$
$$$$$$$$$$$$$$$$$$$$$$$$$$$$$$$$$$$$$$$$$$$$$$$$$$$$$$$$$$$$$$$$$$$$$$$$$$$
$                    SECTION DEFINITIONS                                $
$$$$$$$$$$$$$$$$$$$$$$$$$$$$$$$$$$$$$$$$$$$$$$$$$$$$$$$$$$$$$$$$$$$$$$$$$$$
$
```

```
*SECTION_SOLID
        1        1
*SECTION_BEAM
        2        1    1.0000        2.0        1.0
    22.0        22.0        0.00        0.00        0.00        0.00
$
$
$$$$$$$$$$$$$$$$$$$$$$$$$$$$$$$$$$$$$$$$$$$$$$$$$$$$$$$$$$$$$$$$$$$$$$$$
$                    MATERIAL DEFINITIONS                          $
$$$$$$$$$$$$$$$$$$$$$$$$$$$$$$$$$$$$$$$$$$$$$$$$$$$$$$$$$$$$$$$$$$$$$$$$
$
$-----------------------------增添部分开始-----------------------------
*CONSTRAINED_LAGRANGE_IN_SOLID
$定义钢筋和混凝土间的耦合算法,填入第一行参数,第二、三行参数留空使用默认值
5,1,1,1,0,2,1,0


$
*CONTACT_FORCE_TRANSDUCER_PENALTY_ID
$定义落锤的力传感器,第一行为ID号,填入第二行参数,第三、四行参数留空使用默认值
1
4,0,3



$
*SET_PART
$定义支座Part组,第一行为ID号,第二行为上、下支座的Part编号
1
2,3
$
*CONTACT_FORCE_TRANSDUCER_PENALTY_ID
$定义支座的力传感器,第一行为ID号,填入第二行参数,第三、四行参数留空使用默认值
2
1,0,2



$-----------------------------增添部分结束-----------------------------
*MAT_CSCM_CONCRETE
$此处为修改后的混凝土材料模型
```

```
1,0.00232,1,0,1,1.10,10,0
0
40,10,1
 *MAT_RIGID
        2 0.560E-01 0.200E+06  0.300000        0.0        0.0        0.0
  1.00       6.00       7.00

 *MAT_RIGID
        3 0.780E-02 0.200E+06  0.300000        0.0        0.0        0.0
  1.00       7.00       7.00

 *MAT_RIGID
        4 0.780E-02 0.200E+06  0.300000        0.0        0.0        0.0
  1.00       7.00       7.00

 *MAT_PLASTIC_KINEMATIC
        5 0.780E-02 0.200E+06  0.300000       371.       780.       1.00
0.400E-01   5.00       0.150
 $
 *HOURGLASS
        1          2 0.140          0   1.50     0.600E-01  0.00       0.00
 $
 $
$$$$$$$$$$$$$$$$$$$$$$$$$$$$$$$$$$$$$$$$$$$$$$$$$$$$$$$$$$$$$$$$$$$$$$$$$$$$
$                      PARTS DEFINITIONS                                 $
$$$$$$$$$$$$$$$$$$$$$$$$$$$$$$$$$$$$$$$$$$$$$$$$$$$$$$$$$$$$$$$$$$$$$$$$$$$$
 $
 $
 *PART
Part            1 for Mat        1 and Elem Type        1
        1          1          1          0          1          0          0
 $
 *PART
Part            2 for Mat        3 and Elem Type        1
        2          1          3          0          0          0          0
 $
 *PART
Part            3 for Mat        4 and Elem Type        1
        3          1          4          0          0          0          0
```

```
$
*PART
Part            4 for Mat        2 and Elem Type        1
        4        1        2        0        0        0        0
$
*PART
Part            5 for Mat        5 and Elem Type        2
        5        2        5        0        0        0        0
$
$
$$$$$$$$$$$$$$$$$$$$$$$$$$$$$$$$$$$$$$$$$$$$$$$$$$$$$$$$$$$$$$$$$$$$$$$$$$$$
$                    ELEMENT DEFINITIONS                              $
$$$$$$$$$$$$$$$$$$$$$$$$$$$$$$$$$$$$$$$$$$$$$$$$$$$$$$$$$$$$$$$$$$$$$$$$$$$$
$定义单元(有省略)
*ELEMENT_SOLID
        1        1        2      150      263       18     4149     5063     6499     6219
        2        1      150      151      264      263     5063     5064     6643     6499
        3        1      151      152      265      264     5064     5065     6787     6643
    ..............................................................
    21020        4    24698    24842    24776    25028    23382    23406    23395    23414
*ELEMENT_BEAM
    21021        5    25083    25085    25169
    21022        5    25085    25086    25170
    21023        5    25086    25087    25171
    ...................................................
    21360        5    25681    25597    25766
$
$$$$$$$$$$$$$$$$$$$$$$$$$$$$$$$$$$$$$$$$$$$$$$$$$$$$$$$$$$$$$$$$$$$$$$$$$$$$
$                      SYSTEM DAMPING                                 $
$$$$$$$$$$$$$$$$$$$$$$$$$$$$$$$$$$$$$$$$$$$$$$$$$$$$$$$$$$$$$$$$$$$$$$$$$$$$
$
*DAMPING_GLOBAL
        00.5000E-02
$
$$$$$$$$$$$$$$$$$$$$$$$$$$$$$$$$$$$$$$$$$$$$$$$$$$$$$$$$$$$$$$$$$$$$$$$$$$$$
$                    CONTACT DEFINITIONS                              $
$$$$$$$$$$$$$$$$$$$$$$$$$$$$$$$$$$$$$$$$$$$$$$$$$$$$$$$$$$$$$$$$$$$$$$$$$$$$
$
*CONTACT_AUTOMATIC_SINGLE_SURFACE
```

```
        0         0         0         0
    0.1000  0.1500  0.0000  0.0000  0.0000      0 0.000  0.1000E+08

$
$$$$$$$$$$$$$$$$$$$$$$$$$$$$$$$$$$$$$$$$$$$$$$$$$$$$$$$$$$$$$$$$$$$$$$$$$$$$$$$$$$
$                       CONTROL OPTIONS                                       $
$$$$$$$$$$$$$$$$$$$$$$$$$$$$$$$$$$$$$$$$$$$$$$$$$$$$$$$$$$$$$$$$$$$$$$$$$$$$$$$$$$
$
*CONTROL_ENERGY
        2         2         2         2
*CONTROL_SHELL
  20.0            1        -1         1         2         2         1
*CONTROL_TIMESTEP
    0.0000  0.9000      0  0.00        0.00
*CONTROL_TERMINATION
  30.0              0  0.00000  0.00000  0.00000
*DATABASE_HISTORY_NODE
        1
$
$$$$$$$$$$$$$$$$$$$$$$$$$$$$$$$$$$$$$$$$$$$$$$$$$$$$$$$$$$$$$$$$$$$$$$$$$$$$$$$$$$
$                       TIME HISTORY                                          $
$$$$$$$$$$$$$$$$$$$$$$$$$$$$$$$$$$$$$$$$$$$$$$$$$$$$$$$$$$$$$$$$$$$$$$$$$$$$$$$$$$
$
*DATABASE_RCFORC
0.1500
*DATABASE_BINARY_D3PLOT
0.3000
*DATABASE_BINARY_D3THDT
0.1500
*DATABASE_BINARY_D3DUMP
        0
$
$$$$$$$$$$$$$$$$$$$$$$$$$$$$$$$$$$$$$$$$$$$$$$$$$$$$$$$$$$$$$$$$$$$$$$$$$$$$$$$$$$
$                       DATABASE OPTIONS                                      $
$$$$$$$$$$$$$$$$$$$$$$$$$$$$$$$$$$$$$$$$$$$$$$$$$$$$$$$$$$$$$$$$$$$$$$$$$$$$$$$$$$
$
*DATABASE_EXTENT_BINARY
        0         0         3         1         0         0         0         0
        0         0         4         0         0         0
```

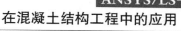

```
$
$$$$$$$$$$$$$$$$$$$$$$$$$$$$$$$$$$$$$$$$$$$$$$$$$$$$$$$$$$$$$$$$$$$$$$$$$
$                   INITIAL VELOCITY DEFINITIONS                      $
$$$$$$$$$$$$$$$$$$$$$$$$$$$$$$$$$$$$$$$$$$$$$$$$$$$$$$$$$$$$$$$$$$$$$$$$$
$定义初始速度(有省略)
*SET_NODE_LIST
         1     0.000     0.000     0.000     0.000
     23321     23322     23323     23324     23325     23326     23327     23328
     23329     23330     23331     23332     23333     23334     23335     23336
     ..........................................................................
     25075     25076     25077     25078     25079     25080     25081     25082
*INITIAL_VELOCITY_GENERATION
         1       3 0.000     0.000    -4.000     0.000
 0.000     0.000     0.000     1.000     1.000     1.000                   0
*END
```

9.4 递交求解及后处理

9.4.1 递交求解

本节讲述如何将已经修改好的关键字文件递交到 LS-DYNA 求解程序中求解。

1. 选择求解类型

打开 Mechanical APDL Product Launcher 程序，在左上角的 Simulation Environment 栏目中选择 LS-DYNA Solver，在授权 License 中选择 ANSYS LS-DYNA，在 Analysis Type 栏目中点选 Typical LS-DYNA Analysis，如图 9-33 所示。

图 9-33　选择求解类型

2. 选择求解分关键字文件及结果存储的路径

如图 9-34 所示，在 Mechanical APDL Product Launcher 中的 Working Directory 中选择结果存储的路径，如 H：\Impact_beam\Results，并在 Keyword Input File 中选择工作目录下的关键字文件 Impact_beam.k。

3. 设置分析内存和处理器数量，并递交求解

如图 9-35 所示，将选项卡转到 Customization/Preferences，在 Number of CPUs 栏目中选择用于求解使用的 CPU 核数，最后单击 Run 按钮，开始求解。

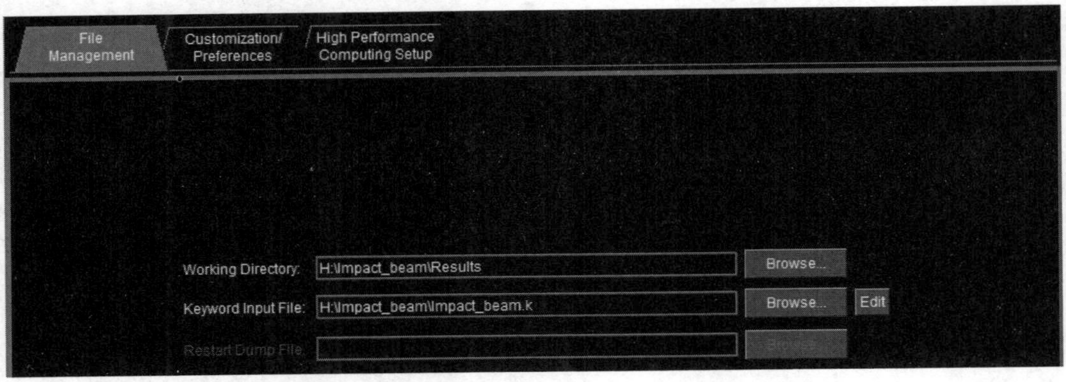

图 9-34　选择工作路径及输入工作名称

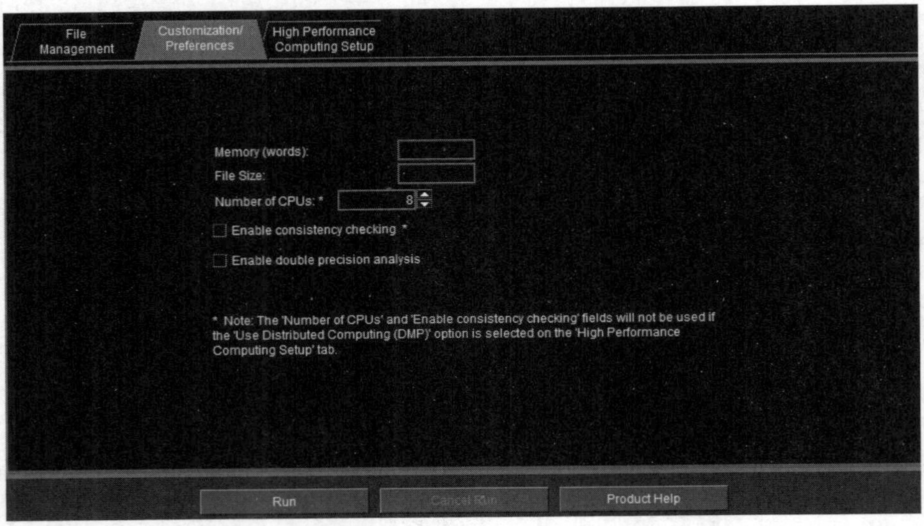

图 9-35　设置计算使用的 CPU 核数

9.4.2　后处理

LS-DYNA 程序求解完成后，将程序输出的结果文件导入 LS-PREPOST 软件进行后处理。

 注： 本节使用 LS-PREPOST V4.6 版本的经典用户界面（可使用 F11 切换用户界面）进行后处理操作。

1. 导入结果文件

打开 LS-PREPOST 程序，选择菜单栏的 File > Open > LS-DYNA Binary Plot 命令，在弹出的 Open File 对话框中选择结果储存目录内的二进制结果文件 d3plot，即可将结果信息导入到 LS-PREPOST 后处理器中，同时计算的模型显示在 LS-PREPOST 的绘图区域内。

2. 观察冲击过程

通过鼠标或图形显示控制按钮，调整到合适视角。单击动画播放控制台的▶按钮，程序将会在图形显示区中连续动态地显示整个冲击过程。可以通过粗略地观察整个冲击过程来初步判断计算结果是否正常，图 9-36 给出了几个不同时刻的结构形态。

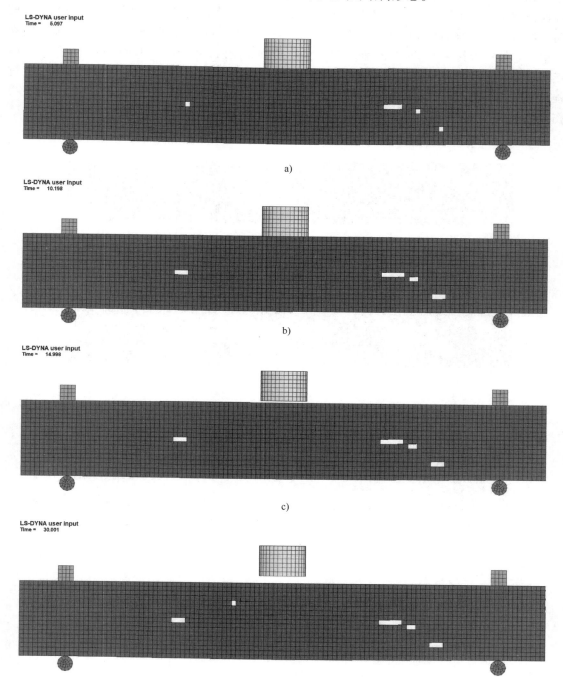

图 9-36　冲击作用过程

a）$t = 5.1\text{ms}$　b）$t = 10.2\text{ms}$　c）$t = 15.0\text{ms}$　d）$t = 30.0\text{ms}$

3. 观察混凝土裂缝开展过程

此处可以通过观察混凝土单元损伤指数的分布，间接地观察混凝土裂缝的分布。通过鼠标操作或图形显示控制按钮，调整到合适视角。选择主菜单功能按钮组第一页的 Selpar 按钮，然后在 Part Selection 面板右侧内仅选择第一个选项 1 Part，此时图形显示区仅显示混凝土单元。然后选择主菜单功能按钮组第一页的 Fcomp 按钮，在 Fringe Component 面板右侧内点选 Effective Plastic Strain，单击 Apply 按钮，然后再利用动画播放控制台的按钮控制播放过程，即可连续动态地显示混凝土损伤的分布情况，图 9-37 展示了几个不同时刻的混凝土损伤指数分布（一定程度上反映了混凝土裂缝的分布）。

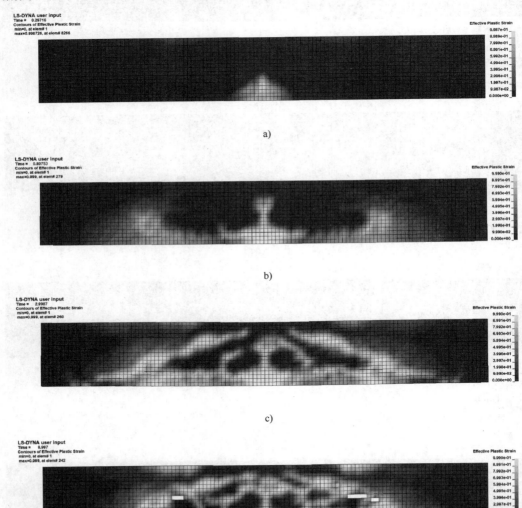

图 9-37　不同时刻混凝土损伤指数分布

a) $t = 0.3$ms　b) $t = 0.9$ms　c) $t = 3$ms　d) $t = 9$ms

> 📢 **注：** 由于混凝土使用的是连续帽盖模型，因此这里选择的 Effective Plastic Strain 并不是指代混凝土的有效塑性应变，而是指代混凝土的损伤指数，在一定程度上能够反映混凝土的开裂情况。

4. 获取钢筋混凝土梁跨中的竖向位移

可以通过绘制钢筋混凝土梁跨中节点的竖向位移时程曲线，观察梁在冲击荷载作用下的跨中竖向位移变化情况。首先单击视图控制区的 View 按钮，将视图以非阴影模式显示。随后选择主菜单功能按钮组第一页的 Selpar 按钮，在 Part Selection 面板右侧内仅选择第一个选项 1 Part，此时图形显示区仅显示混凝土单元。然后单击选择主菜单功能按钮组第一页的 Ident 按钮，在面板 Identify 的第一组单选按钮中点选 Node，并在 Key in xyz coord 栏目内输入 0，0，0，如图 9-38a 所示，然后按下 Enter 键，此时坐标为 (0，0，0) 的点被高亮度显示在图形显示区内。将视角调整到合适方位，单击该高亮的点将对应的节点选取出来，此时屏幕上显示出被选取节点的编号，此处为 5702 号，如图 9-38b 所示。

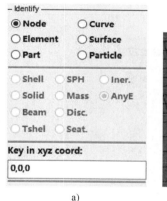
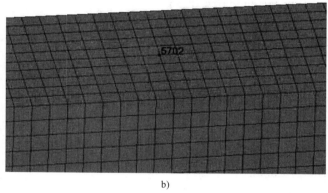

a)　　　　　　　　　　　　　　　　　　　　　　b)

图 9-38　选择钢筋混凝土梁跨中的节点

a）输入坐标　b）选取的 5702 号节点

将节点选出后，单击选择主菜单功能按钮组第一页的 History 按钮，在面板 Time History Results 中点选 Nodal，并在下方的绘图项目列表中选择 Y-displacement，然后单击面板底部的 Plot 按钮，弹出 PlotWindow-1 窗口，该窗口显示的曲线即为该节点的竖向位移时程曲线，如图 9-39 所示。

5. 获取钢筋混凝土梁跨中底层纵向钢筋的应变

首先单击主菜单功能按钮组第一页的 Selpar 按钮，然后在 Part Selection 面板右侧内仅选择第五个选项 5 Part，此时图形显示区仅显示钢筋单元。然后再单击选择主菜单功能按钮组第一页的 Ident 按钮，在面板 Identify 的第一组单选按钮中点选 Element，第二组单选按钮中点选 Beam，并在 Key in xyz coord 栏目内输入 0，-210，-35，如图 9-40a 所示，然后按下 Enter 键，此时坐标为 0，-210，-35 的点被高亮度显示在图形显示区内。将视角调整到合适方位，单击该高亮的点将对应的单元选取出来，此时屏幕上显示出被选取单元的编号，此处为 B21227，如图 9-40b 所示。

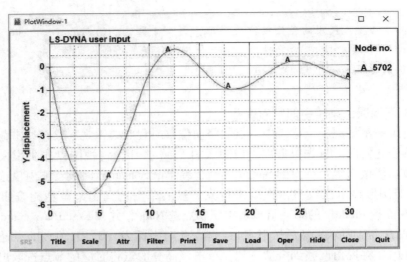

图 9-39 钢筋混凝土梁跨中（节点 5702）的竖向位移时程曲线

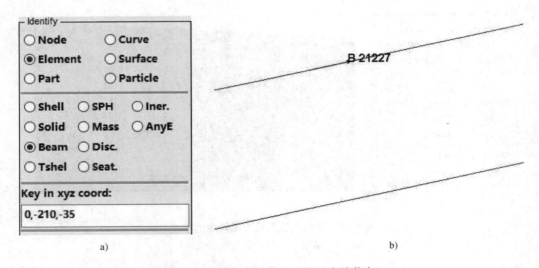

图 9-40 选择钢筋混凝土梁跨中的节点
a）输入坐标 b）选取的 B21318 号单元

将单元选出后，单击选择主菜单功能按钮组第一页的 History 按钮，在面板 Time History Results 单选按钮组中点选 Element，在 E-Type 下拉菜单中选择 Beams，并在绘图项目列表中选择 Axial Strain，然后单击面板底部的 Plot 按钮，弹出 PlotWindow-1 窗口，该窗口显示的曲线即为该单元的应变时程曲线，如图 9-41 所示。

6. 获取冲击荷载和支座反力

前文在前处理中已经给落锤和支座分别定义了力传感器，并且相对应的 RCFORC 结果文件已经设置输出，详细见前文求解控制设置及关键字文件的修改。写入 RCFORC 文件的结果为接触荷载，对应于落锤的冲击荷载以及支座的反力。

首先单击主菜单功能按钮组第一页的 ASCII 按钮，可以发现在 Ascii File Operation 面板

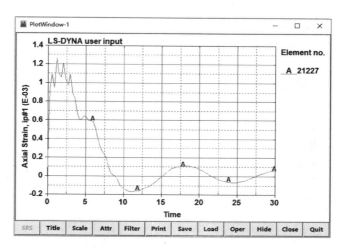

图 9-41 钢筋混凝土梁跨中底层纵向钢筋（单元 21227）的应变时程曲线

的右侧 rcforc 后面带有*号，选择 rcforc *，然后单击 Ascii File Operation 面板左侧的 Load 按钮，随后 Rcforc Data 面板的右侧内会出现 4 个选项，选择 Sl-1 选项，然后再选择 Rcforc Data 面板底部的 2-Y-force，如图 9-42a 所示，最后单击 Rcforc Data 面板左侧的 Plot 按钮，弹出 PlotWindow-1 窗口，该窗口显示的曲线即为钢筋混凝土梁对落锤的反力，如图 9-42b 所示。

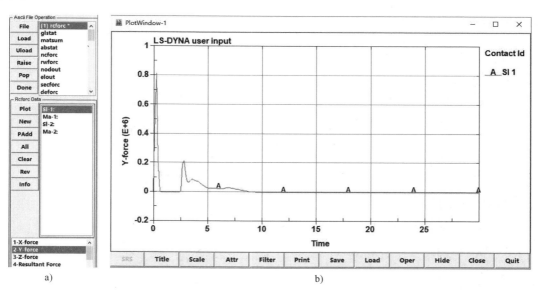

图 9-42 获取冲击荷载

a）绘图选项 b）钢筋混凝土梁对落锤的反力时程曲线

关闭 PlotWindow-1 窗口，选择 Ma-2 选项，然后再选择 Rcforc Data 面板底部的 2-Y-force，如图 9-43a 所示，最后单击 Rcforc Data 面板左侧的 Plot 按钮，弹出 PlotWindow-1 窗口，该窗口显示的曲线即为钢筋混凝土梁对支座的力时程曲线（负荷载代表力方向与 Y 轴正向相反），如图 9-43b 所示。

a)

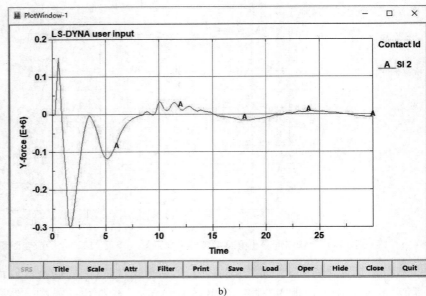

b)

图 9-43　获取支座反力时程曲线

a）绘图选项　b）钢筋混凝土梁对支座的力时程曲线

第 10 章
爆炸荷载作用下钢筋混凝土柱残余承载力分析

10.1　问题概述

在土木工程领域中，爆炸有着十分广泛的应用，如建筑的爆破拆除、建筑的抗爆研究、矿山爆破、隧道爆破等。爆炸是一类十分复杂的动力过程，要进行高精度的解析分析十分困难。因此，对于爆炸问题，目前常采用实验或数值分析的方法进行研究。数值分析以其经济、方便的优势在爆炸力学的研究中发挥着日益重要的作用。

LS-DYNA 程序提供高能爆炸的材料模型和状态方程，能够模拟爆炸过程中压力和体积的关系，准确地预测爆炸冲击波的传播过程以及被爆炸结构的动力响应。利用 LS-DYNA 分析爆炸问题时，可以采用以下两种方法。

1. 拉格朗日方法

拉格朗日方法对所有的物质（包括炸药、空气、水等流体以及被炸的固体物质）均采用拉格朗日网格描述，并通过共用节点或定义接触的方式建立起炸药单元和结构单元之间的关系。拉格朗日方法的优点是计算快，物质界面清晰。但该方法在爆炸过程中容易导致网格畸变，对结果产生不利的影响，甚至会影响计算的进程。在接触方式中，常用的接触类型为侵蚀接触、滑动接触以及面面接触。

2. ALE 方法

ALE 方法对炸药或其他流体物质采用 ALE 网格描述，其余固体物质采用拉格朗日网格描述，并通过多物质流固耦合的方式建立起 ALE 网格和拉格朗日网格之间的联系。由于材料物质可以在网格中流动，因此可以避免爆炸过程中单元畸变的问题。但 ALE 方法的计算时间较长。

本章以钢筋混凝土柱遭受爆炸荷载作用后的残余承载力分析为例，介绍了使用 ANSYS/LS-DYNA 解决此类爆炸问题的操作方法，也介绍了使用 LS-DYNA 完全重启动分析的操作方法。

10.1.1　问题简介

如图 10-1 所示，钢筋混凝土柱中部放置边长为 115mm 立方块的 TNT 炸药，试分析该炸药引爆之后柱子的残余承载力。

已知参数：柱高 3000mm，截面尺寸为 400mm × 400mm。柱中配置有 8 根直径为 25mm

的纵筋，屈服强度为 420MPa，极限强度为 488MPa，弹性模量为 200GPa，极限伸长率为 15.0%。箍筋直径为 13mm，配置的间距为 200mm，屈服强度为 280MPa，极限强度为 397MPa，弹性模量为 200GPa，极限伸长率为 15.0%；混凝土抗压强度为 40MPa；柱子的轴压比为 0.4；TNT 炸药为 2.5kg。

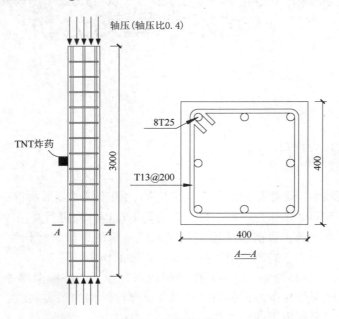

图 10-1　问题示意图

10.1.2　求解规划

　　本例涉及两个阶段的分析：第一阶段为爆炸过程分析，第二阶段为钢筋混凝土柱在遭受到爆炸作用后残余承载力的分析。第一阶段采用 ALE 方法分析，然后再使用完全重启动功能，以第一阶段结束时的应力状态为起点，使用轴心受压的方法分析钢筋混凝土柱的残余承载力。第一阶段除了建立炸药和钢筋混凝土柱模型外，还需要建立空气模型，用于传递爆炸的冲击波。此外，为了避免集中力直接施加在混凝土单元上，柱子的顶部和底部分别建立一个 50mm 厚的钢板用于施加约束和轴力。

　　混凝土和钢板采用实体拉格朗日单元，其中钢板采用全积分算法。炸药和空气采用实体 ALE 单元。钢筋采用 BEAM161 单元。钢筋混凝土间采用共节点法假设完全固结。ALE 单元和拉格朗日单元之间使用关键字 "*CONSTRAINED_LAGRANGE_IN_SOLID" 耦合。

　　混凝土材料模型使用连续帽盖模型（关键字为 "*MAT_CSCM_CONCRETE"）。钢筋材料模型使用各向同性弹塑性模型（关键字为 "*MAT_PLASTIC_KINEMATIC"）。由于爆炸是动力过程，混凝土和钢筋的材料模型还需要考虑应变率的影响。对于混凝土连续帽盖模型只需将参数 IRATE 设置为 1，对于钢筋材料模型需要输入应变率参数 SRC 和 SRP。钢板使用各向同性线弹性材料（关键字为 "*MAT_ELASTIC"），空气使用 NULL 材料模型和 LINEAR_POLYNOMIAL 状态方程，炸药使用 HIGH_EXPLOSIVE_BURN 模型和 JWL 状态方程，并设置在计算时间 5ms 时引爆。

施加的约束为柱子底部钢板的全约束，以及顶部钢板水平的约束，并在空气边界设置无反射边界，防止爆炸冲击波在空气边界处发生反射。轴压以及第二阶段分析所需要的轴力都通过位移施加。

考虑到爆炸冲击波扩展的过程一般在 1ms 以内，因此第一阶段计算时间设置为 7ms（包括施加轴压过程，以及爆炸过后的 2ms），以便观察整个爆炸波的传播过程。第二阶段可根据研究的加载速率进行设置，这里设置结束时间为 200ms（加载速率 0.019m/s）。为了获取第二阶段的承载力曲线，需要定义"*DATABASE_NODFOR"和"*DATABASE_NODAL_FORCE_GROUP"关键字段用于输出节点组的力。

本例模型采用国际单位制 m－kg－s，读者需要注意单位的协调统一，详见附录 A。

10.2 模型建立

10.2.1 第一阶段分析的建模过程

1. 打开 ANSYS/LS-DYNA 前处理器

（1）选择工作模块 打开 Mechanical APDL Product Launcher 程序，然后在左上角的 Simulation Environment 中选择 ANSYS，在授权 License 中选择相应的授权，如图 10-2 所示。

图 10-2 选择工作模块

（2）选择工作目录及输入工作名称 在 Mechanical APDL Product Launcher 中部的工作路径 Working Directory 中选择创建好的工作路径，如 H:\Blast_column，并在 Job Name 中输入工作名，如图 10-3 所示，最后单击 Run 按钮，打开 ANSYS/LS-DYNA 前处理器。

图 10-3 选择工作目录及输入工作名称

2. 图形界面过滤

为了便于后续选择单元，可以选择过滤图形界面。在菜单 Main Menu 中选择 Preferences 命令，在弹出对话框中的界面过滤 Discipline options 中选择 LS-DYNA Explicit，最后单击 OK 按钮，退出对话框，如图 10-4 所示。

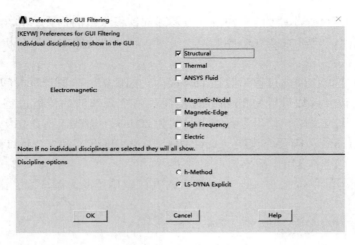

图 10-4　图形界面过滤

3. 定义单元类型

本算例中，需要定义三种 SOLID 164 单元和一种 BEAM 161 单元。

（1）定义单元类型　在菜单 Main Menu 中选择 Preprocessor > Element Type > Add/Edit/
Delete 命令，在弹出对话框中单击 Add... 按钮，在弹出的 Library of Element Types 对话框中
选择 3D Beam 161 单元，如图 10-5a 所示，单击 Apply 按钮，即可完成 BEAM161 单元的定
义。再在 Library of Element Types 对话框中选择 3D Solid 164 单元，如图 10-5b 所示，单击
Apply 按钮，完成 SOLID 164 单元的定义。重复操作，再定义两个 SOLID 164 单元。

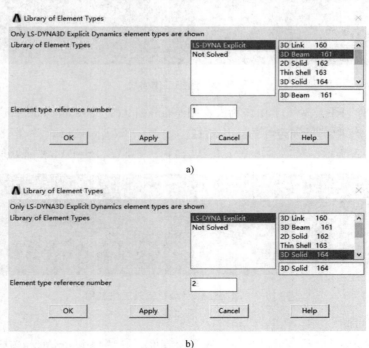

图 10-5　定义单元类型

a）选择 BEAM 161 单元　b）选择 SOLID 164 单元

（2）设置 BEAM161 单元截面形状　在 Element Types 对话框中单击 Type 1 BEAM 161，然后单击 Element Types 对话框中的 Options... 按钮，在弹出的 BEAM161 element type options 对话框中的 Cross section type 选项中选择管状 Tubular 类型，如图 10-6 所示，最后单击 OK 按钮，退出对话框。

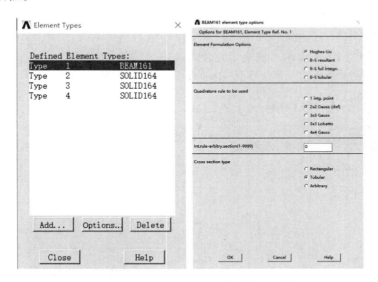

图 10-6　设置 BEAM161 单元截面形状

（3）设置 SOLID164 单元全积分　在 Element Types 对话框中单击 Type 2 SOLID 164，然后单击 Element Types 对话框中的 Options... 按钮，在弹出的 SOLID 164 element type options 对话框中的 Solid Element Formulation 选项中选择管状 Full Int S/R 类型，如图 10-7 所示，最后单击 OK 按钮，退出对话框。

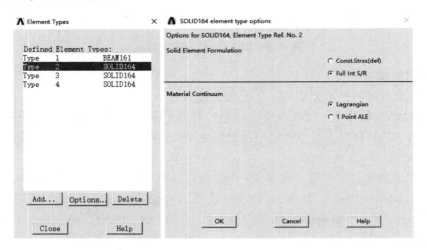

图 10-7　设置 SOLID 164 单元全积分

4. 定义实常数

本算例中只有 BEAM 161 单元需要定义实常数。由于有两种不同直径的钢筋，因此需要定义两种实常数。

在菜单 Main Menu 中选择 Preprocessor > Real Constants 命令，在弹出的 Real Constants 对话框中单击 Add... 按钮，然后在弹出的 Element Type for Real Constants 对话框中选择 Type 1 BEAM161，并单击 OK 按钮，弹出新的对话框 Real Constant Set Number 1, for BEAM161，在该对话框中的 Real Constant Set No. 栏目中输入 1，单击 OK 按钮，再在新弹出的 Real Constant Set Number 1, for BEAM161 对话框中的 DS1 和 DS2 框中输入 0.013，最后单击 OK 按钮，完成箍筋的实常数定义，如图 10-8 所示。重复上述步骤，定义纵筋的实常数，输入编号为 2，DS1 和 DS2 为 0.025。完成实常数定义后，关闭 Real Constants 对话框。

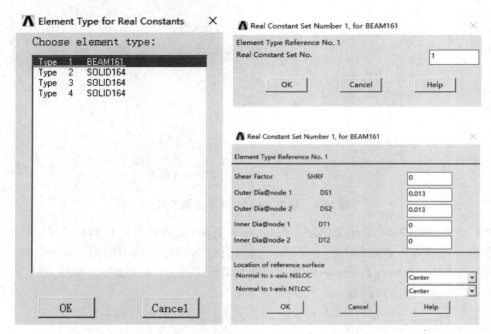

图 10-8 BEAM 161 的实常数定义

5. 定义材料模型

本算例涉及六种材料，分别为：①箍筋；②纵筋；③混凝土；④钢板；⑤炸药；⑥空气。但由于 ANSYS 前处理的材料库中没有包含混凝土的连续帽盖模型和炸药的模型，因此先将混凝土和炸药的材料模型暂时使用各向同性线弹性材料来代替，待形成关键字文件后再进行相应的修改。

（1）定义钢筋的材料模型 钢筋采用各向同性弹塑性材料。在菜单 Main Menu 中选择 Preprocessor > Material Props > Material Models 命令，在弹出的 Define Material Model Behavior 窗口右侧 Material Models Available 树形目录中依次选择 LS-DYNA > Nonlinear > Inelastic > Kinematic Hardening > Plastic Kinematic，弹出 Plastic Kinematic Properties for Material Number 1 对话框，在该对话框中输入钢筋相应的材料性质，DENS 为 7800，EX 为 2E + 11，NUXY 为 0.3，Yield Stress 为 2.8E + 08，Tangent Modulus 为 7.8E + 08，Hardening Parm 为 1.0，C 为 40，P 为 5 和 Failure Strain 为 0.15，如图 10-9 所示，最后单击 OK 按钮，退出对话框，完成箍筋材料模型的定义。

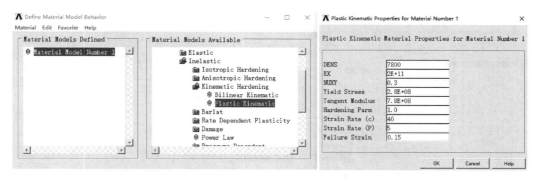

图 10-9　箍筋材料模型定义

纵筋的材料模型通过复制箍筋材料模型获得，选择 Define Material Model Behavior 窗口左上侧菜单的 Edit > Copy... 命令，弹出 Copy Material Model 对话框，在该对话框的 from Material number 下拉菜单中选择 1，在该对话框的 to Material number 栏目中输入 2，单击 OK 按钮，完成复制操作。然后选择刚刚复制完成的材料目录 Material Model Number 2\Plastic Kinematic，弹出 Plastic Kinematic Properties for Material Number 2 窗口，在该窗口中将 Yield Stress 文本框中的数值改为 4.2E +08，单击 OK 按钮，完成纵筋材料模型的定义。

（2）定义混凝土的材料模型　混凝土暂时使用各向同性线弹性材料模型代替。选择 Define Material Model Behavior 窗口左上侧的 Material > New Model... 命令，在弹出的 Define Material ID 对话框中输入 3，单击 OK 按钮。然后在 Material Models Available 树形目录中依次选择 LS-DYNA > Linear > Elastic > Isotropic，弹出 Linear Isotropic Properties for Material Number 3 对话框，在该对话框中的 DENS、EX、NUXY 栏目内都输入 1，最后单击 OK 按钮，退出对话框，完成各向同性线弹性材料模型的定义，如图 10-10 所示。

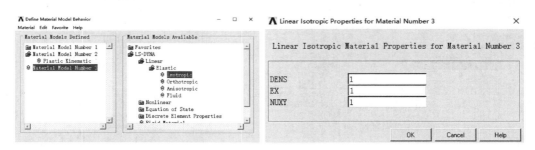

图 10-10　各向同性线弹性材料模型定义

（3）定义钢板的材料模型　钢板采用各向同性线弹性材料模型。选择 Define Material Model Behavior 窗口左上侧的 Material > New Model... 命令，在弹出的 Define Material ID 对话框中输入 4，单击 OK 按钮。然后在 Material Models Available 树形目录中依次选择 LS-DYNA > Linear > Elastic > Isotropic，弹出 Linear Isotropic Properties for Material Number 4 对话框，在该对话框中的 DENS、EX 和 NUXY 栏目内分别输入 7800、2E +11 和 0.3，如图 10-11 所示，最后单击 OK 按钮，完成钢板材料模型的定义。

（4）定义炸药的材料模型　炸药暂时使用各向同性线弹性材料模型代替，通过复制钢板的材料模型完成定义。选择 Define Material Model Behavior 窗口左上侧菜单的 Edit > Copy... 命

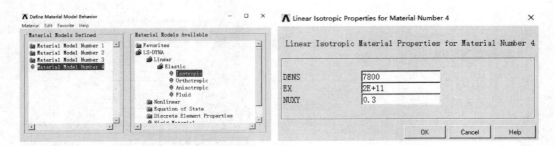

图 10-11 钢板材料模型的定义

令，弹出 Copy Material Model 对话框，在该对话框的 from Material number 下拉菜单中选择 4，在该对话框的 to Material number 栏目中输入 5，单击 OK 按钮，完成复制操作。

（5）定义空气的材料模型 空气采用 NULL 材料模型。选择 Define Material Model Behavior 窗口左上侧的 Material > New Model... 命令，在弹出的 Define Material ID 对话框中输入 6，单击 OK 按钮。然后在 Material Models Available 树形目录中依次选择 LS-DYNA > Equation of State > Linear Polynomial > Null，弹出 Null Properties for Material Number 6 对话框，在该对话框中的 DENS、C4、C5、E0 和 V0 栏目内分别输入 1.225、0.4、0.4、2.533E+05 和 1.0，如图 10-12 所示，最后单击 OK 按钮，完成空气材料模型的定义。

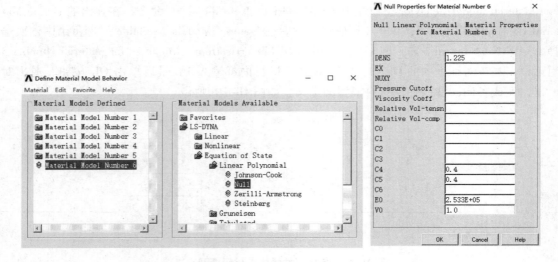

图 10-12 空气材料模型的定义

定义完所有材料模型后，关闭 Define Material Model Behavior 窗口。

6. 建立几何模型和赋予属性

为了便于操作，建模过程采用工作平面坐标系，因此需要将工作平面设置为活跃的坐标系，由功能菜单栏中 WorkPlane > Change Active CS to > Working Plane 命令实现，并打开工作平面控制工具，由 WorkPlane > Offset WP by Increments... 命令实现。最后将工作平面坐标系显示，由 WorkPlane > Display Working Plane 命令实现。

（1）建立混凝土的几何模型 在菜单 Main Menu 中选择 Preprocessor > Modeling > Create >

Volumes > Block > By Dimensions 命令，在弹出的 Create Block by Dimensions 对话框中输入三维尺寸，如图 10-13 所示，单击 OK 按钮，完成混凝土的几何模型创建。

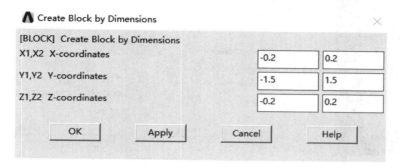

图 10-13　建立混凝土的几何模型

（2）建立钢板的几何模型　钢板通过拉伸命令建立。在菜单 Main Menu 中选择 Preprocessor > Modeling > Operate > Extrude > Areas > By XYZ Offset 命令，弹出 Extrude Area by XYZ Offset 对象拾取对话框后，单击选择图形显示区域柱子顶部的平面，如图 10-14a 所示，并单击拾取框的 OK 按钮，弹出 Extrude Areas by XYZ Offset 对话框，在该对话框中的 DY 栏目内输入 0.05，如图 10-14b 所示，单击 OK 按钮，完成柱子顶部钢板的建立。

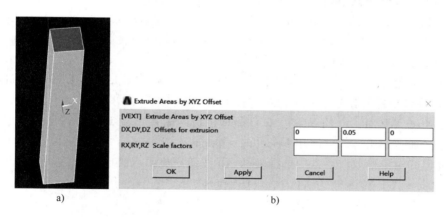

图 10-14　建立柱子顶部钢板的几何模型

a）选择柱子顶部平面　b）输入拉伸长度

相同的操作建立柱子的底部钢板，如图 10-15 所示。

（3）建立钢筋的几何模型　由于钢筋和混凝土间使用共节点法传递荷载，因此，此处需要通过切割命令在混凝土的几何模型内部切割出钢筋的几何模型。根据柱子的配筋详图，在相应的纵筋位置和箍筋位置使用工作平面切割。主要的步骤如下。

1）在菜单 Main Menu 中选择 Preprocessor > Modeling > Booleans > Divide > Volu by WrkPlane 命令，然后在弹出的对象拾取对话框中选择 Pick All 按钮完成第一次切割。

2）在前文已经打开的 Offset WP 对话框的 X，Y，Z Offsets 栏目内输入 ",, 0.15"，单击 Apply 按钮，将工作平面沿 Z 轴平移 0.15，再使用 Modeling > Operate > Booleans > Divide > Volu by WrkPlane 命令，在弹出的对象拾取对话框中选择 Pick All 按钮完成第二次分割。

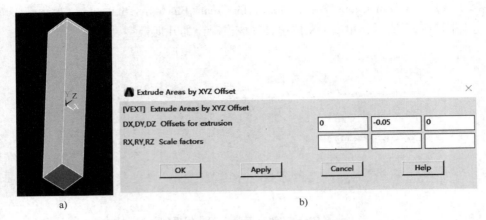

图 10-15 建立柱子底部钢板的几何模型

a）选择柱子底部平面 b）输入拉伸长度

3）在 Offset WP 对话框的 X，Y，Z Offsets 栏目内输入"，，－0.3"，单击 Apply 按钮，将工作平面沿 Z 轴平移－0.3，再使用 Modeling > Operate > Booleans > Divide > Volu by Wrk-Plane 命令，在弹出的对象拾取对话框中选择 Pick All 按钮完成第三次切割。

4）在 Offset WP 对话框的 XY，YZ，ZX Angles 栏目内输入"，，90"，单击 Apply 按钮，将工作平面沿 Y 轴旋转90°，再使用 Modeling > Operate > Booleans > Divide > Volu by WrkPlane 命令，在弹出的对象拾取对话框中选择 Pick All 按钮完成第四次切割。

5）在 Offset WP 对话框的 X，Y，Z Offsets 栏目内输入"，，－0.15"，单击 Apply 按钮，将工作平面沿 Z 轴平移－0.15，再使用 Modeling > Operate > Booleans > Divide > Volu by Wrk-Plane 命令，在弹出的对象拾取对话框中选择 Pick All 按钮完成第五次切割。

6）在 Offset WP 对话框的 X，Y，Z Offsets 栏目内输入"，，0.3"，单击 Apply 按钮，将工作平面沿 Z 轴平移0.3，再使用 Modeling > Operate > Booleans > Divide > Volu by WrkPlane 命令，在弹出的对象拾取对话框中选择 Pick All 按钮完成第六次切割。

7）在 Offset WP 对话框的 X，Y，Z Offsets 栏目内输入"，1.3"，在 XY，YZ，ZX Angles 栏目内输入"，90"，单击 Apply 按钮，将工作平面沿 Y 轴平移1.3，以及沿 X 轴旋转90°，再使用 Modeling > Operate > Booleans > Divide > Volu by WrkPlane 命令，在弹出的对象拾取对话框中选择 Pick All 按钮完成第七次切割。

8）在 Offset WP 对话框的 X，Y，Z Offsets 栏目内输入"，，0.2"，单击 Apply 按钮，将工作平面沿 Z 轴平移0.2，再使用 Modeling > Operate > Booleans > Divide > Volu by WrkPlane 命令，在弹出的对象拾取对话框中选择 Pick All 按钮完成第八次切割。

最后重复步骤8）12次，完成切割操作，即完成混凝土所有钢筋几何模型的建立，切割完成后的模型

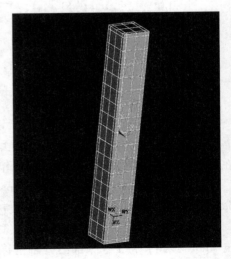

图 10-16 切割操作完成后的几何模型

如图 10-16 所示。

　　为了在后续操作中方便地选取出已经建立的几何模型，这里先给混凝土、钢板和钢筋的几何模型赋予属性，然后再继续建立炸药和空气的几何模型。

　　（4）给混凝土和钢板的几何模型赋予属性　在菜单 Main Menu 中依次选择 Preprocessor > Meshing > Mesh Attributes > Picked Volumes，弹出 Volume Attributes 对象拾取对话框后，点选该对话框中的 Box 单选按钮，并在图形显示区域内框选出混凝土的几何模型（除掉上、下两块钢板的其余部分），单击 Volume Attributes 对象拾取对话框中的 OK 按钮，弹出新的 Volume Attributes 对话框，在该对话框内的下拉菜单 Material number 中选 3，Real constant set number 中选 1，Element type number 中选 3 SOLID164，如图 10-17 所示，单击 OK 按钮，完成混凝土属性的定义。

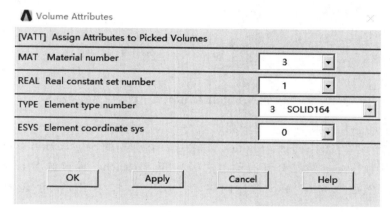

图 10-17　定义混凝土的材料模型和单元类型

　　同样地，在菜单 Main Menu 中依次选择 Preprocessor > Meshing > Mesh Attributes > Picked Volumes，弹出 Volume Attributes 对象拾取对话框后，点选该对话框中的 Box 按钮，并在图形显示区域内框选出钢板的几何模型，单击 Volume Attributes 对象拾取对话框中的 OK 按钮，弹出新的 Volume Attributes 对话框，在该对话框内的下拉菜单 Material number 中选 4，Real constant set number 中选 1，Element type number 中选 2 SOLID164，如图 10-18 所示，单击 OK 按钮，完成钢板属性的定义。

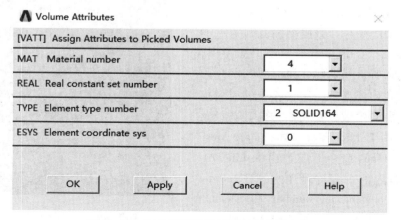

图 10-18　定义钢板的材料模型和单元类型

（5）给箍筋的几何模型赋予属性　在功能菜单栏中选择 WorkPlane > Align WP with > Global Cartesian 命令，将工作平面初始化。首先创建用于定义 BEAM161 单元初始方向的关键点，由于钢筋截面为圆形，所以初始方向可以随意定义。选择菜单 Main Menu 中的 Preprocessor > Modeling > Create > Keypoints > In Active CS 命令，在弹出的 Create Keypoints in Active Coordinate System 对话框中的 Keypoint number 栏目内输入 10000，在 X，Y，Z Location in active CS 的三个栏目内都输入 3，如图 10-19 所示，单击 OK 按钮，完成关键点的定义。

⚠ Create Keypoints in Active Coordinate System			✕
[K] Create Keypoints in Active Coordinate System			
NPT　Keypoint number	10000		
X,Y,Z Location in active CS	3	3	3
OK	Apply	Cancel	Help

图 10-19　定义用于确定 BEAM161 单元初始方向的关键点

然后选出箍筋的几何模型，主要步骤如下。

1）选择功能菜单栏的 Select > Entities… 命令，将弹出的 Select Entities 对话框中的第一个下拉菜单选择为 Lines，第二个下拉菜单选择为 By Location，再点选 Y coordinates 选项和 From Full 选项，然后在 Min，Max 栏目内输入 -1.3，1.3，单击 Apply 按钮，再单击 Plot 按钮。

2）点选 Select Entities 对话框中 X coordinates 选项和 Reselect 选项，在 Min，Max 栏目内输入 -0.15，0.15，单击 Apply 按钮，再单击 Plot 按钮。

3）把选项 X coordinates 改变为选项 Z coordinates，再次单击 Apply 按钮和 Plot 按钮。

4）把 Select Entities 对话框第二个下拉菜单改变为 By Num/Pick，点选 Unselect 选项，单击 Apply 按钮，弹出 Unselect lines 对象选取对话框，点选该对话框中的 Box 选项，然后用鼠标左键在图形显示区内选择模型多余的部分，最后单击 OK 按钮，完成箍筋几何模型的选择。单击 Select Entities 对话框中 Plot 按钮，得到如图 10-20 所示的箍筋几何模型。

选出箍筋几何模型后，定义相应的材料模型、单元类型、实常数以及初始方向。选择菜单 Main Menu 中 Preprocessor > Meshing > Mesh Attributes > All Lines 命令，在弹出的 Line Attributes 对话框内的前三个下拉菜单 Material number、Real constant set number 和 Element type number 分别选为 1、1 和 1 BEAM161，把

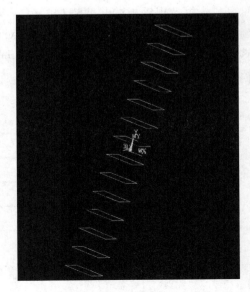

图 10-20　选出的箍筋几何模型

Pick Orientation Keypoint（s）选项点选为 Yes，如图 10-21a 所示，然后单击 OK 按钮，弹出对象拾取框 Line Attributes，在对象拾取框中输入 10000（见图 10-21b），单击 OK 按钮，完成箍筋几何模型属性的赋予。

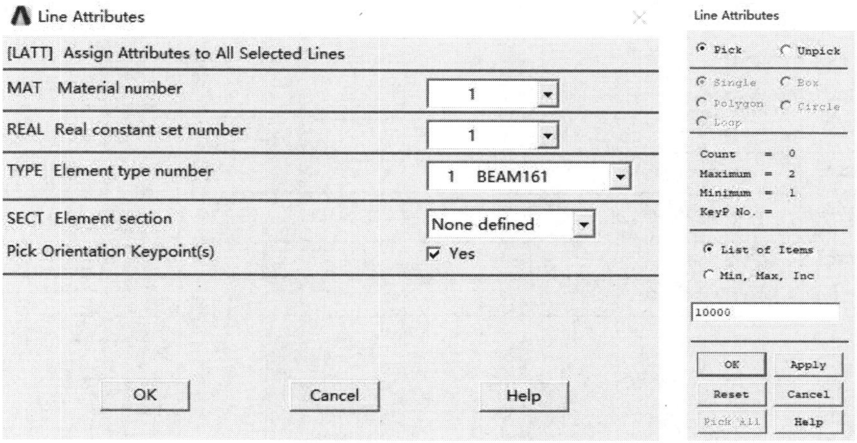

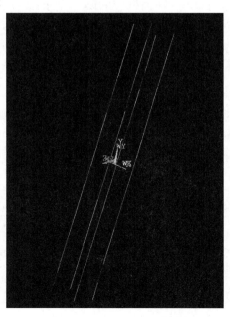

图 10-21 定义箍筋的材料模型、实常数、单元类型和初始方向

a）选择箍筋的材料模型、实常数和单元类型　b）选择定义初始方向的关键点

（6）给纵筋的几何模型赋予属性　首先选择功能菜单栏的 Select > Everything 命令，将所有几何模型选择出来。然后将纵筋的几何模型单独选择出来，具体步骤如下。

1）选择功能菜单栏的 Select > Entities... 命令，将弹出的 Select Entities 对话框中的第一个下拉菜单选择为 Lines，第二个下拉菜单选择为 By Location，再点选 Y coordinates 选项和 From Full 选项，然后在 Min, Max 栏目内输入 -1.5, 1.5，单击 Apply 按钮，再单击 Plot 按钮。

2）点选 Select Entities 对话框中 X coordinates 选项和 Reselect 选项，在 Min, Max 栏目内输入 -0.15, 0.15，单击 Apply 按钮，再单击 Plot 按钮。

3）将选项 X coordinates 改变为选项 Z coordinates，再次单击 Apply 按钮和 Plot 按钮。

4）将选项 Reselect 变为选项 Unselect，再在 Min, Max 栏目内输入 -0.149, 0.149，单击 Apply 按钮和 Plot 按钮。

5）将选项 Z coordinates 改变为 X coordinates，再次单击 Apply 按钮和 Plot 按钮，得到如图 10-22 所示的纵筋几何模型。

选出纵筋几何模型后，定义相应的材料模型、单元类型、实常数以及初始方向。选择菜单 Main

图 10-22 选出的纵筋几何模型

Menu 中 Preprocessor > Meshing > Mesh Attributes > All Lines 命令，在弹出的 Line Attributes 对话框内的前三个下拉菜单 Material number、Real constant set number 和 Element type number 分别选为 2、2 和 1 BEAM161，把 Pick Orientation Keypoint(s) 选项点选为 Yes，如图 10-23a 所示，然后单击 OK 按钮，弹出对象拾取框 Line Attributes，在对象拾取框中输入 10000，如图 10-23b 所示，单击 OK 按钮，完成纵筋几何模型属性的赋予。

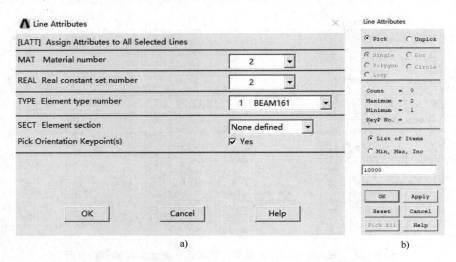

图 10-23　定义纵筋的材料模型、实常数、单元类型和初始方向

a）选择纵筋的材料模型、实常数和单元类型　b）选择定义初始方向的关键点

（7）建立空气的几何模型　为了便于后续操作，在建立空气几何模型前，将已经建立好的混凝土和钢板的几何模型隐藏。在功能菜单栏中选择 Select > Entities...，将弹出的 Select Entities 对话框中的第一个下拉菜单选择为 Volumes，并单击 Sele None 按钮，然后单击 Plot 按钮，将图形显示区转为显示体。在菜单 Main Menu 中选择 Preprocessor > Modeling > Create > Volumes > Block > By Dimensions 命令，在弹出的 Create Block by Dimensions 对话框中输入三维尺寸，如图 10-24 所示，单击 OK 按钮，完成空气的几何模型创建。

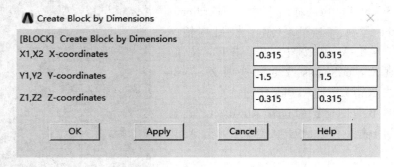

图 10-24　建立空气的几何模型

（8）建立炸药的几何模型　炸药的几何模型通过分割命令在空气的几何模型中切割出来，主要步骤如下。

1）在前文已经打开的 Offset WP 对话框的 X，Y，Z Offsets 栏目内输入 ",, 0.2"，单击

Apply 按钮，将工作平面沿 Z 轴平移 0.2，再使用 Modeling > Operate > Booleans > Divide > Volu by WrkPlane 命令，在弹出的对象拾取对话框中选择 Pick All 按钮完成第一次切割。

2）在 Offset WP 对话框的 X，Y，Z Offsets 栏目内输入"−0.0575"，在 XY，YZ，ZX Angles 栏目内输入"，，90"，然后单击 Apply 按钮，将工作平面沿 X 轴平移 −0.0575，以及沿 Y 轴旋转 90°，再使用 Modeling > Operate > Booleans > Divide > Volu by WrkPlane 命令，在弹出的对象拾取对话框中选择 Pick All 按钮完成第二次切割。

3）在 Offset WP 对话框的 X，Y，Z Offsets 栏目内输入"，，0.115"，然后单击 Apply 按钮，将工作平面沿 Z 轴平移 0.115，再使用 Modeling > Operate > Booleans > Divide > Volu by WrkPlane 命令，在弹出的对象拾取对话框中选择 Pick All 按钮完成第三次切割。

4）在 Offset WP 对话框的 X，Y，Z Offsets 栏目内输入"，0.0575"，在 XY，YZ，ZX Angles 栏目内输入"，90"，然后单击 Apply 按钮，将工作平面沿 Y 轴平移 0.0575，以及沿 X 轴旋转 90°，再使用 Modeling > Operate > Booleans > Divide > Volu by WrkPlane 命令，在弹出的对象拾取对话框中选择 Pick All 按钮完成第四次切割。

重复步骤 3）一次，完成空气几何模型的切割，即完成炸药几何模型的建立，切割完成的几何模型如图 10-25 所示。

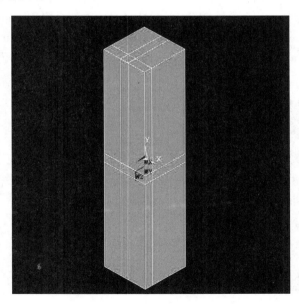

图 10-25 切割完成的几何模型

（9）给炸药和空气的几何模型赋予属性 在菜单 Main Menu 中依次选择 Preprocessor > Meshing > Mesh Attributes > Picked Volumes，弹出 Volume Attributes 对象拾取对话框后，然后在图形显示区域内选出炸药的几何模型，如图 10-26a 所示，单击 Volume Attributes 对象拾取对话框中的 OK 按钮，弹出新的 Volume Attributes 对话框，在该对话框内的下拉菜单 Material number 中选 5，Real constant set number 中选 1，Element type number 中选 4 SOLID164，如图 10-26b 所示，单击 OK 按钮，完成炸药属性的定义。

然后给空气的几何模型定义属性。在功能菜单栏中选择 Select > Entities...，将弹出的 Select Entities 对话框中的第一个下拉菜单选择为 Volumes，第二个下拉菜单选择为 By Attrib-

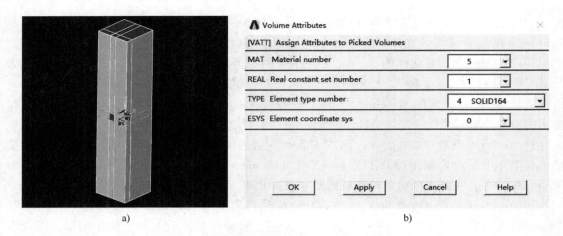

图 10-26　定义炸药的材料模型和单元类型
a）选择炸药的几何模型　b）选择炸药的材料模型和单元类型

utes，点选 Material num 选项，在 Min，Max，Inc 栏目内输入 5，再点选 Unselect 选项，单击 Apply 按钮和 Plot 按钮，此时选择的模型仅为空气的几何模型（见 10-27a）。然后在菜单 Main Menu 中依次选择 Preprocessor > Meshing > Mesh Attributes > All Volumes，弹出 Volume Attributes 对话框，在该对话框内的下拉菜单 Material number 中选 6，Real constant set number 中选 1，Element type number 中选 4 SOLID164，如图 10-27b 所示，单击 OK 按钮，完成空气属性的定义。

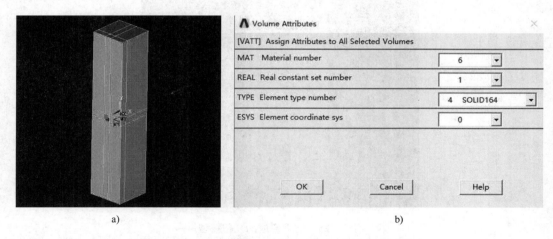

图 10-27　定义空气的材料模型和单元类型
a）选出的空气几何模型　b）选择空气的材料模型和单元类型

7.　网格划分（创建有限元模型）

通过功能菜单栏的 Select > Everying 命令将所有的几何模型都选择出来，并选择 WorkPlane > Align WP with > Global Cartesian 命令，将工作平面初始化。需要注意的是，使用"共节点法"建立钢筋混凝土分离式模型，钢筋模型的网格划分必须在混凝土模型网格划分之前。划分网格前，需要设置网格尺寸。选择菜单 Main Menu 中的 Preprocessor > Meshing > Size Cntrls > Manual Size > Lines > All Lines 命令，在弹出的对话框的 SIZE Element edge length 栏目中输入 0.05，如图 10-28 所示，单击 OK 按钮，控制实体单元的边长和梁单元的长度均不大于 0.05。

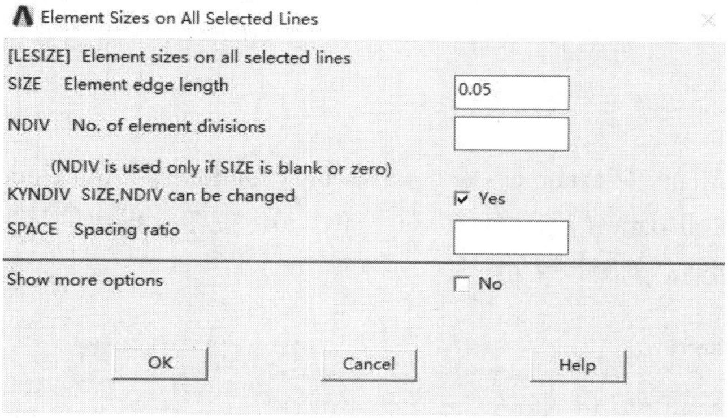

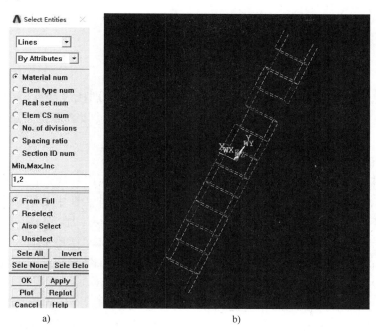

图 10-28　网格尺寸控制

（1）钢筋几何模型的网格划分　在功能菜单栏中选择 Select > Entities...，弹出的 Select Entities 对话框，将第一个下拉菜单选择为 Lines，第二个下拉菜单选择为 By Attributes，再点选 Material num 和 From Full，在 Min，Max，Inc 栏目内输入 1，2，如图 10-29a 所示，单击 Apply 按钮，完成选取操作，再单击 Plot 按钮，使图形显示区域显示选择的钢筋几何模型，如图 10-29b 所示。

图 10-29　选择需要划分网格的钢筋几何模型

a）通过钢筋材料编号选择钢筋的几何模型　b）选出的钢筋几何模型

然后选择菜单 Main Menu 中的 Preprocessor > Meshing > Mesh > Lines 命令，弹出对象拾取对话框后，单击 Pick All 按钮，完成钢筋几何模型的网格划分。

（2）实体几何模型的网格划分　选择功能菜单栏的 Select > Everying 命令，将所有模型选择出来，并选择 Plot > Volumes 命令，使得图形显示区域显示的是实体几何模型。然后选择菜单 Main Menu 中的 Preprocessor > Meshing > Mesh > Volumes > Mapped > 4 to 6 sided 命令，弹出对象拾取对话框后，单击 Pick All 按钮，完成实体几何模型的网格划分。

8. 创建 Part

选择菜单 Main Menu 中 Preprocessor > LS-DYNA Options > Parts Options 命令，在弹出的对话框中点选 Create all parts（见图 10-30a），单击 OK 按钮，得出创建完成的所有 Part 的信息文本（见图 10-30b），关闭该文本。

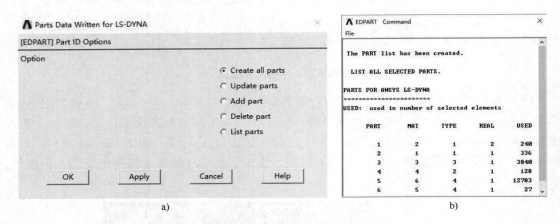

图 10-30　创建 Part

a）选择创建 Part　b）Part 信息文本

由文本信息可以发现程序自动生成的 Part 编号 1 ~ 6 分别代表计算模型的纵筋、箍筋、混凝土、钢板、空气和炸药，与材料编号代表的不一致，因此读者需要注意区别对待，防止输入错误。

9. 施加边界条件

（1）施加柱子顶部和底部的约束条件　首先选出柱子顶部和底部的节点。在功能菜单栏中选择 Select > Entities... 命令，在弹出的 Select Entities 对话框中的第一个下拉菜单选择 Node，第二个下拉菜单选择 By Location，点选 Y coordinates，在 Min, Max 栏目内输入 −1.55，再点选 From Full，单击 Apply 按钮。然后在 Min, Max 栏目中输入 1.55，点选 Also Select，单击 Apply 按钮完成节点的选择，在单击 Plot 按钮使图形显示区域显示已经选出的节点。

然后给柱子顶部和底部施加相应的约束条件。在菜单 Main Menu 中选择 Preprocessor > LS-DYNA Options > Constraints > Apply > On Nodes 命令，弹出对象拾取框后，点选该对话框的 Box 选项，然后在图形显示区内框选出底部的节点，如图 10-31a 所示，单击 OK 按钮，弹出 Apply U, ROT on Nodes 对话框，在该对话框内的 DOFs to be constrained 栏目内单选 All DOF，将下拉菜单 Apply as 选择为 Constant value，在 VALUE Displacement value 栏目内输入 0，如图 10-31b 所示，最后单击 OK 按钮，完成底部节点约束施加。

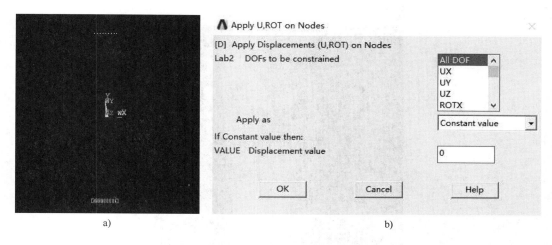

图10-31 定义底部节点约束

a）选择底部节点 b）选择固定约束

同上述操作，完成施加顶部节点的约束，如图10-32所示。

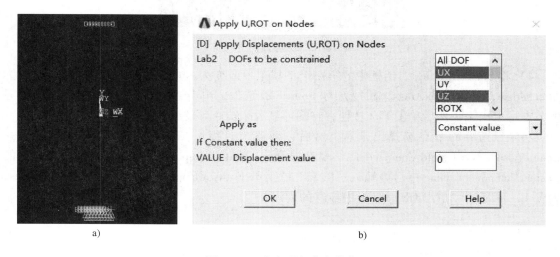

图10-32 定义顶部节点约束

a）选择顶部节点 b）选择 X 轴和 Z 轴平动约束

（2）定义无反射边界 定义空气四周的无反射边界，防止爆炸的冲击波在空气边界反射，导致模拟的结果与实际情况不相符。首先选择出空气边界的节点，具体步骤如下。

1）选择功能菜单栏的 Select > Entities... 命令，将弹出的 Select Entities 对话框中的第一个下拉菜单选择为 Volumes，第二个下拉菜单选择为 By Attributes，再点选 Elem type num 选项和 From Full 选项，然后在 Min，Max，Inc 栏目内输入4，单击 Apply 按钮。

2）将 Select Entities 对话框中的第一个下拉菜单改变为 Areas，第二个下拉菜单改变为 Exterior，然后点选 From Full 选项，单击 Apply 按钮，再单击 Plot 按钮。

3）将 Select Entities 对话框中的第二个下拉菜单改变为 By Num/Pick，然后点选 Unselect 选项，单击 Apply 按钮，弹出对象选取对话框后，使用鼠标左键在图形显示区中单击属于炸药的面，如图10-33所示，单击 OK 按钮。

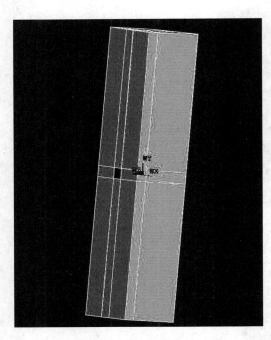

图 10-33　去除炸药上的面

4）将 Select Entities 对话框中的第一个下拉菜单改变为 Nodes，第二个下拉菜单改变为 Attached to，然后点选 Areas，all 选项和 From Full 选项，单击 Apply 按钮，即可将空气边界的节点选取出来，然后单击 Plot 按钮，将图形显示区转变为显示 Node。

将空气边界的节点选择出来后，然后创建该节点组。在功能菜单栏中选择 Select > Comp/Assembly > Create Component... 命令，弹出 Create Component 对话框。在该对话框的 Cname Component name 栏目内输入 AIR，下拉菜单 Entity Component is made of 中选 Nodes，如图 10-34 所示，单击 OK 按钮，完成组的创建。

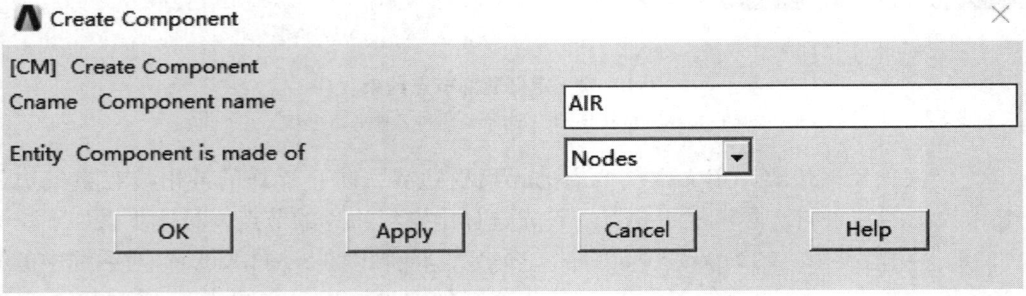

Create Component	
[CM] Create Component	
Cname　Component name	AIR
Entity　Component is made of	Nodes ▼

| OK | Apply | Cancel | Help |

图 10-34　创建空气边界的节点组

创建空气边界的节点组后，选择菜单 Main Menu 中的 Preprocessor > LS-DYNA Options > Constraints > Apply > Non-Refl Bndry 命令，弹出的对话框中的 Option 选项中点选 Add 选项，将下拉菜单 Component 选为 AIR，同时打开 Dilatational flag 和 Shear flag 开关，如图 10-35 所示，单击 OK 按钮，完成无反射边界的定义。

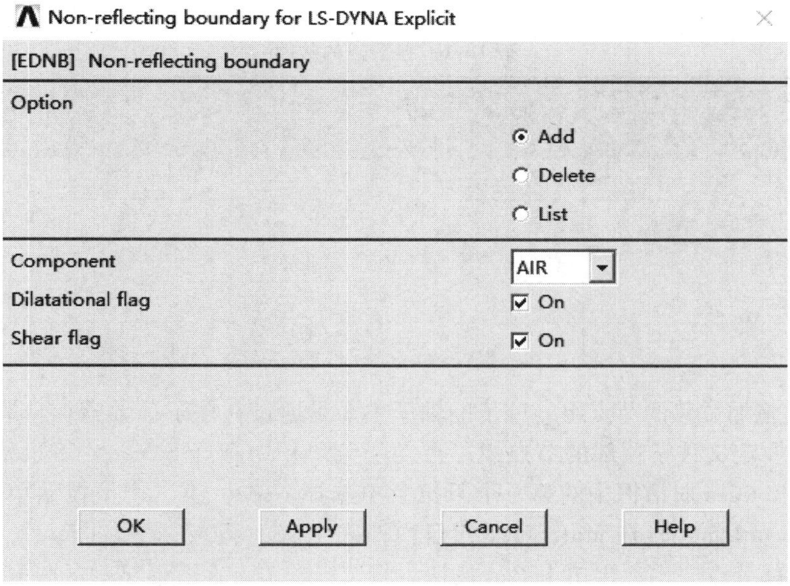

图 10-35 定义无反射边界

10. 施加位移

（1）定义加载时间和位移数组   在功能菜单栏中选择 Parameters > Array Parameters > Define/Edit... 命令，弹出 Array Parameters 对话框，单击该对话框内的 Add... 按钮，弹出新的 Add New Array Parameter 对话框。在 Add New Array Parameter 对话框中的 Par Parameter name 栏目内输入 TIME，在 Type Parameter type 选项内点选 Array，在 I. J. K No. of rows, cols, planes 栏目内分别输入 5、1 和 1，其余不填，如图 10-36a 所示，单击 OK 按钮，完成时间数组创建。同样的方式创建位移数组，命名为 DISP，如图 10-36b 所示。

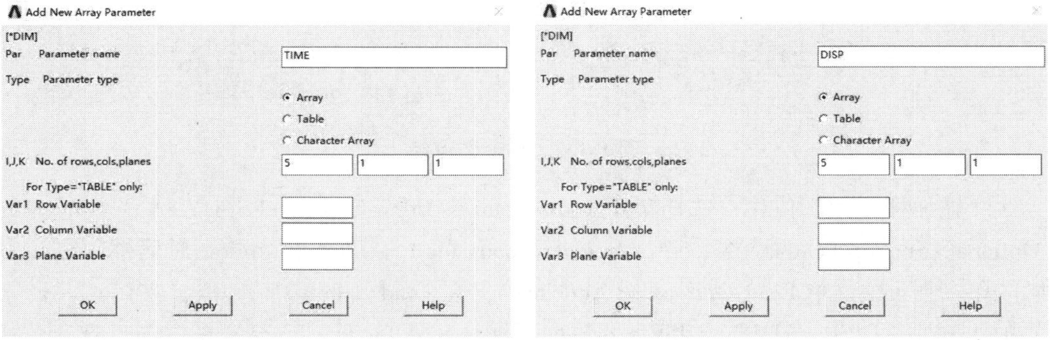

图 10-36 创建数组

a）创建时间数组 b）创建位移数组

创建完数组后，回到 Array Parameters 对话框，点选 TIME，再单击 Edit 按钮，弹出用于编辑数值的 Array Parameter TIME 对话窗口，输入如表 10-1 的数值，最后选择菜单 File > Apply/Quit 命令，完成数值输入。同样的操作输入 DISP 数组的数值。输入完成后关闭 Array

Parameters 对话框。

表 10-1   各数组的数值

数组下标 \ 数组名	TIME	DISP
1	0	0
2	0.005	0.00144
3	0.1	0.00144
4	0.2	0.019
5	1.0	0.019

（2）创建施加位移的节点组　柱子的轴压主要是通过在柱子顶部施加合适的位移产生，因此，此处需要定义柱子顶部的节点组。在功能菜单栏中选择 Select > Entities... 命令，在弹出的 Select Entities 对话框中的第一个下拉菜单选择 Node，第二个下拉菜单选择 By Location，点选 Y coordinates，在 Min，Max 栏目内输入 1.55，再点选 From Full，单击 Apply 按钮，将柱子顶部节点选出，再单击 Plot 按钮，将选出的节点在图形显示区中显示。然后将这些节点定义成一个组，在功能菜单栏中选择 Select > Comp/Assembly > Create Component... 命令，弹出 Create Component 对话框。在该对话框的 Cname Component name 栏目内输入 DISP，下拉菜单 Entity Component is made of 中选 Nodes，如图 10-37 所示，单击 OK 按钮，完成组的定义。

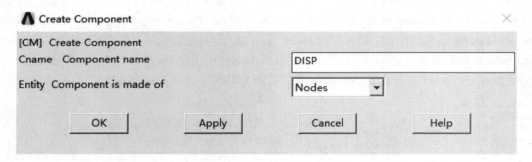

图 10-37   创建节点组

（3）施加柱子顶部位移　选择菜单 Main Menu 中 Preprocessor > LS-DYNA Options > Loading Options > Specify Loads 命令，弹出 Specify Loads for LS-DYNA Explicit 对话框，在该对话框内的第一个下拉菜单 Load Options 选 Add loads，在 Load Labels 中选 UY，在第二~四个下拉菜单中分别选 DISP、TIME、DISP，再在 Analysis type for load curves 一栏中点选 Transient only，在 Scale factor for load curve 栏目内输入 −1（位移方向与坐标轴方向相反），如图 10-38 所示，单击 OK 按钮，完成位移的施加。

11. 求解控制设置

（1）设置能量选项　选择菜单 Main Menu 中的 Preprocessor > Solution > Analysis Options > Energy Options 命令，将弹出的 Energy Options 对话框内的 4 个能量控制开关打开，如图 10-39 所示。

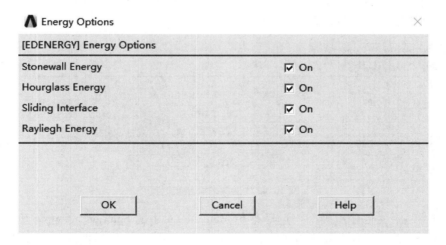

图 10-38　施加位移

图 10-39　打开 4 个能量控制开关

（2）设置沙漏控制　选择菜单 Main Menu 中的 Preprocessor > Solution > Analysis Options > Hourglass Ctrls > Local 命令，在弹出的 Define Hourglass Material Properties 对话框内的 Material Reference number 栏目输入 3，VAL 1 Hourglass control type 栏目内输入 2，Hourglass coefficient 栏目内输入 0.14，其余参数保持默认，如图 10-40 所示，单击 OK 按钮，关闭该对话框，完成沙漏控制的设置。

（3）设置 ALE 算法控制　选择菜单 Main Menu 中的 Solution > Analysis Options > ALE Options > Define 命令，弹出 Define Global ALE Settings for LS-DYAN Explicit 对话框，在该对话框的 Cycles between advection 栏目内输入 1，点选 Van Leer 选项，然后在 Simple Avg Weight Factor 栏目内输入 -1，其余参数保持默认，如图 10-41 所示，最后单击 OK 按钮，完成设置。

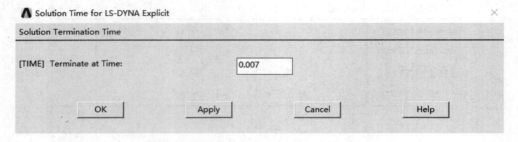

图 10-40　沙漏控制设置　　　　　　　　图 10-41　设置 ALE 算法控制

（4）设置求解结束时间　选择菜单 Main Menu 中的 Solution > Time Controls > Solution Time 命令，在弹出的 Solution Time for LS-DYNA Explicit 对话框内的 Terminate at Time 栏目内输入 0.007，将结束时间控制在 0.007s，如图 10-42 所示。

图 10-42　设置求解结束时间

（5）设置结果文件输出类型　选择菜单 Main Menu 中的 Solution > Output Controls > Output File Types 命令，在弹出的 Specify output type for LS-DYNA 对话框内的下拉菜单 File options 和 Produce output for... 分别选 Add 和 LS-DYNA，单击 OK 按钮，完成结果文件输出类型的设置。

（6）设置结果文件输出步数　选择菜单 Main Menu 中的 Solution > Output Controls > File Output Freq > Number of Steps 命令，修改弹出的 Specify File Output Frequency 对话框内的 [EDHTIME] 栏目为 100，其余参数保持默认不变，如图 10-43 所示，单击 OK 按钮，退出该对话框。

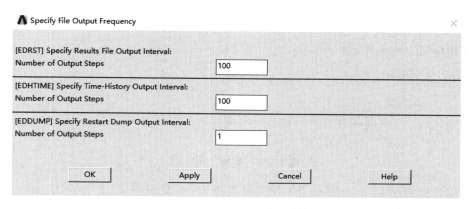

图 10-43　设置结果文件输出步数

12. 输出关键字文件

选择功能菜单栏的 Select > Everying 命令。然后选择菜单 Main Menu 中的 Solution > Write Jobname. k 命令，在弹出的 Input files to be Written for LS-DYNA 对话框中的第一个下拉菜单选择 LS-DYNA，第二个 Write input files to... 栏目中输入关键字文件名称，如 Blast_column. k，如图 10-44 所示。最后单击 OK 按钮，完成关键字文件的输出。

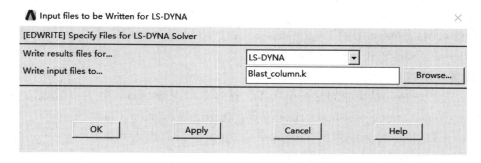

图 10-44　输出关键字文件

10.2.2　第二阶段分析的建模过程

第一阶段的模型建立完成后，继续在该模型的基础上进行相应的修改，输出用于第二阶段分析的关键字文件。

1. 改变工作名称

首先单击 🔲 按钮，将第一阶段的模型文件保存。然后选择功能菜单栏的 File > Change Jobname... 命令，弹出 Change Jobname 对话框，在该对话框中的 Enter new jobname 栏目中输入新的工作名，如 Blast_column_restart，将 New log and error files？选为 Yes，单击 OK 按钮，完成工作名称的更改，如图 10-45 所示，再单击 🔲 按钮，将模型文件保存。

2. 删除炸药和空气的模型

第二阶段的分析无须用到炸药和空气，因此这里将它们的模型删除。首先将空气和炸药选出，选择功能菜单栏的 Select > Entities... 命令，将弹出的 Select Entities 对话框中的第一

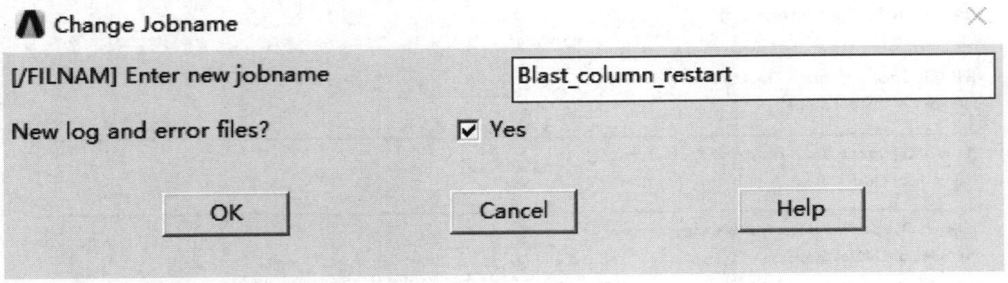

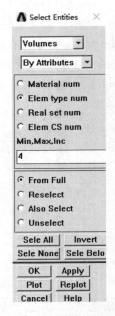

图 10-45　更改工作名称

个下拉菜单选择为 Volumes，第二个下拉菜单选择为 By Attributes，再点选 Elem type num 选项和 From Full 选项，然后在 Min，Max，Inc 栏目内输入 4，如图 10-46 所示，单击 Apply 按钮，然后单击 Plot 按钮，将图形显示区转变为显示 Volumes。

选出空气和炸药后，选择菜单 Main Menu 中的 Preprocessor > Meshing > Clear > Volumes 命令，单击弹出的对话框内的 Pick All 按钮，清除空气和炸药的网格。然后再选择菜单 Main Menu 中的 Preprocessor > Modeling > Delete > Volume and Below 命令，单击弹出的对话框内的 Pick All 按钮，删除空气和炸药的几何模型。

3. 删除无反射边界

选择菜单 Main Menu 中的 Preprocessor > LS-DYNA Options > Constraints > Delete > Non-Refl Bndry > Delete All 命令。

4. 设置求解时间

将第二阶段分析的结束时间延长至 0.2s，选择菜单 Main Menu 中的 Solution > Time Controls > Solution Time 命令，在弹出的 Solution Time for LS-DYNA Explicit 对话框内的 Terminate at Time 栏目内填入 0.2，将结束时间控制在 0.2s，如图 10-47 所示。

5. 输出关键字文件

选择功能菜单栏的 Select > Everying 命令。然后选择菜单 Main Menu 中的 Solution > Write Jobname. k 命令，在弹出的 Input files to be Written for LS-DYNA 对话框中的第一个下拉菜单选择 LS-DYNA，第二个 Write input files to... 栏目中输入第二阶段分析使用的关键字文件名称，如 Blast_column_restart. k，如图 10-48 所示。

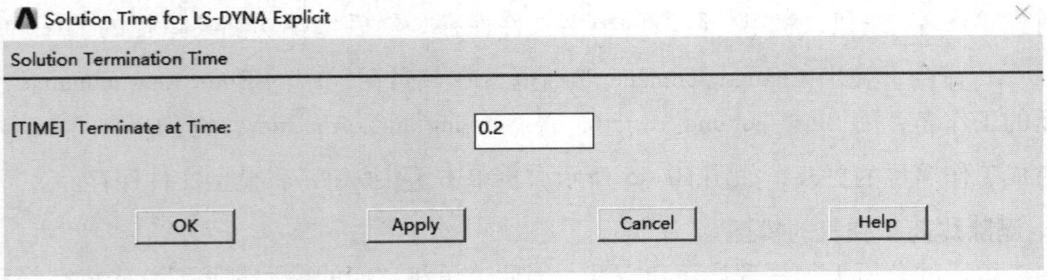

图 10-46　选择单元类型为 4 的体

图 10-47　延长求解的结束时间

Input files to be Written for LS-DYNA   ✕

[EDWRITE] Specify Files for LS-DYNA Solver

Write results files for... | LS-DYNA ▼

Write input files to... | Blast_column_restart.k | Browse...

| OK | | Apply | | Cancel | | Help |

图 10-48　输出关键字文件

10.3　关键字文件修改

10.3.1　第一阶段分析的关键字文件修改

在递交 LS-DYNA 求解器求解前，还需要对输出的 Blast_column. k 关键字文件进行修改或增添一些用于实现相应功能的关键字段。使用文本编辑器打开 Blast_column. k，找到相应的关键字段进行修改，或在相应位置增添某些关键字段。为了方便查错、修改，这里将所有增加的关键字段都填在 MATERIAL DEFINITIONS 区块的下方。对于手动增添或修改的关键字段，这里仅填入需要的参数，留空的参数代表使用默认值。修改完成的关键字文件（有省略）附在本节末尾，读者可对照该文件练习修改。

📢　**注**：本例使用的材料模型参数的取值仅供参考。

需要修改或增添的关键字段如下。

1）修改炸药和空气的单元类别。找到 ID 号为 5 的 *SECTION_SOLID 关键字，将其修改为 *SECTION_SOLID_ALE 关键字，并填入相应的参数，末尾留空一行。

2）修改混凝土材料模型。将材料类型 3 修改为混凝土连续帽盖模型，相应的关键字为 *MAT_CSCM_CONCRETE，然后输入相应的抗压强度、密度、单位制等参数。

3）修改炸药材料模型。将材料模型 5 号的关键字修改为 " *MAT_HIGH_EXPLOSIVE_BURN"，并填入相应的参数。

4）增加炸药材料的状态方程。在相应位置增添关键字段 " *EOS_JWL"，设置 ID 为 5，并填入相应的参数。然后找到炸药的 " *Part" 关键字（ID 为 6），将其第四个参数修改为 5。

5）增加控制炸药引爆的关键字。在相应位置增添关键字段 *INITIAL_DETONATION，并填入相应的参数，设置炸药的引爆点为炸药的中心，引爆时间为 0.005s。

6）增加流固耦合的关键字。首先在相应位置增加两个 *SET_PART_LIST 关键字，ID 号分别设置为 1 和 2。第一个 " *SET_PART_LIST" 用于将钢筋和混凝土设置为一个 Part 组，

237

第二个"*SET_PART_LIST"用于将炸药和空气设置成一个 Part 组，分别填入相应的 Part。然后再增加"*CONSTRAINED_LAGRANGE_IN_SOLID"关键字段，填入相应的参数，末尾空两行。

7）增加定义多物质单元的关键字。在相应位置增加关键字段"*ALE_MULTI- MATERI-AL_GROUP"，并填入相应的参数。

修改完成的 Blast_column. k 关键字文件如下所示：

```
*KEYWORD
*TITLE

$
*DATABASE_FORMAT
        0
$
$
$$$$$$$$$$$$$$$$$$$$$$$$$$$$$$$$$$$$$$$$$$$$$$$$$$$$$$$$$$$$$$$$$$$$$$
$                        NODE DEFINITIONS                          $
$$$$$$$$$$$$$$$$$$$$$$$$$$$$$$$$$$$$$$$$$$$$$$$$$$$$$$$$$$$$$$$$$$$$$$
$定义节点(有省略)
*NODE
     1 -1.500000000E -01 1.500000000E +00 1.500000000E -01    0    0
     2 -1.500000000E -01 1.300000000E +00 1.500000000E -01    0    0
     3 -1.500000000E -01 1.450000000E +00 1.500000000E -01    0    0
 ........................................................................
 20559 -1.916666667E -02 -1.916666667E -02 2.766666667E -01    0    0
$
$
$$$$$$$$$$$$$$$$$$$$$$$$$$$$$$$$$$$$$$$$$$$$$$$$$$$$$$$$$$$$$$$$$$$$$$
$                       SECTION DEFINITIONS                        $
$$$$$$$$$$$$$$$$$$$$$$$$$$$$$$$$$$$$$$$$$$$$$$$$$$$$$$$$$$$$$$$$$$$$$$
$
*SECTION_BEAM
        1        1     1.0000      2.0      1.0
0.250E -01 0.250E -01  0.00        0.00       0.00       0.00
*SECTION_BEAM
        2        1     1.0000      2.0      1.0
0.130E -01 0.130E -01  0.00        0.00       0.00       0.00
*SECTION_SOLID
        3        1
*SECTION_SOLID
```

```
                4           2
*SECTION_SOLID_ALE
$修改完成的炸药和空气的单元类别,末尾空一行
5,11


$
$
$$$$$$$$$$$$$$$$$$$$$$$$$$$$$$$$$$$$$$$$$$$$$$$$$$$$$$$$$$$$$$$$$$$$$$$$$$$$$$
$                     MATERIAL DEFINITIONS                              $
$$$$$$$$$$$$$$$$$$$$$$$$$$$$$$$$$$$$$$$$$$$$$$$$$$$$$$$$$$$$$$$$$$$$$$$$$$$$$$
$
$----------------------------增添部分开始----------------------------
*EOS_JWL
$炸药的状态方程
5,3.738E+11,3.747E+09,4.15,0.9,0.35,8.0E+09,1.0
*INITIAL_DETONATION
$设置炸药的引爆点和引爆时间,其中引爆点为炸药中心,引爆时刻为0.005s
6,0,0,0.2575,0.005
*ALE_MULTI-MATERIAL_GROUP
5,1
6,1
*SET_PART_LIST
$定义钢筋和混凝土的part组,第一行为ID号,第二行为钢筋和混凝土的part编号
1
1,2,3
*SET_PART_LIST
$定义炸药和空气的part组,第一行为ID号,第二行为炸药和空气的part编号
2
5,6
*CONSTRAINED_LAGRANGE_IN_SOLID
$定义流固耦合,末尾空一行
1,2,0,0,3,5,3,1


$----------------------------增添部分结束----------------------------
*MAT_PLASTIC_KINEMATIC
        1 0.780E+04 0.200E+12   0.300000 0.280E+09 0.780E+09   1.00
    40.0        5.00     0.150
*MAT_PLASTIC_KINEMATIC
        2 0.780E+04 0.200E+12   0.300000 0.420E+09 0.780E+09   1.00
```

```
    40.0       5.00      0.150
*MAT_CSCM_CONCRETE
$混凝土材料模型需要手动修改
3,2400,1,0,1,1.10,10,0
0
40E+6,0.010,4
*MAT_ELASTIC
        4 0.780E+04 0.200E+12  0.300000        0.0        0.0        0.0
*MAT_HIGH_EXPLOSIVE_BURN
$修改完成的炸药材料模型
5,1.631E+03,6717.4,1.850E+10
*MAT_NULL
        6  1.22      0.00       0.00       0.00       0.00       0.00       0.00
*EOS_LINEAR_POLYNOMIAL
        6  0.00      0.00       0.00       0.00       0.400      0.400      0.00
0.253E+06   1.00
*HOURGLASS
        3         2 0.140              0  1.50      0.600E-01 0.00       0.00
$
$
$$$$$$$$$$$$$$$$$$$$$$$$$$$$$$$$$$$$$$$$$$$$$$$$$$$$$$$$$$$$$$$$$$$$$$$$$$$$$
$                      PARTS DEFINITIONS                                 $
$$$$$$$$$$$$$$$$$$$$$$$$$$$$$$$$$$$$$$$$$$$$$$$$$$$$$$$$$$$$$$$$$$$$$$$$$$$$$
$
$
*PART
Part          1 for Mat          2 and Elem Type          1
          1         1         2         0         0         0         0
$
*PART
Part          2 for Mat          1 and Elem Type          1
          2         2         1         0         0         0         0
$
*PART
Part          3 for Mat          3 and Elem Type          3
          3         3         3         0         3         0         0
$
*PART
Part          4 for Mat          4 and Elem Type          2
```

```
           4         4         4         0         0         0         0
$
*PART
Part              5 for Mat         6 and Elem Type        4
           5         5         6         6         0         0         0
$
*PART
Part              6 for Mat         5 and Elem Type        4
$此处为炸药的 Part,将第四个参数改为5
           6         5         5         5         0         0         0
$
$
$$$$$$$$$$$$$$$$$$$$$$$$$$$$$$$$$$$$$$$$$$$$$$$$$$$$$$$$$$$$$$$$$$$$$$$$$$$$$
$                    ELEMENT DEFINITIONS                                 $
$$$$$$$$$$$$$$$$$$$$$$$$$$$$$$$$$$$$$$$$$$$$$$$$$$$$$$$$$$$$$$$$$$$$$$$$$$$$$
$定义单元(有省略)
*ELEMENT_BEAM
           1         1         1         3         6
           2         1         3         4         7
           3         1         4         5         8
           .................................................
         576         1      1096      1033      1100
*ELEMENT_SOLID
         577         3      1101       559      1102      1103      1107       562      1115      1111
         578         3      1107       562      1115      1111      1106       561      1114      1110
         579         3      1106       561      1114      1110      1105       560      1113      1109
           .................................................
       17354         6     20559     20549     20459     20462     20071     20068     13296     13298
$
$
$$$$$$$$$$$$$$$$$$$$$$$$$$$$$$$$$$$$$$$$$$$$$$$$$$$$$$$$$$$$$$$$$$$$$$$$$$$$$
$                    COORDINATE SYSTEMS                                  $
$$$$$$$$$$$$$$$$$$$$$$$$$$$$$$$$$$$$$$$$$$$$$$$$$$$$$$$$$$$$$$$$$$$$$$$$$$$$$
$定义无反射边界(有省略)
*SET_SEGMENT
           1     0.000     0.000     0.000     0.000
        1128      1138      1926      1239     0.000     0.000     0.000     0.000
        1138      1137      1925      1926     0.000     0.000     0.000     0.000
        1137      1136      1924      1925     0.000     0.000     0.000     0.000
```

```
.....................................................................................
     20285      20500      15088       1139      0.000      0.000      0.000      0.000
*BOUNDARY_NON_REFLECTING
         1          1          1
$
$
$$$$$$$$$$$$$$$$$$$$$$$$$$$$$$$$$$$$$$$$$$$$$$$$$$$$$$$$$$$$$$$$$$$$$$$$$$$$$$$$$$
$                      LOAD DEFINITIONS                                       $
$$$$$$$$$$$$$$$$$$$$$$$$$$$$$$$$$$$$$$$$$$$$$$$$$$$$$$$$$$$$$$$$$$$$$$$$$$$$$$$$$$
$
*DEFINE_CURVE
         1          0      1.000      1.000      0.000      0.000
  0.000000000000E+00   0.000000000000E+00
  5.000000000000E-03   1.440000000000E-03
  1.000000000000E-01   1.440000000000E-03
  2.000000000000E-01   1.900000000000E-02
  1.000000000000E+00   1.900000000000E-02
*SET_NODE_LIST
$定义施加位移的节点组(有省略)
         1      0.000      0.000      0.000      0.000
      1117       1118       1119       1121       3701       3703       3704       3707
      3738       3739       3740       3741       3745       3746       3786       3787
      3790       3791       3793       3794       3796       3797       3814       3815
.....................................................................................
      4261       4262       4263       4264       4265       4306       4307       4308
      4309
*BOUNDARY_PRESCRIBED_MOTION_SET
1          2          2          1     -1.000         0 0.000      0.000
$
$
$$$$$$$$$$$$$$$$$$$$$$$$$$$$$$$$$$$$$$$$$$$$$$$$$$$$$$$$$$$$$$$$$$$$$$$$$$$$$$$$$$
$                   BOUNDARY DEFINITIONS                                      $
$$$$$$$$$$$$$$$$$$$$$$$$$$$$$$$$$$$$$$$$$$$$$$$$$$$$$$$$$$$$$$$$$$$$$$$$$$$$$$$$$$
$定义边界条件(有省略)
*SET_NODE_LIST
         2      0.000      0.000      0.000      0.000
      1117       1118       1119       1121       3701       3703       3704       3707
      3738       3739       3740       3741       3745       3746       3786       3787
.....................................................................................
```

```
        4261      4262      4263      4264      4265      4306      4307      4308
        4309
*BOUNDARY_SPC_SET
           2         0         1         0         1         0         0         0
*SET_NODE_LIST
           3     0.000     0.000     0.000     0.000
        1123      1124      1125      1126      3747      3748      3751      3752
        3757      3758      3759      3760      3761      3762      3884      3885
        3886      3887      3951      3952      3953      3954      3958      3959
        ...................................................................
        4283      4288      4289      4290      4291      4318      4319      4320
        4321
*BOUNDARY_SPC_SET
           3         0         1         1         1         1         1         1
$
$
$$$$$$$$$$$$$$$$$$$$$$$$$$$$$$$$$$$$$$$$$$$$$$$$$$$$$$$$$$$$$$$$$$$$$$$$$$$$$$
$                         CONTROL OPTIONS                                  $
$$$$$$$$$$$$$$$$$$$$$$$$$$$$$$$$$$$$$$$$$$$$$$$$$$$$$$$$$$$$$$$$$$$$$$$$$$$$$$
$
*CONTROL_ENERGY
           2         2         2         2
*CONTROL_SHELL
     20.0            1        -1         1         2         2         1
*CONTROL_ALE
           2         1         2 -1.00      0.00      0.00      0.00      0.00
     0.00    0.100E+21  1.00       0.00      0.00              0
*CONTROL_TIMESTEP
     0.0000    0.9000       0   0.00       0.00
*CONTROL_TERMINATION
0.700E-02          0  0.00000  0.00000  0.00000
$
$$$$$$$$$$$$$$$$$$$$$$$$$$$$$$$$$$$$$$$$$$$$$$$$$$$$$$$$$$$$$$$$$$$$$$$$$$$$$$
$                         TIME HISTORY                                     $
$$$$$$$$$$$$$$$$$$$$$$$$$$$$$$$$$$$$$$$$$$$$$$$$$$$$$$$$$$$$$$$$$$$$$$$$$$$$$$
$
*DATABASE_BINARY_D3PLOT
0.7000E-04
*DATABASE_BINARY_D3THDT
```

```
0.7000E-04
 *DATABASE_BINARY_D3DUMP
0
 $
$$$$$$$$$$$$$$$$$$$$$$$$$$$$$$$$$$$$$$$$$$$$$$$$$$$$$$$$$$$$$$$$$$$$$$$$$$$
 $                        DATABASE OPTIONS                              $
$$$$$$$$$$$$$$$$$$$$$$$$$$$$$$$$$$$$$$$$$$$$$$$$$$$$$$$$$$$$$$$$$$$$$$$$$$$
 $
 *DATABASE_EXTENT_BINARY
        0         0         3         1         0         0         0         0
        0         0         4         0         0         0
 *END
```

10.3.2　第二阶段分析的关键字文件修改

同样地，第二阶段分析的关键字文件 Blast_column_restart.k 也需要进行相应的修改，才能用于完全重启动分析。首先使用文本编辑器打开 Blast_column_restart.k，然后找到相应的关键字段进行修改，或在相应位置增添某些关键字段。为了方便查错、修改，这里将所有增加的关键字段都填在 MATERIAL DEFINITIONS 区块的下方。修改完成的关键字文件（有省略）附在本节末尾。

> 📢 **注**：本例使用的材料模型参数的取值仅供参考之用。

需要修改或增添的关键字段如下。

1）增加应力初始化的关键字段。在相应位置增添关键字段 "*STRESS_INITIALIZA-TION"，并填入相应的参数。

2）修改混凝土材料模型。将材料类型 3 修改为混凝土连续帽盖模型，相应的关键字为 "*MAT_CSCM_CONCRETE"，然后输入相应的抗压强度、密度、单位制等参数。

3）增加 "*DATABASE_NODAL_FORCE_GROUP" 和 "*DATABASE_NODFOR" 关键字，并填入相应的参数，用于输出柱子底部的节点力。

4）删除材料模型 5 和 6 的关键字段。

修改完成的 Blast_column_restart.k 关键字文件如下所示：

```
*KEYWORD
*TITLE

$
*DATABASE_FORMAT
        0
$
$
```

```
$$$$$$$$$$$$$$$$$$$$$$$$$$$$$$$$$$$$$$$$$$$$$$$$$$$$$$$$$$$$$$$$$$$$$$$$$
$                     NODE DEFINITIONS                               $
$$$$$$$$$$$$$$$$$$$$$$$$$$$$$$$$$$$$$$$$$$$$$$$$$$$$$$$$$$$$$$$$$$$$$$$$$
$节点定义(有省略)
*NODE
    1 -1.500000000E-01 1.500000000E+00 1.500000000E-01     0    0
    2 -1.500000000E-01 1.300000000E+00 1.500000000E-01     0    0
    3 -1.500000000E-01 1.450000000E+00 1.500000000E-01     0    0
  ..................................................................
 19887 5.000000000E-02 -1.250000000E+00 -5.000000000E-02     0    0
$
$
$$$$$$$$$$$$$$$$$$$$$$$$$$$$$$$$$$$$$$$$$$$$$$$$$$$$$$$$$$$$$$$$$$$$$$$$$
$                   SECTION DEFINITIONS                              $
$$$$$$$$$$$$$$$$$$$$$$$$$$$$$$$$$$$$$$$$$$$$$$$$$$$$$$$$$$$$$$$$$$$$$$$$$
$
*SECTION_BEAM
        1        1    1.0000        2.0        1.0
0.250E-01 0.250E-01  0.00        0.00        0.00        0.00
*SECTION_BEAM
        2        1    1.0000        2.0        1.0
0.130E-01 0.130E-01  0.00        0.00        0.00        0.00
*SECTION_SOLID
        3        1
*SECTION_SOLID
        4        2
$
$
$$$$$$$$$$$$$$$$$$$$$$$$$$$$$$$$$$$$$$$$$$$$$$$$$$$$$$$$$$$$$$$$$$$$$$$$$
$                   MATERIAL DEFINITIONS                             $
$$$$$$$$$$$$$$$$$$$$$$$$$$$$$$$$$$$$$$$$$$$$$$$$$$$$$$$$$$$$$$$$$$$$$$$$$
$
$-----------------------------增添部分开始-----------------------------
*STRESS_INITIALIZATION
$应力初始化
1,1
2,2
3,3
4,4
```

```
*DATABASE_NODAL_FORCE_GROUP
$定义用于节点力输出的节点数据,输入节点组编号,使用柱子底部全约束的节点组
3
*DATABASE_NODFOR
$定义输出节点力,输出间隔0.002s
0.002
$---------------------------------增添部分结束-----------------------------
*MAT_PLASTIC_KINEMATIC
        1 0.780E +04 0.200E +12   0.300000 0.280E +09 0.780E +09   1.00
   40.0       5.00     0.150
*MAT_PLASTIC_KINEMATIC
        2 0.780E +04 0.200E +12   0.300000 0.420E +09 0.780E +09   1.00
   40.0       5.00     0.150
*MAT_CSCM_CONCRETE
$混凝土材料模型需要手动修改
3,2400,1,0,1,1.10,10,0
0
40E +6,0.010,4
*MAT_ELASTIC
        4 0.780E +04 0.200E +12   0.300000        0.0       0.0        0.0
$
*HOURGLASS
        3       2 0.140             0   1.50     0.600E -01 0.00       0.00
$
$$$$$$$$$$$$$$$$$$$$$$$$$$$$$$$$$$$$$$$$$$$$$$$$$$$$$$$$$$$$$$$$$$$$$$$$$$
$                    PARTS DEFINITIONS                              $
$$$$$$$$$$$$$$$$$$$$$$$$$$$$$$$$$$$$$$$$$$$$$$$$$$$$$$$$$$$$$$$$$$$$$$$$$$
$
$
*PART
Part            1 for Mat       2 and Elem Type       1
        1       1       2       0       0       0       0
$
*PART
Part            2 for Mat       1 and Elem Type       1
        2       2       1       0       0       0       0
$
*PART
Part            3 for Mat       3 and Elem Type       3
```

```
            3          3         3          0         3          0          0
$
*PART
Part           4 for Mat       4 and Elem Type        2
            4          4         4          0         0          0          0
$
$
$$$$$$$$$$$$$$$$$$$$$$$$$$$$$$$$$$$$$$$$$$$$$$$$$$$$$$$$$$$$$$$$$$$$$$$$$$$$$$$$$$$
$                     ELEMENT DEFINITIONS                                      $
$$$$$$$$$$$$$$$$$$$$$$$$$$$$$$$$$$$$$$$$$$$$$$$$$$$$$$$$$$$$$$$$$$$$$$$$$$$$$$$$$$$
$单元定义(有省略)
*ELEMENT_BEAM
       1      1      1        3       6
       2      1      3        4       7
       3      1      4        5       8
       ............................
     576      1    1096     1033    1100
*ELEMENT_SOLID
     577      3    1101      559    1102    1103    1107      562    1115    1111
     578      3    1107      562    1115    1111    1106      561    1114    1110
     579      3    1106      561    1114    1110    1105      560    1113    1109
       ................................................................
   16400      3   19887    19862   19791   19820   14782   10483    7214    7251
$
$
$$$$$$$$$$$$$$$$$$$$$$$$$$$$$$$$$$$$$$$$$$$$$$$$$$$$$$$$$$$$$$$$$$$$$$$$$$$$$$$$$$$
$                      LOAD DEFINITIONS                                        $
$$$$$$$$$$$$$$$$$$$$$$$$$$$$$$$$$$$$$$$$$$$$$$$$$$$$$$$$$$$$$$$$$$$$$$$$$$$$$$$$$$$
$
*DEFINE_CURVE
       1          0    1.000    1.000     0.000      0.000
  0.000000000000E+00   0.000000000000E+00
  5.000000000000E-03   1.440000000000E-03
  1.000000000000E-01   1.440000000000E-03
  2.000000000000E-01   1.900000000000E-02
  1.000000000000E+00   1.900000000000E-02
*SET_NODE_LIST
$定义施加位移的节点组(有省略)
       1      0.000      0.000      0.000      0.000
```

```
    1117      1118      1119      1121      3701      3703      3704      3707
    3738      3739      3740      3741      3745      3746      3786      3787
    3790      3791      3793      3794      3796      3797      3814      3815
    ......................................................................
    4261      4262      4263      4264      4265      4306      4307      4308
    4309
*BOUNDARY_PRESCRIBED_MOTION_SET
       1         2         2         1     -1.000        0 0.000     0.000
$
$
$$$$$$$$$$$$$$$$$$$$$$$$$$$$$$$$$$$$$$$$$$$$$$$$$$$$$$$$$$$$$$$$$$$$$$$$$$$$$$
$                      BOUNDARY DEFINITIONS                              $
$$$$$$$$$$$$$$$$$$$$$$$$$$$$$$$$$$$$$$$$$$$$$$$$$$$$$$$$$$$$$$$$$$$$$$$$$$$$$$
$ 约束定义（有省略）
*SET_NODE_LIST
       2     0.000     0.000     0.000     0.000
    1117      1118      1119      1121      3701      3703      3704      3707
    3738      3739      3740      3741      3745      3746      3786      3787
    3790      3791      3793      3794      3796      3797      3814      3815
    ......................................................................
    4261      4262      4263      4264      4265      4306      4307      4308
    4309
*BOUNDARY_SPC_SET
       2         0         1         0         1         0         0         0
*SET_NODE_LIST
       3     0.000     0.000     0.000     0.000
    1123      1124      1125      1126      3747      3748      3751      3752
    3757      3758      3759      3760      3761      3762      3884      3885
    3886      3887      3951      3952      3953      3954      3958      3959
    ......................................................................
    4283      4288      4289      4290      4291      4318      4319      4320
    4321
*BOUNDARY_SPC_SET
       3         0         1         1         1         1         1         1
$
$
$$$$$$$$$$$$$$$$$$$$$$$$$$$$$$$$$$$$$$$$$$$$$$$$$$$$$$$$$$$$$$$$$$$$$$$$$$$$$$
$                      CONTROL OPTIONS                                   $
$$$$$$$$$$$$$$$$$$$$$$$$$$$$$$$$$$$$$$$$$$$$$$$$$$$$$$$$$$$$$$$$$$$$$$$$$$$$$$
```

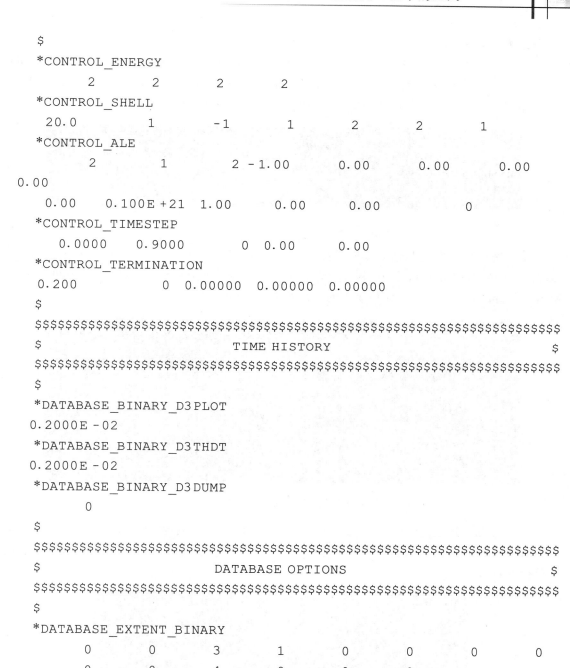

```
$
*CONTROL_ENERGY
        2         2         2         2
*CONTROL_SHELL
   20.0         1        -1         1         2         2         1
*CONTROL_ALE
        2         1         2 -1.00      0.00      0.00      0.00
0.00
   0.00     0.100E+21  1.00      0.00      0.00              0
*CONTROL_TIMESTEP
   0.0000    0.9000         0  0.00      0.00
*CONTROL_TERMINATION
  0.200              0  0.00000   0.00000   0.00000
$
$$$$$$$$$$$$$$$$$$$$$$$$$$$$$$$$$$$$$$$$$$$$$$$$$$$$$$$$$$$$$$$$$$$$$$$$
$                        TIME HISTORY                                $
$$$$$$$$$$$$$$$$$$$$$$$$$$$$$$$$$$$$$$$$$$$$$$$$$$$$$$$$$$$$$$$$$$$$$$$$
$
*DATABASE_BINARY_D3PLOT
0.2000E-02
*DATABASE_BINARY_D3THDT
0.2000E-02
*DATABASE_BINARY_D3DUMP
        0
$
$$$$$$$$$$$$$$$$$$$$$$$$$$$$$$$$$$$$$$$$$$$$$$$$$$$$$$$$$$$$$$$$$$$$$$$$
$                      DATABASE OPTIONS                              $
$$$$$$$$$$$$$$$$$$$$$$$$$$$$$$$$$$$$$$$$$$$$$$$$$$$$$$$$$$$$$$$$$$$$$$$$
$
*DATABASE_EXTENT_BINARY
        0         0         3         1         0         0         0         0
        0         0         4         0         0         0
*END
```

10.4 递交求解及后处理

10.4.1 递交求解

　　本节讲述如何将已经修改好的关键字文件递交到 LS-DYNA 求解程序中求解。

1. 第一阶段分析

（1）选择求解类型　打开 Mechanical APDL Product Launcher 程序，在左上角的 Simulation Environment 中选择 LS-DYNA Solver，在授权 License 中选择 ANSYS LS-DYNA，在 Analysis Type 栏目中点选 Typical LS-DYNA Anlysis，如图 10-49 所示。

图 10-49　选择求解类型

（2）选择求解文件及结果存储的路径　如图 10-50 所示，在 Mechanical APDL Product Launcher 中的 Working Directory 中选择结果存储的路径，如 H：\Blast_column\Results，并在 Keyword Input File 中选择工作目录下的关键字文件 Blast_column. k。

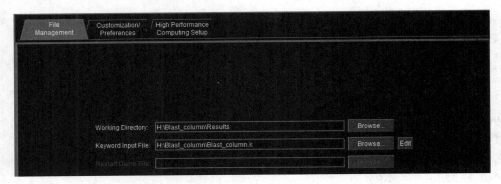

图 10-50　选择工作路径及输入工作名称

（3）设置分析处理器数量　如图 10-51 所示，将选项卡转到 Customization/Preferences，在 Number of CPUs 栏目中选择用于求解使用的 CPU 核数，最后单击 Run 按钮，开始第一阶段分析的求解。

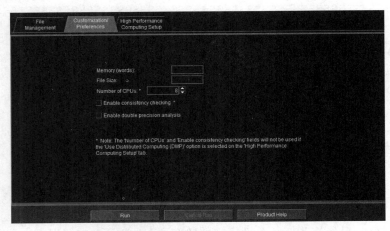

图 10-51　设置计算使用的 CPU 核数

2. 第二阶段分析

第一阶段分析完成后，使用关键字文件 Blast_column_restart.k 进行第二阶段的分析，具体步骤如下。

（1）选择求解类型　在 Analysis Type 面板内改为选择 Full Restart Analysis，如图 10-52 所示。

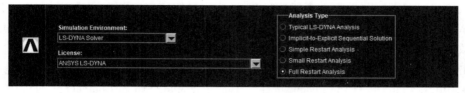

图 10-52　选择求解类型

（2）选择求解文件及结果存储的路径　如图 10-53 所示，在 Mechanical APDL Product Launcher 中的 Working Directory 中选择结果存储的路径，如 H：\Blast_column\Results_restart，并在 Keyword Input File 中选择工作目录下的关键字文件 Blast_column_restart.k，然后在 Restart Dump File 中选择第一阶段分析输出的结果文件 d3dump01，最后单击 Run 按钮，开始第二阶段分析的求解。

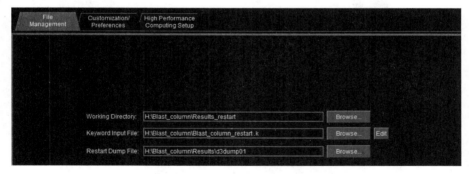

图 10-53　选择工作路径及输入工作名称

10.4.2　后处理

LS-DYNA 程序求解完成后，将程序输出的结果文件导入 LS-PREPOST 软件进行后处理。

> **注：** 本节使用 LS-PREPOST V4.6 版本的经典用户界面（可使用 F11 切换用户界面）进行后处理操作。

1. 导入结果文件

打开 LS-PREPOST 程序，选择菜单栏的 File > Open > LS-DYNA Binary Plot 命令，在弹出的 Open File 对话框中找到第一阶段分析的结果文件存储的目录，并选择打开二进制结果文件 d3plot，即可将第一阶段分析的结果信息导入到 LS-PREPOST 后处理器中，同时计算的模型显示在 LS-PREPOST 的绘图区域内。

2. 观察爆炸过程

选择主菜单功能按钮组第一页的 Splitw 按钮，然后选择 Split Window 中 Window Configuration 栏目内的 2×1 选项，然后可以通过 Draw to Subwindow 栏目的 TLeft 和 TRight 选项切换到不同的子窗口，或者在图形显示区中双击不同的子窗口。

　　双击选择左侧的子窗口，通过鼠标操作或图形显示控制按钮，调整到合适视角。然后选择主菜单功能按钮组第一页的 SelPar 按钮，在 Part Selection 面板中选择 3 Part，使得左侧的子窗口内仅显示混凝土的单元。再选择主菜单功能按钮组第一页的 Fcomp 按钮，然后依次点击 Fringe Component 面板中的 Stress、Effective Plastic Strain 和 Apply 按钮。最后可以使用动画播放控制按钮，连续地观察爆炸过程中混凝土的损伤情况。

　　双击选择右侧的子窗口，通过鼠标操作或图形显示控制按钮，调整到合适视角。然后选择主菜单功能按钮组第一页的 Fcomp 按钮，然后依次单击 Fringe Component 面板中的 Misc、Volume Fraction Mat#2 和 Apply 按钮。最后可以使用动画播放控制按钮，连续地观察爆炸过程中炸药物质在固定网格中的占比，即炸药物质的扩张过程。

　　图 10-54 给出了几个不同时刻的形态。

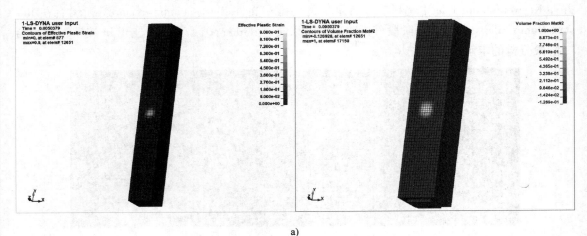

a)

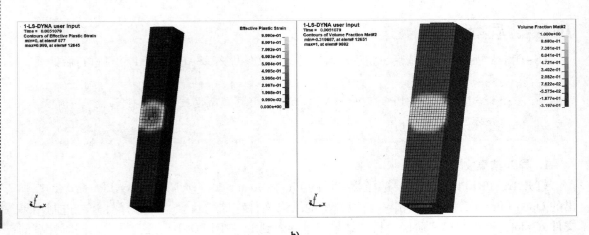

b)

图 10-54　爆炸过程中混凝土的损伤情况及炸药物质扩张情况

a) $t = 5.04 \times 10^{-3}$ s　b) $t = 5.11 \times 10^{-3}$ s

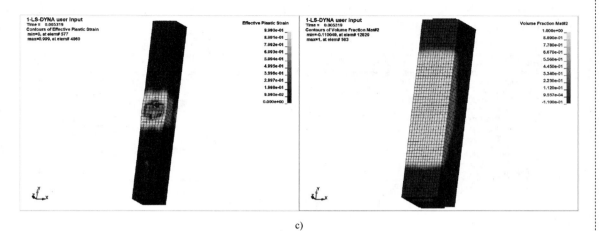

c)

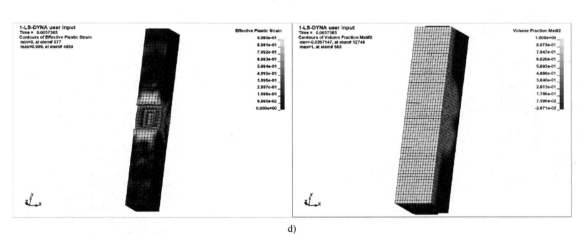

d)

图 10-54　爆炸过程中混凝土的损伤情况及炸药物质扩张情况（续）
c）$t = 5.32 \times 10^{-3}$s　d）$t = 5.7 \times 10^{-3}$s

3. 获得残余承载力曲线

选择 LS-PREPOST 菜单栏的 File > New 命令，关闭第一阶段分析的结果并自动打开 LS-PREPOST。然后选择菜单栏的 File > Open > LS-DYNA Binary Plot 命令，在弹出的 Open File 对话框中找到第二阶段分析的结果文件存储的目录，并选择打开二进制结果文件 d3plotaa，即可将第二阶段分析的结果信息导入到 LS-PREPOST 后处理器中，同时计算的模型显示在 LS-PREPOST 的绘图区域内。

单击主菜单功能按钮组第一页的 ASCII 按钮，可以发现在 Ascii File Operation 面板的右侧 nodfor 后面带有 "*" 号。鼠标左键选择 "nodfor *"，然后单击 Ascii File Operation 面板左侧的 Load 按钮，再单击 All 按钮和 Y-force 选项，然后再单击 Plot 按钮，弹出 PlotWindow-1 窗口。

还需将所有节点的力相加，单击 PlotWindow-1 窗口上的 Oper 按钮，然后选择 sum_curves 选项，如图 10-55 所示，单击 Apply 按钮，即可将所有节点的力的曲线相加，得到柱

子的抗力时程曲线，如图 10-56 所示。从图 10-56 中可以看出，柱子的残余承载力大约为 500kN。

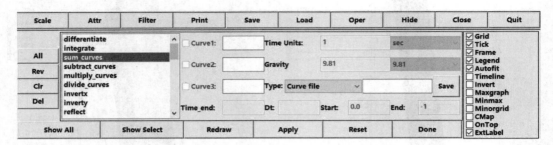

图 10-55 将所有节点的力相加

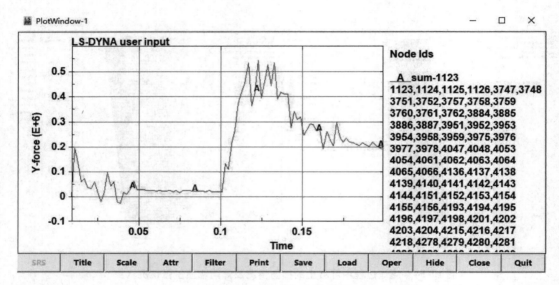

图 10-56 柱子的抗力时程曲线

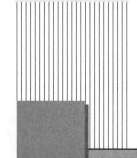

附录 A

单位协调

在建模过程中，应使用统一的单位制，否则将会导致结果的错误。ANSYS/LS-DYNA 不提供单位制的设置，因此读者可以自行使用任何一套自封闭（单位量纲之间可以相互推导得出）的单位制进行建模。

所有的单位都可由基本单位导出，如以长度单位为 mm，质量单位为 g，时间单位为 ms，可得出一套如下单位（与国际单位制对比）。

1. 密度单位

密度单位 = 质量单位/长度单位^3 = g/mm^3 = 10^6kg/m^3

2. 加速度单位

加速度单位 = 长度单位/时间单位^2 = mm/ms^2 = 10^3m/s^2

3. 力的单位

力的单位 = 质量单位 × 加速度单位 = g × mm/ms^2 = kg × m/s^2 = N

4. 压强单位

压强单位 = 力的单位/长度单位^2 = N/mm^2 = 10^6N/m^2 = 10^6Pa

其他单位可通过相同的方法推导出，表 A-1 给出了土木工程中常用的协调单位表。

表 A-1　协调单位表

质量	长度	时间	力	压强/应力	密度（以钢为例）	弹性模量（以钢为例）
kg	m	s	N	Pa	7800	2.0e +11
g	mm	ms	N	MPa	0.0078	2.0e +05
ton	mm	s	N	MPa	7.8e -09	2.0e +05

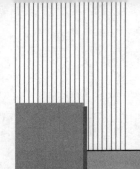

附录 B

钢筋混凝土材料建模方式

钢筋混凝土材料与一般材料最大的不同是，它由两种不同性质的材料组成。如何建立钢筋与混凝土，以及处理它们之间的关系是建立钢筋混凝土模型的关键问题。常用的方法有两种：一种是整体式建模，另一种是分离式建模。

B.1 整体式模型

整体式建模无须分别建立钢筋和混凝土，而是将钢筋混凝土当作单一材料进行建模。对于这种建模方式，LS-DYNA 提供了相应的材料模型，如 " *MAT_PSEUDO_TENSOR"，通过相应的方法将混凝土和钢筋的材料性能进行叠加，形成钢筋混凝土的材料模型。PSEUDO_TENSOR 材料模型的体积模量由下列式子得出

$$K = (1 - f_r)K_c + f_r K_r \qquad (B-1)$$

式中　K——钢筋混凝土材料的体积模量；

　　　K_c——混凝土材料的体积模量；

　　　K_r——钢筋材料的体积模量；

　　　f_r——配筋率。

整体式模型建模简单，计算速度快，常用于大型钢筋混凝土结构分析。然而，整体式模型与实际的钢筋混凝土材料差别较大，无法反映钢筋混凝土材料的不均匀性，无法刻画钢筋与混凝土的相互作用，得不到钢筋的应变或应力情况，且无法真实地反应钢筋混凝土的损伤演化过程。

B.2 分离式模型

与整体式模型相比较，分离式模型更接近于真实情况。分离式模型将钢筋与混凝土材料分别考虑，用不同的单元和材料模型分别定义，并通过相应的方法使它们共同工作。一般来说，由于钢筋的体积相对于混凝土来说是非常小的，因此，钢筋一般采用线单元，如 LINK 单元、BEAM 单元。在 LS-DYNA 中，对于钢筋混凝土分离式模型，钢筋与混凝土间一般采用共节点、耦合和 CONTACT_1D 三种方法定义相互关系。其中，共节点法和耦合法假定钢筋与混凝土间是完全黏结的，CONTACT_1D 法可以通过定义滑移量-应力关系曲线来考虑钢筋混凝土的黏结滑移。下面就这三种方法进行简要介绍。

B.2.1 共节点法

共节点法，即钢筋单元与混凝土单元通过共用节点传递荷载。如图 B-1 所示，$S1 \sim S8$ 节点构成了一个混凝土的实体单元，同时节点 $S1$ 和 $S2$ 也构成了一个钢筋单元。此方法相当于在混凝土的实体单元和钢筋的线单元间定义了一个刚性约束，用于传递实体单元和线单元的荷载。此方法可在建立模型中直接实现，无须定义其他关键字，但建模过程较为麻烦，特别是对于配筋复杂的结构，如钢筋混凝土板。

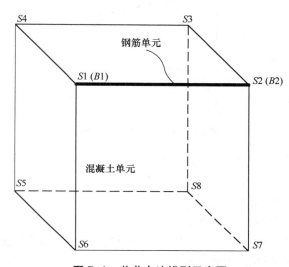

图 B-1　共节点法模型示意图

使用 ANSYS/LS-DYNA 前处理器建立共节点的分离式模型，可分为以下几步（详见第 10 章实例）。

1）建立混凝土实体几何模型。

2）在混凝土几何模型相应位置（与钢筋实际位置相同）使用 Divide 命令切出相应的线（即钢筋几何模型）。

3）给相应的钢筋几何模型赋予钢筋材料属性，并划分网格（钢筋的网格划分在混凝土网格划分之前）。

4）给混凝土几何模型赋予混凝土材料属性，并划分网格。

5）施加荷载、边界条件，设置求解控制。

6）输出关键字文件。

B.2.2 耦合法

相对于共节点法，耦合法的建模过程更为自由。耦合法的钢筋单元和混凝土单元无须共用节点，钢筋单元的位置相对自由，只需包含于混凝土单元即可，如图 B-2 所示。建立完有限元模型后，还需要在关键字文件中加入关键字段 "*CONSTRAINED_LAGRANGE_IN_SOLID"，用于耦合钢筋节点和混凝土节点的速度和加速度。相对于其他两种分离式方法，耦合法无须限定混凝土节点和钢筋节点的位置，建模过程简单，划分网格后的单元数最少，求解时间最短。耦合法能够用于复杂的钢筋混凝土模型，但耦合法最大的短板是无法模拟钢筋与混凝土间的黏结滑移现象。

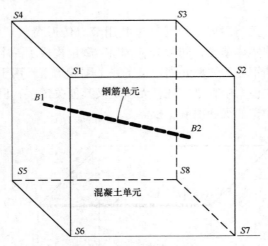

图 B-2　耦合法模型示意图

使用 ANSYS/LS-DYNA 前处理器建立耦合法的分离式模型，可分为以下几步（详见第 7 ~ 9 章实例）。

1）建立混凝土实体几何模型。

2）在相应位置建立钢筋线几何模型。

3）赋予钢筋和混凝土材料属性，并划分网格（划分网格顺序任意）。

4）施加荷载、边界条件，设置求解控制。

5）输出关键字文件。

6）在关键字文件中增加 " *CONSTRAINED_LAGRANGE_IN_SOLID" 关键字段。

B.2.3　CONTACT_1D 法

CONTACT_1D 是 LS-DYNA 提供的一种一维接触方式，主要用于模拟钢筋与混凝土黏结滑移关系，模型的示意图如图 B-3 所示。使用此方法建立的模型需要钢筋单元的节点与相应混凝土单元的边节点共线，但不能共用节点。如图 B-3 所示的钢筋节点 $B1$、$B2$、$B3$ 分别与混凝土节点 $S1$、$S2$、$S3$ 的位置相同，但是 $B1$ 与 $S1$、$B2$ 与 $S2$、$B3$ 与 $S3$ 不是同一个节点。

CONTACT_1D 法通过定义一维接触，在钢筋节点和混凝土节点间设置虚拟的弹簧来模拟钢筋与混凝土间的黏结滑移关系，并假定钢筋与混凝土间的滑移量和黏结力为理想弹塑性关系，黏结剪应力 τ 与滑移量 s 由以下公式确定：

$$\begin{cases} \tau = G_s s & s \leqslant s_{max} \\ \tau = \tau_{max} e^{-h_{dmg}D} & s > s_{max} \end{cases} \tag{B-2}$$

式中　G_s——黏结剪切模量；

　　s_{max}——最大的弹性滑移量；

　　τ_{max}——最大黏结剪应力；

　　h_{dmg}——损伤系数；

　　D——损伤指数，$D = s - s_{max}$。

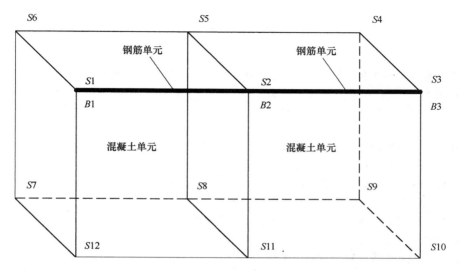

图 B-3   CONTACT_1D 法模型示意图

较其余两种分离式建模方法，CONTACT_1D 法可以模拟钢筋与混凝土间的黏结滑移关系，分析结果最为接近实际情况。但使用此方法建立模型最为复杂，得到的单元数量多，计算最耗时。因此，对于钢筋混凝土结构，一般仅在钢筋滑移量大的局部使用 CONTACT_1D 法建模，其余地方使用耦合法建立模型。

CONTACT_1D 法的建模方式可以看作共节点法和耦合法的结合，既需要在混凝土几何模型相应位置（与钢筋实际位置相同）使用 Divide 命令切出相应的线，也需要在该位置创建另外的线用于定义钢筋单元。由于 ANSYS/LS-DYAN 前处理器不支持 CONTACT_1D 定义，因此，在输出关键字文件后，需要增加" *CONTACT_1D"关键字段。一个" *CONTACT_1D"关键字需要配合两个" *SET_NODE_LIST"关键字使用，分别用于定义钢筋的节点组和与钢筋节点对应的混凝土节点组。以图 B-3 的示意图为例，假设 B_1、B_2、B_3 节点的编号分别为 1、3、2，S_1、S_2、S_3 节点的编号分别为 4、5、6，则增加的关键字段如下：

```
*SET_NODE_LIST
$定义钢筋的节点组
1
1,3,2
*SET_NODE_LIST
$定义与钢筋节点对应的混凝土节点组
2
4,5,6
*CONTACT_1D
$定义一维接触
1,2,5.0,45.0,33.54,0.5,0.1
```

参 考 文 献

[1] HALLQUIST J O. LS-DYNA Theoretical Manual［M］. Livermore：Livermore Software Technology Corporation, 1998.

[2] LSTC. LS-DYNA keyword user's manual［M］. Livermore：Livermore Software Technology Corporation, 2007.

[3] 赵海欧. LS-DYNA 动力分析指南［M］. 北京：兵器工业出版社，2003.

[4] 白金泽. LS-DYNA3D 理论基础与实例分析［M］. 北京：科学出版社，2003.

[5] 时党勇，李裕春，张胜民. 基于 ANSYS/LS-DYNA8.1 进行显式动力分析［M］. 北京：清华大学出版社，2005.

[6] 李裕春，时党勇，赵运. ANSYS10.0/LS-DYNA 基础理论与工程实践［M］. 北京：中国水利水电出版社，2006.

[7] 尚晓江，苏建宇，等. ANSYS/LS-DYNA 动力分析方法与工程实例［M］. 北京：中国水利水电出版社，2006.

[8] 石少卿，康建功，汪敏，等. ANSYS/LS-DYNA 在爆炸与冲击领域内的工程应用［M］. 北京：中国建筑工业出版社，2011.

[9] 张红松，胡仁喜，康士廷. ANSYS 14.5/LS-DYNA 非线性有限元分析实例指导教程［M］. 北京：机械工业出版社，2013.

[10] 邓小芳，李治，翁运昊，等. 预应力混凝土梁-柱子结构抗连续倒塌性能试验研究［J］. 建筑结构学报，2019，40（8）：71-78.

[11] QIAN K, WENG Y H, LI B. Impact of two columns missing on dynamic response of RC flat slab structures ［J］. Engineering Structures, 2018, 177：598-615.

[12] WU K C, LI B, TSAI K C. Residual axial compression capacity of localized blast-damaged RC columns ［J］. International Journal of Impact Engineering, 2011, 38（1）：29-40.